集成电路大师级系列

Systematic Design of
Analog CMOS Circuits

Using Pre-Computed Lookup Tables

模拟CMOS
集成电路系统化设计

[比] 保罗·G. A. 杰斯珀斯　[美] 鲍里斯·默尔曼　著
（Paul G. A. Jespers）　　　（Boris Murmann）

贺鲲鹏 齐佳浩 郑荣坤 周润宇 译

王志华 审校

U0255863

机械工业出版社
CHINA MACHINE PRESS

图书在版编目（CIP）数据

模拟CMOS集成电路系统化设计 /（比）保罗·G. A. 杰斯珀斯（Paul G. A. Jespers），（美）鲍里斯·默尔曼（Boris Murmann）著；贺鲲鹏等译 . -- 北京：机械工业出版社，2022.6（2024.2重印）

（集成电路大师级系列）

书名原文：Systematic Design of Analog CMOS Circuits: Using Pre-Computed Lookup Tables

ISBN 978-7-111-70745-5

I. ①模⋯ II. ①保⋯ ②鲍⋯ ③贺⋯ III. ①CMOS电路 - 电路设计 IV. ①TN432.02

中国版本图书馆CIP数据核字（2022）第079955号

北京市版权局著作权合同登记　图字：01-2019-0930号。

模拟CMOS集成电路系统化设计

出版发行：机械工业出版社（北京市西城区百万庄大街22号　邮政编码：100037）

责任编辑：王　颖　　　　　　　　　　　责任校对：殷　虹

印　　刷：北京捷迅佳彩印刷有限公司　　版　　次：2024年2月第1版第2次印刷

开　　本：186mm×240mm　1/16　　　　印　　张：17.75

书　　号：ISBN 978-7-111-70745-5　　　定　　价：99.00元

客服电话：(010) 88361066　88379833　68326294

集成电路(IC)是当代信息社会的基石,自 20 世纪 50 年代诞生以来,使人类社会产生了前所未有的巨变。在现代模拟集成电路及数字集成电路单元设计中,确定晶体管的尺寸非常重要。但由于其原理复杂,设计师常借助仿真软件反复迭代地修改设计,而忽视了手工计算方式的设计。本书给出一种新的设计模式,旨在结合两者以更高效地设计集成电路。

本书作者提出了一种使用 SPICE 生成查询表的 CMOS 晶体管尺寸设计方法,该方法属于全手工设计(Full Design Handcrafting,FDH)分类。它建立在经典手工分析方法之上,并采用 SPICE 衍生的查询表消除手工分析和复杂晶体管的实际表现间的偏差。同时,本书展示了在基于脚本的设计流程(在 MATLAB 软件中代码可用)中使用 g_m/I_D 作为核心变量对模拟电路晶体管尺寸进行权衡的探索。本书还包括了超过 40 个详细的设计实例,如设计低噪声放大器和低失真增益级、跨导运算放大器等。

本书作者有着丰富的集成电路设计经验,Paul G. A. Jespers 是比利时鲁汶大学的名誉教授和 IEEE 终身会士。Boris Murmann 是斯坦福大学电气工程系的教授,也是 IEEE 会士。

本书内容可分为三部分,第一部分(第 1 和 2 章)为模拟集成电路设计的基础知识。第 1 章为绪论,回顾现在广泛采用的电路中晶体管尺寸设计方法并简单介绍本书所提出的新方法。第 2 章为晶体管的建模介绍,说明晶体管的工作原理和晶体管尺寸设计中需要关注的核心问题。

第二部分(第 3 和 4 章)提出了基于查找表的设计方法。第 3 章介绍理想条件下使用此方法进行晶体管尺寸设计的过程。第 4 章介绍考虑噪声、失真、失配的设计方法。

第三部分(第 5 和 6 章)为设计实例。第 5 章介绍恒定 g_m 偏置电路、高摆幅级联电流镜、低压降稳压器、射频低噪声放大器和电荷放大器设计实例。第 6 章介绍开关电容电路放大器设计实例和考虑噪声与摆幅的优化策略。

　　本书不仅为模拟电路设计师、研究人员和相关专业的研究生提供所需的理论知识与实践工具，还使他们掌握系统的和面向复用的现代模拟CMOS集成电路设计风格。

　　参与本书翻译工作的有清华大学的贺鲲鹏、齐佳浩、郑荣坤和周润宇。其中，贺鲲鹏翻译了第1章和第6章，齐佳浩翻译了第3章的部分内容和第5章，郑荣坤翻译了第2章和第3章的部分内容，周润宇翻译了第4章和附录。清华大学王志华教授负责统稿并审校了全书。

　　鉴于译者的水平有限，翻译中难免存在不足和疏漏，敬请读者批评指正。

| Symbols and Acronyms | 符号与缩略语表

A_v	小信号电压增益
A_{v0}	低频小信号电压增益
A_{intr}	本征增益
A_{VT}	阈值电压失配的 Pelgrom 系数
A_β	电流系数失配的 Pelgrom 系数
ACM	Advanced Compact Model，高级紧凑模型
CLM	Channel Length Modulation，沟道长度调制
CSM	Charge Sheet Model，薄层电荷模型
C	电容值
C_{ox}	单位面积的氧化电容
C_{gb}	栅极-衬底电容
C_{gd}	栅极-漏极电容
C_{gs}	栅极-源极电容
C_j	结电容
C_C	补偿电容
CMOS	Complementary Metal Oxide Semiconductor，互补金属氧化物半导体
C_{self}	放大器自负载电容
D	扩散常数
DIBL	Drain-Induced Barrier Lowering，漏致势垒降低
EKV	Enz, Krumenacher and Vittoz compact model，EKV 模型
FO	扇出（电路的负载与输入电容之比）

f	频率，单位为 Hz
f_c	截止频率(-3 dB 频率)
f_T	特征频率
f_u	单位增益频率($\mid A_v \mid = 1$ 处)
g_{ds}	输出电导
g_m	栅极跨导
g_{mk}	I_D 关于 V_{GS} 的 k 阶导数
g_{mb}	体跨导
g_{ms}	源跨导
HD$_2$，HD$_3$	2、3 次谐波失真
i	标准化漏极电流
IGS	Intrinsic Gain Stage，本征增益级
I_D	直流漏极电流
I_S	比电流
I_{Ssq}	平方比电流($W = L$)
I_{Su}	一元比电流($W = 1\ \mu m$)
J_D	漏极电流密度(I_D/W)
L	栅极长度
N	杂质浓度
n	亚阈值斜率因数
q	标准化移动电荷密度
q_S，q_D	源极和漏极的标准化移动电荷密度
Q_i	移动电荷密度
RHP	Right Half Plane，右半平面
S_{VT0}	阈值电压关于 V_{DS} 的敏感度因数
S_{IS}	比电流关于 V_{DS} 的敏感度因数
U_T	热电压 kT/q
V_X	节点 x 处的直流电压分量
v_x	节点 x 处的交流电压分量
v_X	节点 x 处的总电压，$v_X = V_X + v_x$

V_{EA}	欧拉电压
V_I	输入电压的直流分量
v_i	输入电压的交流分量
v_I	总输入电压，$v_I = V_I + v_i$
v_{id}	差分输入电压，交流分量
V_S，V_G，V_D	源极、栅极和漏极与衬底间的电压（直流）
V_{GS}，V_{DS}	栅极和漏极与衬底间的电压（直流）
v_{gs}，v_{ds}	栅极和漏极与衬底间的电压增量
$v_{gs,pk}$，$v_{ds,pk}$	栅极和漏极电压幅度增量（正弦波）
V_P	相对衬底的关断电压
V_{Dsat}	漏极饱和电压
v_{sat}	移动载流子的饱和速度
V_T	阈值电压
V_{OV}	栅极过驱动电压，$V_{GS} - V_T$
W	晶体管宽度
WI，MI，SI	弱反型、中等反型和强反型
β	电流系数⊖（$\mu C_{ox} W/L$）
γ	背栅效应参数
γ_n，γ_p	n 沟道和 p 沟道器件的热电压因数⊖
μ	迁移率
μ_o	低场迁移率
ρ	标准化跨导效率
ψ_S	表面电位
ω	角频率（$2\pi f$）
ω_c	角截止频率（$2\pi f_c$）
ω_T	角特征频率（$2\pi f_T$）
ω_{Ti}	只考虑 C_{gs}（而不是 C_{gg}）的角特征频率

⊖ 符号 β 也在放大器电路中被用于表示反馈系数。通常从上下文可以看出其区别。

⊖ 通常从上下文可以看出和背栅效应参数 γ 的区别。

目 录 | Contents |

绪　　论

1.1　写作缘由

自 20 世纪 60 年代以来，关于互补金属氧化物半导体（CMOS）型晶体管的平方律模型已被广泛用于分析和设计模拟与数字集成电路。平方律方程的一大优势是其易于从基础固体物理学中导出、数学形式简单且对深入理解基础 CMOS 电路的运行状态也有所帮助。因此，平方律模型作为电路设计专业学生的"热身工具"仍十分有用，并且它在所有流行的模拟集成电路教科书中都是重要的一部分（例如参考文献[1-2]）。

另一方面，平方律 MOS 模型的局限性广为人知，尤其是应用于短沟道晶体管时：

- 现代金属氧化物半导体场效应晶体管（MOSFET）受迁移率退化效应的影响严重。这与它们的短沟道长度、薄栅氧化层和通常更复杂的结构与掺杂分布有关。在栅极过驱动电压（$V_{GS} - V_T$）为数百毫伏的强反型中，用常数作参数的平方律模型预测的跨导误差大小为 20%～60%。

- 在栅极过驱动电压低于 150 mV 的中等反型中，平方律模型完全错误，误差可能达到两倍或者更多。无论沟道长度是多少，对于所有的 MOSFET，模型都有这种缺陷。然而由于中等反型过程代表着大量工艺节点[3-5]中电路设计的"最佳点"，对于短沟道器件，这种问题更加凸显。

- 在弱反型（亚阈值工作）中，电流通过扩散流动[如在一个双极结型晶体管（BJT）中]而且平方律模型必须用指数 I-V 关系替代。

上述问题在图 1.1 中清晰可见。图 1.1 展示了一个 65 nm 晶体管的实际电流密度曲线，以及平方律模型和指数模型的近似。指数模型在 V_{GS} 很低（弱反型）的情况下给出了很合理的拟合，而平方律近似在比器件的阈值电压（图 1.1 中的垂直虚线）高 100 mV 处才开始有意义。理想情况下，从弱反型到强反型的过渡应是光滑连续的，但是找到联系指数近似和平方律近似的物理关系非常困难。此外，在 V_{GS} 很大的情形下，由于上面提过的迁移率退化效应，实际器件的电流密度和平方律模型的差异再度增大。

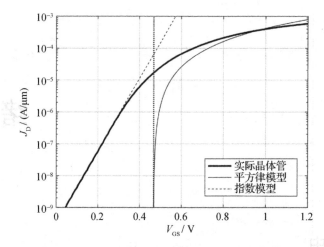

图 1.1　65 nm 的 CMOS 工艺中最小长度 n 沟道器件的电流密度随 V_{GS} 的变化。垂直点虚线
　　　　对应器件的阈值电压(更多细节参见第 2 章)

设计时，由于教科书中描述的用于手工计算的平方律模型通常与经典流程(见图 1.2)的模拟不匹配，上述建模的局限是很大的问题。现代电路模拟仿真依赖复杂器件模型，如精心设计的 BSIM6[6] 或者 PSP⊖[7]，来反映图 1.1 中"实际"器件的特性。结果手工分析和仿真结果间有显著的差异，因此设计人员倾向于回避手工计算，并采用基于重复迭代和耗时的以 SPICE(Simulation Program with Integrated Circuit Emphasis，通用模拟集成电路仿真器)软件仿真为基础"迭代调整"的设计风格。

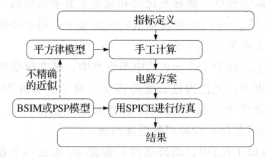

图 1.2　经典的模拟电路设计流程，基于使用高级模型的平方律手算与 SPICE 软件仿真

基于反复迭代仿真的模拟电路设计存在若干问题。主要问题是设计人员缺乏权衡利弊的洞察力和对结果进行合理性检验的能力。虽然一个基于方程式的设计可以揭示拓扑的基本问题，并帮助设计人员改进电路架构，但通过重复更改器件尺寸进行仿真很难获

⊖　PSP 紧凑型 MOSFET 是飞利浦半导体公司[现为恩智浦半导体公司(NXP Semiconductors)。——译者注]
　　与宾夕法尼亚州立大学一同设计的。

得关于电路基本限制的知识。曾经的设计方法如今类似于逆向工程，这对任何有志于从事前沿技术开发的人都是极度令人不悦的。

第二个问题是基于 SPICE 软件"迭代调整"的多次迭代式设计在集成电路开发的上市时间的压力面前往往不具有竞争力。为应对此问题，大学和电子设计自动化（Electronics Design Automation，EDA）供应商借助如今计算机可以使用的海量算力，创建了可自动化迭代过程的解决方案。参考文献[8]中的工作提供了广泛收集这类程序的一份清单供参考，并且将它们归类为全自动设计（Full Design Automation，FDA）工具。虽然采用 FDA 方法可以帮助解决设计时间长的问题，但是它和人工调整有同样的问题：它使得培养设计人员的分析洞察力和直觉更困难，而这些能力在选择拓扑和创新方面尤为重要。

退一步来说，最关键的问题不是描述电路的方程组（方程组容易手工导出或者容易从教科书及出版物中找到），而是如何建立器件尺寸参数（几何形状与偏置电流）和晶体管在电路中的表现间的联系，通常是采用小信号模型的形式。因此，虽然使用 FDA 在某些情形中是合适且合理的，但是实际要求要更高，FDA 是以牺牲设计者的分析洞察力为代价提供全自动化的。

本书中描述的设计方法属于全手工设计（Full Design Handcrafting，FDH）分类[8]。它建立在经典手工分析方法之上，并采用 SPICE 生成的查询表（见图 1.3）消除手工分析和复杂晶体管的实际表现间的差距。表中包含晶体管在 MOSFET 端电压的多维扫描中的等效小信号参数（g_m、g_{ds} 等）。查询表中的数据密切贴合 SPICE 模型的表现，消除了图 1.2 中的两个断点，且可以在不采用迭代调整的条件下实现所需电路性能和模拟性能间的紧密一致。虽然在某些情形下计算可以手工完成，但通常使用计算机代码实现设计流程更有效。本书中选择流行的 MATLAB® 环境来设计这样的代码。

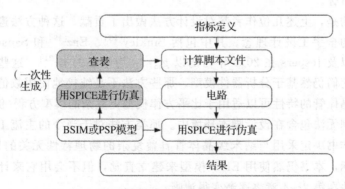

图 1.3　本书中使用的模拟电路设计流程

值得注意的是，这个概述的方法与参考文献[9]和[10]中的 20 世纪 80 年代提倡的"循环 SPICE"法是不同的。主要区别包括：①查询表仅创建一次并永久存储，而不是每次电路仿真的时候进行更新；②设计脚本倾向于使用抽象和简化的电路模型。这通常意味着 SPICE 仿真工作不需要辅助电路。例如可以创建一个设计脚本，假定在完美设置偏置点的情形下评估放大器的小信号性能，而偏置点的精确程度可以在研究完第一阶的性能权衡后再确定。

为实现图 1.3 所示的设计流程，需要以下各个部分：

- 一种生成和访问查询表的简便方法。附录 B 中描述了建议的查询表格是如何生成的。如何访问和使用存储的数据的示例贯穿整本书（包括下面 1.2.2 节中的介绍性示例）。
- 将设计问题转化为脚本的合适方法，以研究关键权衡点并计算器件的最终尺寸。本书的大部分内容都致力于阐明流程的这个部分。通过示例，可以研究具有不同复杂度的设计问题与其派生脚本。这可以构成读者未来将遇到的设计问题的基础。

这里所提出的方法的关键是基于晶体管的反型等级来说明和组织查询表的数据，并采用跨导效率 g_m/I_D 作为反型的代表和设计的关键参数。该指标可以精确描述器件将偏置电流转换为跨导的效率并在所有现代 CMOS 工艺中处于几乎相同的范围（3～30 S/A）。当与其他评估参数（g_m/C_{gg}、g_m/g_{ds} 等）结合使用时，可从 g_m/I_D 角度研究标准化空间中的带宽、噪声、失真与功耗间的权衡。最终的偏置电流和器件尺寸遵循使用电流密度（I_D/W）的直接去正规化步骤。在 1.2.2 节中将会涉及这种标准化设计方法。

Silveria 和 Jespers 等人最先在 1996 年的参考文献[11]中阐述了基于 g_m/I_D 的设计理念。自那以来，这种方法通过学术研究（见参考文献[12-17]）不断完善，并在各大学用于教授学生。笔者知道的几家公司已将基于查询表的设计集成到其设计环境中。尽管这种方法越来越受欢迎，但仍需要更多的努力才能使更广泛的模拟电路设计界接受它，特别是那些没有在大学学习过相关资料的工程师。本书的目的是提供一个全面、完整的资源来实现这一目标。

值得注意的是，上述几位作者都对设计方法做出了贡献。这种方法遵循着手工分析和模拟相联系的全手工设计理念。其中包括 Binkley[18]、Enz[19] 和 Sansen[20] 的基于反型系数的流程以及 Jespers 在 2010 年写的以 g_m/I_D 为中心的书[21]。这些作品与本书的主要区别在于它们仍然基于分析器件模型。那些方法不是纯粹地使用数值化的查询表数据，而是假设晶体管的特性可以适用于比平方律模型更复杂的模型方程（例如 EKV[22]），但还没有复杂到无法包含在设计脚本环境中。那类方法对于当今的主流工艺来说肯定是可行的，但是本书决定采用与纳米级晶体管日益复杂的物理特性无关的尺寸调整方法。尽管有这个目标，本书仍然使用 EKV 模型来建立直觉，但不会用它来计算器件最终的尺寸。这种方法在第 2～4 章将逐渐变得清晰。

1.2 模拟电路尺寸问题和提出的方法

在概述本书的其余部分之前，简短地回顾已提出的设计方法是很有必要的。为此假设读者熟悉 CMOS 的平方律设计，且本书从平方律设计的缺点出发来提出本书的新方法。

通常，本书中考虑的模拟电路类型属于 A 类，即它们工作在恒定的偏置电流条件下。一个基本的例子是图 1.4 所示的差分对，其常作为一个更大电路(为简单起见未画出)的一部分。图 1.4 中的电路尺寸意味着设计人员必须找到偏置电流 I_D、器件宽度 W 和沟道长度 L 的合适值。

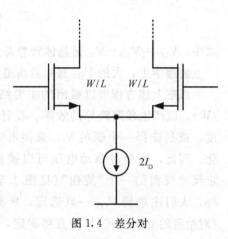

图 1.4 差分对

在本章中，通过一些设计过程，确定差分对应该实现某个确定的跨导(g_m)。怎样将这些需求转换为 I_D、W 和 L 的值？可以先采用简单的平方律表达式解决这个问题，然后改进这个过程得到所提出的系统化方法。

1.2.1 平方律视角

在理想条件下，可以将上述例子中所有相关参数和跨导参数以方程形式联系起来。标准教科书中使用的平方律模型表达式[1]如下：

$$g_m = \sqrt{2\mu C_{ox} \frac{W}{L} I_D} \tag{1.1}$$

即使这个公式对于现代先进工艺器件是不准确的，但它阐明了基础且重要的一点：为了实现得到确定的 g_m 值的设计目的，W、L 和 I_D 有无穷多种值的选择。通常需要通过选择其中某一个解决方案来做出权衡或折中。

为进一步讨论，下面解释一下理想的目标：人们期望用尽可能低的电流和尽可能小尺寸的晶体管来实现设计目的。在没有其他限制条件(将在后面的内容中纳入考虑)的情形下，这便意味应采用尽可能短的沟道长度 L(例如，对于本书中使用的工艺，$L_{min} = 60\ \text{nm}$)。

剩下的问题是应该尽可能降低电流还是尽可能减小器件尺寸。可以注意到，器件的 $W \times I_D$ 是固定的，同时实现两者的优化是不可能的。为系统地权衡利弊，可以引入两个将设计目标(g_m)和想要最小化的变量联系起来的指标参数：

$$\frac{g_m}{I_D}$$

$$\frac{g_m}{W} \tag{1.2}$$

使用标准教科书中的平方律表达式[1]，可以写出这两个指标参数的表达式如下：

$$\frac{g_{\mathrm{m}}}{I_{\mathrm{D}}} = \frac{2}{V_{\mathrm{OV}}} \tag{1.3}$$

$$\frac{g_{\mathrm{m}}}{W} = \frac{\mu C_{\mathrm{ox}}}{L} V_{\mathrm{OV}} \tag{1.4}$$

式中，$V_{\mathrm{OV}} = V_{\mathrm{GS}} - V_{\mathrm{T}}$ 是晶体管静态点的栅极过驱动电压。

物理学上，大的 V_{OV} 意味着沟道更强烈地反型，即栅极下方存在更多的反型电荷。

观察上述方程可以得出的主要结论是栅极过驱动控制了调整电流（I_{D}）和器件尺寸（W），以产生预期跨导的效率。设计者可以挑选一个高的 V_{OV} 来得到一个小的器件宽度，或是选择一个低的 V_{OV} 来使电流最小化。因此，栅极过驱动电压可以被视作决定尺寸权衡的一个"旋钮"（见图 1.5）。此外，人们注意到 V_{OV} 一旦选定，所需电流（对给定的 g_{m}）由式（1.3）直接确定，（假设在平方律成立的情形下）不需要其他任何工艺条件规定的参数。

另外，V_{OV} 的选择决定了晶体管保持饱和的最小 V_{DS}（对于平方律器件，$V_{\mathrm{Dsat}} = V_{\mathrm{OV}}$）并且它还决定了电路的线性度[23]。因此，栅极过驱动是用于优化平方律电路的最重要参数之一。例如，Shaeffer 和 Lee 的开

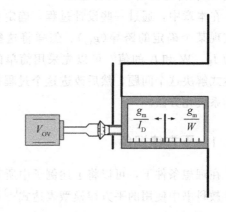

图 1.5　栅极过驱动电压 V_{OV} 是用来控制 $g_{\mathrm{m}}/I_{\mathrm{D}}$ 和 g_{m}/W 间权衡的一个"旋钮"

创性工作[24]研究了栅极过驱动电压与低噪声放大器（Low-Noise Amplifier，LNA）的带宽、噪声和线性度之间的关系。研究发现，一旦选择了某个确定的 V_{OV}，这些性能指标间的权衡取舍便是固定的。

不幸的是，如同在 1.1 节中讨论的，平方律模型对于现代 MOS 晶体管的设计已经过时。为了看到这一点，考虑图 1.6，其中绘制了式（1.2）用于 65 nm CMOS 中的最小长度 n 沟道器件的指标参数。由于第 2 章将讨论的原因，平方律表达式仅适用于强反型下的处于窄范围的过驱动电压（例如 $V_{\mathrm{OV}} = 0.2 \sim 0.4$ V）。因此，式（1.3）和式（1.4）并不能准确地联系 V_{OV} 与 $g_{\mathrm{m}}/I_{\mathrm{D}}$ 和 g_{m}/W，因此在给定的 65 nm 工艺条件下，这些表达式不适合用来进行设计。

一种解决此问题的方法是推导一个更复杂的，可以更精确地捕捉现代器件物理特性的方程组。然而正如已经阐明的，现在做的是在用数值方法消除代数模型复杂性和设计充分性之间不得不做的折中权衡。

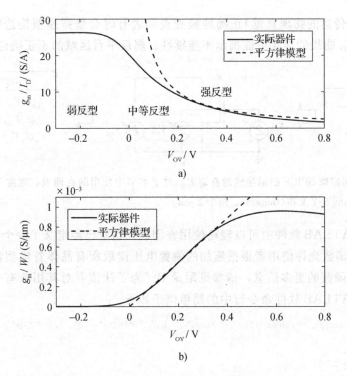

图 1.6 g_m/I_D 和 g_m/W 用于 65 nm CMOS 中的最小沟道长度($L=60$ nm)的 n 沟道晶体管。
$V_{DS}=1$ V 且 $V_{SB}=0$ V

1.2.2 使用查询表进行权衡

本书提倡使用查询表来量化每个设计中相关器件的指标参数(包括但不限于 g_m/I_D 和 g_m/W)间的权衡。查询表可以使用类似 SPICE 的电路仿真软件生成(一次),并且可以将这些数据存储在文件中以供将来使用(见附录 B)。这个过程在图 1.7 中进行了说明。先从硅片厂的"已良好校准的"模型开始,从 4 个维度(L、V_{GS}、V_{DS} 和 V_{SB})进行直流扫描(Direct Current Sweep)和噪声模拟,并将这些扫描中的所有相关器件参数制成表格以获得固定的器件宽度。虽然理论上可以将器件宽度作为第 5 个扫描变量,但是因为参数在典型的模拟电路设计范围内与 W 呈线性关系,故这不是必需的。附录 C 中验证了对于 g_m/I_D、g_m/W 等参数,器件宽度具有独立性这一重要假设。

对于给定代工厂提供的所有器件进行重复扫描,可以使每种晶体管对应一个查询表。通过此流程,查询表数据的质量显然与代工厂工艺模型的质量直接相关。如果代工厂提供的模型质量不佳,那么无论使用哪些工具集或者尺寸选取方法,制造出一个完整的、可正常工作的电路都将极具挑战性。尽管保证模型的质量超出了本书的范围,然而

（利用第 2 章中传达的物理直觉）正确地检查查询表有时会暴露模型构造的问题。例如，图 1.6 中 g_m/I_D 曲线的形状可能揭示不连续性、弱反平台区域的不正确位置等问题。

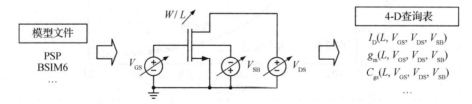

图 1.7　使用四维 SPICE 扫描生成的查询表。对于本书中使用的查询表，宽度 W 被设置为
　　　　10 μm[5 个叉指（fingers），每个 2 μm]

为了在 MATLAB 软件中可以轻松使用查询表，这里已经定义了一个函数（函数名为 lookup）。这个函数允许使用者根据施加的偏置电压读取所有晶体管模型参数（具有插值功能）。有关此函数的更多信息，请参见附录 B。为了让读者对其用法有个基本的了解，提供了两个 MATLAB 软件命令行中的简单例子如下[⊖]：

```
>> ID = lookup(nch, 'ID', 'VGS', 0.7, 'VDS', 0.5, 'VSB', 0,
'L', 0.06)
ID =
9.3127e-04
>> Cgs = lookup(nch, 'CGS', 'VGS', 0.7, 'VDS', 0.5, 'VSB', 0,
'L', 0.06)
Cgs =
7.0461e-15
```

要查看查询表中的器件宽度数据（以 μm 为单位），可以键入：

```
>> nch.W
ans =
 10
```

一旦完成了这些查询表的创建，剩下的问题便是设计人员应该如何组织和使用数据来深入了解电路规模尺寸的权衡。为了回答这个问题，再回到差分对这个例子，它建立了 g_m/I_D 和 g_m/W 之间最基本的权衡。

使用查询表数据可以研究的一个问题是生成图 1.6 中的"实际器件"曲线，并选择 V_{OV} 用于在指标参数（g_m/I_D 和 g_m/W）间进行适当的权衡。但由于不是在处理依照平方律工作的器件，V_{OV} 只不过是一个过时模型的残余。因此，本书中提倡的一个关键概念是将 V_{OV} 作为一个设计变量完全消除，并将所有设计权衡量与 g_m/I_D 的选择联系起来，它们（如 V_{OV}）可以被视为器件反型等级的代表。

⊖　在给出的示例中，栅极长度 L 以 μm 为单位。参数"nch"指定设备类型并指向包含数据的 MATLAB 结构。W 是 10 μm，它是用于构建查询表数据的宽度。有关如何选择此参考宽度的详细信息，请参见附录 C。

正如将在第 2 章中进一步解释的，在所有现代 CMOS 工艺条件下，g_m/I_D 的范围是 3~30 S/A。其中，低段范围对应强反型，中段范围(12~18 S/A)对应中等反型，峰值与弱反型有关。正如在差分对示例中已经说明过的，除了指示反型等级，g_m/I_D 作为有用的指标参数还有另一个原因：它直接量化了输入器件的每单位电流的跨导。因此，作者提倡使用 S/A 单位(而不是 1/V)。

在消除 V_{OV} 的情况下，差分对例子的尺寸权衡用一个图便可精准地描述，如图 1.8 所示。选择一个小的 g_m/I_D 意味着最终得到一个大的 g_m/W，也意味着一个小器件达到所需的 g_m 的值。当选择较大的 g_m/I_D 时，情况则恰恰相反，器件尺寸将更宽以减小电流。请注意，图 1.8 中绘制的数量可以从前面介绍的查询表数据中获取，权衡曲线中的每个点对应于横坐标轴上不同的 V_{GS} 值。然而从优化的视角来看，对于期望的权衡点(所选择的 g_m/I_D)，V_{GS} 的精确值往往是次要的。在本书的例子中，只关心投入多少电流和面积来实现 g_m 的某个确定的值。更一般地，与沟道宽度无关的参数在系统的权衡研究和电路尺寸选取中起着举足轻重的作用。

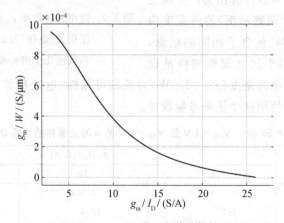

图 1.8　$L=60$ nm、$V_{DS}=1$ V 且 $V_{SB}=0$ V 时 n 沟道器件的 g_m/I_D 和 g_m/W 间的权衡曲线

为简化参数比率的查找，前面介绍的 MATLAB 软件函数有另一种使用模式，允许直接获取一个比率作为另一个比率的函数。下面是一个展示此功能的简单示例：

```
>> gm_W = lookup(nch, 'GM_W', 'GM_ID', 10, 'VDS', 0.5, 'VSB', 0,
'L', 0.06)
gm_W =
3.5354e-04
```

该示例找到 $g_m/I_D=10$ S/A、$V_{DS}=0.5$ V、$V_{SB}=0$ V 且 $L=0.06$ μm 时的 g_m/W。

1.2.3　一般化

在上面的讨论中，强调了 g_m/I_D 和 g_m/W 间明确的联系与权衡。然而事实证明 g_m/I_D

不仅可以控制 g_m/W，还可以控制模拟电路设计人员关心的各种与宽度无关的量。因此本书提倡将 g_m/I_D 视作模拟电路设计的"旋钮"（见图 1.9），一如 V_{OV} 在平方律设计中发挥核心作用。

表 1.1 提供了将在本书中考虑的各种指标的（非详尽的）预览。表 1.1 的第一行是 g_m/W，前面已经对其进行过讨论。让 g_m/I_D 变大意味着 g_m/W 变差。第二行是晶体管的电流密度，即 I_D/W。电流密度简单地量化了每微米必须注入器件中多少微安，以使其在所需的反型等级（用 g_m/I_D 表示）下工作。人们往往以另一种方式使用这个参数，即给定 g_m/I_D，可以计算出为产生确定的 g_m（见后面的尺寸调整示例）器件宽度应为多少。显然，g_m/W 包含了相同的信息，所以选择哪个参数用于尺寸调整纯粹是设

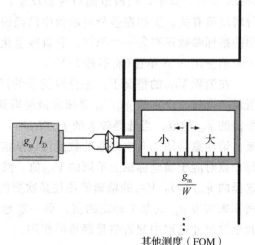

图 1.9　使用跨导效率 g_m/I_D 取代栅极过驱动电压作为"旋钮"可以让设计者控制 g_m/W 和其他几个指标参数

计者喜好问题。既然电流密度（$J_D = I_D/W$）对长期可靠性（电迁移等）也有重要影响，大多数设计人员更愿意使用这个量来考量设计。

表 1.1　$L=60\,\mathrm{nm}$、$V_{DS}=1\,\mathrm{V}$ 且 $V_{SB}=0\,\mathrm{V}$ 的 n 沟道器件的指标参数的数值

测度（FOM）	$g_m/I_D/(\mathrm{S/A})$		
	5	10	20
$g_m/W/(\mathrm{mS/\mu m})$	0.811	0.384	0.064
$J_D/(\mathrm{\mu A/m})$	162	38.4	3.20
g_m/g_{ds}	9.9	10.9	11.9
f_T/GHz	122	64.2	12.7

最后两行提供与增益和带宽相关的性能参数。当器件被推向弱反型时，晶体管的固有电压增益 g_m/g_{ds} 变得更大。不幸的是，与此同时，器件的特征频率（$f_T = g_m/C_{gg}/2\pi$，在第 2 章会更明确地定义）显著下降。在许多电路中，晶体管在较低的 f_T 下工作意味着带宽的减少。举一个简单的例子，假设"扇出"（负载与输入电容之比）固定，将在第 3 章中展示增益级的增益带宽（Gain-BandWidth，GBW）积直接与 f_T 成比例。类似地，在第 5 章和第 6 章的例子中将会看到，反馈放大器的非主导极点往往出现在 f_T 的一个比值处，因此也通过稳定性约束限制了增益带宽积。

经过上面的讨论，现在可以确定调整晶体管尺寸的通用流程：

1. 确定 g_m（从设计规范中得出）。

2. 选择 L:
- 短沟道→高速，面积小；
- 长沟道→高固有增益，高匹配性。

3. 选择 $g_{\rm m}/I_{\rm D}$:
- 大的 $g_{\rm m}/I_{\rm D}$→低功耗，大信号摆幅(低 $V_{\rm Dsat}$)；
- 小的 $g_{\rm m}/I_{\rm D}$→高速，小区域。

4. 确定 $I_{\rm D}$(从 $g_{\rm m}$ 和 $g_{\rm m}/I_{\rm D}$ 得出)。

5. 确定 W(从 $I_{\rm D}/W$ 得出)。

这个流程适用于许多基本电路示例，其中所需的跨导是已知的(见第 3 章的例子)。在其他情况中，$g_{\rm m}$ 未知且设计规格中各参数相互关联更为复杂时，可以为特定方案设计不同的尺寸调整过程。第 4～6 章的目的就是解决这些问题。

姑且举例说明简单的差分对示例的通用尺寸调整流程。假设目标是用最小长度的晶体管实现 10 mS 的跨导，并考虑两个反型等级：① $g_{\rm m}/I_{\rm D}=5$ S/A(强反型)；② $g_{\rm m}/I_{\rm D}=20$ S/A(中等反型)。使用表 1.1 中的数据，可以用如下方式完成器件尺寸的调整。

情况①:

$$I_{\rm D}=\frac{g_{\rm m}}{\dfrac{g_{\rm m}}{I_{\rm D}}}=\frac{10\ {\rm mS}}{5\ {\rm S/A}}=2\ {\rm mA} \tag{1.5}$$

$$W=\frac{I_{\rm D}}{\dfrac{I_{\rm D}}{W}}=\frac{2\ {\rm mA}}{149\ {\rm A/m}}=13.4\ \mu{\rm m} \tag{1.6}$$

情况②:

$$I_{\rm D}=\frac{g_{\rm m}}{\dfrac{g_{\rm m}}{I_{\rm D}}}=\frac{10\ {\rm mS}}{20\ {\rm S/A}}=0.5\ {\rm mA} \tag{1.7}$$

$$W=\frac{I_{\rm D}}{\dfrac{I_{\rm D}}{W}}=\frac{0.5\ {\rm mA}}{2.8\ {\rm A/m}}=179\ \mu{\rm m} \tag{1.8}$$

结果如图 1.10 所示。强反型设计以较大的电流为代价提供小面积。中等反型设计消耗较少的电流，但是采用较大的器件(大面积和大电容，较低的 $f_{\rm T}$)。在这种情况下，值得注意的是，弱反型可以实现最小电流(和相应的大电容)，并由下式给出：

$$I_{\rm Dmin}=\frac{g_{\rm m}}{\left(\dfrac{g_{\rm m}}{I_{\rm D}}\right)_{\max}}=nU_{\rm T}g_{\rm m} \tag{1.9}$$

式中，$U_{\rm T}$ 是热电压(kT/q)；n 是器件的亚阈值斜率因数。

在第 2 章中将介绍在图 1.6a 中被视作平台的，得出 $g_{\rm m}/I_{\rm D}$ 最大值的分析。这里，

注意 g_m/I_D 的峰值主要由物理量确定，再次强调了跨导效率的基本性质和重要性。

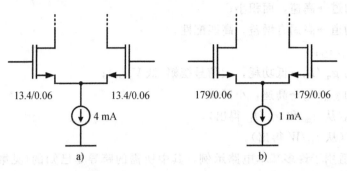

图 1.10 对 $g_m=10$ ms 在两种不同条件下得到的差分对尺寸，图中器件尺寸的单位为微米
a)强反型($g_m/I_D=5$ S/A)　b)中等反型($g_m/I_D=20$ S/A)

最终，设计人员需要选择最适合其目标的反型等级和设计权衡。在本书的一些例子中，选择将是显而易见的。在另一些例子中，尤其是对于那些通常涉及多个"关键"晶体管的例子，选择适当的权衡点并不容易。这是因为晶体管参数通常通过不具有解析形式解的复杂方程系统与全局设计目标(如带宽、功耗、芯片面积等)相联系。因此，系统性设计的很重要的一部分归结为运用直觉——判断何者重要、何处可以适当简化及何处可以即时选择设计——来解方程组。本书的第 5 章和第 6 章提供了许多例子供读者学习如何着手处理并成功解决这类问题。

本节最后要强调的一点是，图 1.10 中的器件大小是没有采用任何器件建模方程得出的。相对地，这里使用的是 1.2.2 节中介绍的查询表型的预先计算好的 SPICE 软件数据。因此，用 SPICE 软件仿真时，图 1.10 中的 MOSFET 被认为几乎完全达到目标 g_m 值。然而与理想值的微小偏差仍然存在，并且通常是由无法知道终端电压的精确值这一事实造成的。举个例子，在最初的尺寸确定阶段，可能不知道差分对中的漏极-源极电压。在本书中将会讨论这种二阶误差的来源，并让读者可以感知它们的大小。当误差很大时，通常可以采用迭代使它们最小化。

1.2.4 V_{GS} 未知的设计

前面章节中，设计流程基本忽略了栅极-源极电压(V_{GS})和栅极过驱动电压($V_{OV}=V_{GS}-V_T$)对器件尺寸调整的影响。在本节中将解释为何这是可行(并确实需要)的。下面给出基本要点，这些要点在整本书中会进一步扩展。

第一个要点是，大多数 MOS 电路极不适合用某些定好的 V_{GS} 进行偏置[25]。主要是因为 MOSFET 的阈值电压在工艺和温度的影响下会在 $\pm 100 \sim 200$ mV 变化。因此，所有的电压不是通过比例电路"计算"得到的(例如，高振幅电流镜偏置)，而是通过反馈机制来设置的。所以设计人员几乎从不选择确定的 V_{GS}，而是凭借对 V_{GS} 的"合理直觉"来做决策，仅仅确保大信号工作是正确的。在本书中常常会以后者的思路计算 V_{GS}，而不是器件的尺寸。

第二个要点是，设计漏极-源极饱和电压：V_{Dsat}。在平方律框架下，$V_{Dsat} = V_{OV} = V_{GS} - V_T$。然而这个表达式在中等强度和弱反型中不成立，并且因而对于设计变得相对无用。本书将在第 2 章中展示 V_{Dsat} 可以被 $2/(g_m/I_D)$ 很好地近似，再次避免必须知道 V_{GS}。

最后一个要点是，传统上栅极过驱动电压 V_{OV} 被用来预测电路失真[23]。然而正如即将在第 4 章中展示的（另见参考文献[17]），基于 g_m/I_D 可以实现更好、更通用的模型。

1.2.5 弱反型下的设计

由于 g_m/I_D 在弱反型中饱和（见图 1.6a），有时人们反对使用它作为设计变量。实际上，在这个区域，人们可以在多个数量级改变器件电流，而并不会看到 g_m/I_D 的显著变化（详细图表请参见第 2 章）。因此，将 g_m/I_D 作为弱反型设计的"旋钮"作用有限。

在参考文献[19-20]中描述的设计方法通过将反型系数（Inversion Coefficient，IC）作为设计变量来克服上述问题。基本上，反型系数对应于电流密度的标准化版本[19]：

$$\text{IC} = \frac{I_D}{I_S} = \frac{I_D}{2nU_T^2\mu C_{ox}\dfrac{W}{L}} = \left(\frac{L}{2nU_T^2\mu C_{ox}}\right)J_D \tag{1.10}$$

式中，I_S 被称为比电流（specific current）。

如在式（1.10）中所见，反型系数随着电流密度（J_D）在各反型等级间连续变化。虽然有这项优势，但也要注意到以下缺点：

- 基于反型系数的设计方法（如在参考文献[19-20]中展示的）不是未知模型的，而是假设了一个 I-V 特性的简化分析函数。特性取决于像 μC_{ox} 这样必须从"实际"参考晶体管得出的量。然而，由于 μC_{ox} 取决于偏压，这种方法会牺牲数值精度。
- 不同于 g_m/I_D，反型系数与 V_{Dsat} 和晶体管的失真特性间没有简单的解析关系。

考虑到这些观察结果，可以选择一种结合两者优点的方法，将 g_m/I_D 作为核心变量用于分析，直觉构建中等、强反型的尺寸并做调整。对于弱反型的设计，这里设计了一个替代流程，列举了与电流密度的权衡（见第 3 章）。为此，不调用 I-V 曲线模板，而是依靠查询表的数据来维护与模型无关的方法。

一般而言，应当注意到大多数高性能电路是在中等、强反型下工作的。实际上，在参考文献[20]中解释说，当必须同时优化功率和速度时，深入到弱反型（图 1.6 中所见 g_m/I_D 的"拐点"左侧）几乎没有意义。请考虑图 1.11 所示的简单示例以理解这一点。假设现有 10 μA 的漏极电流，并且希望调整晶体管的尺寸来得到大的跨导。随着器件宽度的增大，g_m 稳定地增长且随着扫描减小维持此电流所需的 V_{GS}。当进入图 1.6 中的弱反型"平台"时，g_m 不再增长并由式(1.9)给出。因此没有必要进一步增加 W。那么是否应该始终让器件工作在曲线饱和等级附近？答案是否定的。由于采用更小的 g_m 可能更有效，但反过来可以有更小的器件宽度和更小电容的好处，并且可以使之更容易地实现给定的带宽。在本书中将会看到，这种权衡往往指向中等、强反型设计。

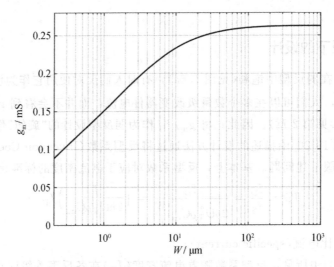

图 1.11　n 沟道器件的跨导与器件宽度的关系，其中 $L=60$ nm，$I_D=10$ μA

尽管有上述观点，对于超低功率电路而言，弱反型下的工作仍然具有吸引力。这些电路往往没有明显的速度限制，例如在纳安级范围内工作。第 3 章中描述的电流密度驱动的尺寸调整方法涵盖了这类特定应用。

1.3　内容概述

本书包含 6 章。下面提纲挈领地介绍后面各章的内容。

第 2 章，基础晶体管建模。让读者熟悉控制现代 MOS 晶体管中漏极电流的物理机制。具体目标是说明 g_m/I_D 代表器件的反型等级的意义。为实现这一目标，此章将首先使用薄层电荷模型（Charge Sheet Model，CSM）。这个模型为反型等级的概念铺平了道路。接下来使用简化版 EKV 模型来进一步讨论。EKV 模型仅使用 3 个参数来表示从弱反型到强反型的漏极电流。利用 EKV 模型来说明反型等级如何控制 MOS 晶体管的特性，以及漏极感应势垒降低（Drain-Induced Barrier Lowering，DIBL）等二阶效应如何与影响参数的偏置修改相联系。为举例说明这些影响，将比较漏极电流、输出电导、特征频率等预测值与"实际"晶体管的数据。后者包括经由良好校准的 65 nm PSP 模型组生成的（如上所述的）查询表。

第 3 章，使用 g_m/I_D 方法的基本尺寸设计。使用具有理想电流源偏置（本征增益级，Intrinsic Gain Stage，IGS）的共源级来介绍基本的尺寸设计问题。这里确定实现规定的增益带宽积（GBW）的栅极长度、宽度和漏极电流，同时针对最大增益、最小功耗等预定目标进行优化。所讨论的示例是 1.2.3 节中简单尺寸设计问题的自然延伸，并逐步添加包括加入有源负载器件和考虑外部电容等其他方面。此外，考虑使用统一方法来确定弱反型下的尺寸设计。每个例子都以 SPICE 软件仿真作为结束，以验证尺寸设计结果的正确性。

第 4 章，噪声、失真与失配，使用以 g_m/I_D 为中心的框架来回顾噪声、失真与失配分析的基本原理。具体而言，此章将展示 g_m/I_D 在量化和最小化这些非理想方面起到的关键作用。对于热噪声，应强调 g_m/I_D 和 f_T 的乘积对于同时要求低噪声和宽带宽的电路是有用的指标参数。为量化失真，利用第 2 章的简化 EKV 模型方程来推导出适用于所有反型等级的非线性失真模型。之后将共源级和差分对的预测失真与 SPICE 仿真进行比较，并找到很好的一致性。最后回顾电流镜与差分对中的失配效应，并制定在给定失配约束的情况下如何在这些电路中选择反型等级的指导原则。

第 5 章，电路应用实例 I。将第 1~4 章中建立的概念应用于更复杂的设计问题。主要目标是阐明基于脚本的 g_m/I_D 方法能够为更大的实际相关电路提供系统的手动分析驱动的设计流程。具体实例包括恒定 g_m 偏置电路、高振幅电流镜、低压降（Low-DropOut，LDO）稳压器、RF 低噪声放大器（LNA）和电荷放大器。对于所有的例子，建立合适的设计流程，并使用 SPICE 软件仿真验证所得结果。在此章的末尾，使用电荷放大器作为具体例子，列出了过程角点感知设计的注意事项。

第 6 章，电路应用实例 II。提供有关开关电容（Switched-Capacitor，SC）电路放大器的其他设计实例。此章中会考虑通用的 SC 增益级并讨论它的组成跨导放大器（Operational Transconductance Amplifier，OTA，又称运算跨导放大器）的设计。还将展示如何使用基于 g_m/I_D 的设计在噪声和稳定速度限制下调整 OTA 电路的尺寸。先从最简单的 OTA（基本的单阶段设计）开始探索，然后考虑折叠共源共栅结构和两级拓扑。最后，考虑使用查询表来确定完成 SC 电路的开关尺寸的策略。

1.4 关于预备知识

本书的目标受众是硕士研究生和博士研究生，以及各种水平的模拟集成电路设计从业者。在整本书中，假设读者熟悉基本的模拟电路设计教科书，如 Hurst、Lewis、Gray 和 Meyer[1] 或 Chan Carusone、Johns 和 Martin[2]。

1.5　关于符号

本书遵循 IEEE 标准化的信号变量符号。总信号由直流量和小信号的和组成。例如，总输入电压 v_{IN} 是直流输入电压 V_{IN} 和增量电压分量 v_{in} 的和。符号总结如下：

- 总量具有小写变量名和大写下角。
- 直流量具有大写变量名和大写下角。
- 增量具有小写变量名和小写下角。

1.6　参考文献

[1] P. R. Gray, P. Hurst, S. H. Lewis, and R. G. Meyer, *Analysis and Design of Analog Integrated Circuits*, 5th ed. Wiley, 2009.

[2] T. Chan Caruosone, D. A. Johns, and K. W. Martin, *Analog Integrated Circuit Design*, 2nd ed. Wiley, 2011.

[3] B. Toole, C. Plett, and M. Cloutier, "RF Circuit Implications of Moderate Inversion Enhanced Linear Region in MOSFETs," *IEEE Trans. Circuits Syst. I*, vol. 51, no. 2, pp. 319–328, Feb. 2004.

[4] A. Shameli and P. Heydari, "A Novel Power Optimization Technique for Ultra-Low Power RFICs," in *Proc. ISLPED*, 2006, pp. 274–279.

[5] T. Taris, J. Begueret, and Y. Deval, "A 60μW LNA for 2.4 GHz Wireless Sensors Network Applications," in *Proc. RF IC Symposium*, 2011, pp. 1–4.

[6] Y. S. Chauhan, S. Venugopalan, M.-A. Chalkiadaki, M. A. U. Karim, H. Agarwal, S. Khandelwal, N. Paydavosi, J. P. Duarte, C. C. Enz, A. M. Niknejad, and C. Hu, "BSIM6: Analog and RF Compact Model for Bulk MOSFET," *IEEE Trans. Electron Devices*, vol. 61, no. 2, pp. 234–244, Feb. 2014.

[7] G. Gildenblat, X. Li, W. Wu, H. Wang, A. Jha, R. Van Langevelde, G. D. J. Smit, A. J. Scholten, and D. B. M. Klaassen, "PSP: An Advanced Surface-Potential-Based MOSFET Model for Circuit Simulation," *IEEE Trans. Electron Devices*, vol. 53, no. 9, pp. 1979–1993, Sep. 2006.

[8] R. Iskander, M.-M. Louërat, and A. Kaiser, "Hierarchical Sizing and Biasing of Analog Firm Intellectual Properties," *Integr. VLSI J.*, vol. 46, no. 2, pp. 172–188, Mar. 2013.

[9] G. G. E. Gielen and R. A. Rutenbar, "Computer-Aided Design of Analog and Mixed-Signal Integrated Circuits," *Proc. IEEE*, vol. 88, no. 12, pp. 1825–1854, Dec. 2000.

[10] D. Han and A. Chatterjee, "Simulation-in-the-Loop Analog Circuit Sizing Method Using Adaptive Model-Based Simulated Annealing," in *4th IEEE International Workshop on System-on-Chip for Real-Time Applications*, 2004, pp. 127–130.

[11] F. Silveira, D. Flandre, and P. G. A. Jespers, "A gm/ID Based Methodology for the Design of CMOS Analog Circuits and Its Application to the Synthesis of a Silicon-on-Insulator Micropower OTA," *IEEE J. Solid-State Circuits*, vol. 31, no. 9, pp. 1314–1319, Sep. 1996.

[12] D. Flandre, A. Viviani, J.-P. Eggermont, B. Gentinne, and P. G. A. Jespers, "Improved Synthesis of Gain-Boosted Regulated-Cascode CMOS Stages Using Symbolic Analysis and gm/ID Methodology," *IEEE J. Solid-State Circuits*, vol. 32, no. 7, pp. 1006–1012, July 1997.

[13] F. Silveira and D. Flandre, "Operational Amplifier Power Optimization for a Given Total (Slewing Plus Linear) Settling Time," in *Proc. Integrated Circuits and Systems Design*, 2002, pp. 247–253.

[14] Y.-T. Shyu, C.-W. Lin, J.-F. Lin, and S.-J. Chang, "A gm/ID-Based Synthesis Tool for Pipelined Analog to Digital Converters," in *2009 International Symposium on VLSI Design, Automation and Test*, 2009, pp. 299–302.

[15] T. Konishi, K. Inazu, J. G. Lee, M. Natsui, S. Masui, and B. Murmann, "Design Optimization of High-Speed and Low-Power Operational Transconductance Amplifier Using gm/ID Lookup Table Methodology," *IEICE Trans. Electron.*, vol. E94-C, no. 3, pp. 334–345, Mar. 2011.

[16] H. A. Cubas and J. Navarro, "Design of an OTA-Miller for a 96dB SNR SC Multi-Bit Sigma-Delta Modulator Based on gm/ID Methodology," in *2013 IEEE 4th Latin American Symposium on Circuits and Systems (LASCAS)*, 2013, pp. 1–4.

[17] P. G. A. Jespers and B. Murmann, "Calculation of MOSFET Distortion Using the Transconductance-to-Current Ratio (gm/ID)," in *Proc. IEEE ISCAS*, 2015, pp. 529–532.

[18] D.M. Binkley, *Tradeoffs and Optimization in Analog CMOS Design*. John Wiley & Sons, 2008.

[19] C. Enz, M.-A. Chalkiadaki, and A. Mangla, "Low-Power Analog/RF Circuit Design Based on the Inversion Coefficient," in *Proc. ESSCIRC*, 2015, pp. 202–208.

[20] W. Sansen, "Minimum Power in Analog Amplifying Blocks: Presenting a Design Procedure," *IEEE Solid-State Circuits Mag.*, vol. 7, no. 4, pp. 83–89, 2015.

[21] P. Jespers, *The gm/ID Methodology, a Sizing Tool for Low-Voltage Analog CMOS Circuits*. Springer, 2010.

[22] C. C. Enz and E. A. Vittoz, *Charge-Based MOS Transistor Modeling: The EKV Model for Low-Power and RF IC Design*. John Wiley & Sons, 2006.

[23] W. Sansen, "Distortion in Elementary Transistor Circuits," *IEEE Trans. Circuits Syst. II*, vol. 46, no. 3, pp. 315–325, Mar. 1999.

[24] D. K. Shaeffer and T. H. Lee, "A 1.5-V, 1.5-GHz CMOS Low Noise Amplifier," *IEEE J. Solid-State Circuits*, vol. 32, no. 5, pp. 745–759, May 1997.

[25] B. Murmann, *Analysis and Design of Elementary MOS Amplifier Stages*. NTS Press, 2013.

第 2 章 | Chapter 2 |

基础晶体管建模

本章主要是回顾 MOS 晶体管的物理特性并考虑几个可以描述它的特性的模型。首先从薄层电荷模型（Charge Sheet Model，CSM）入手，该模型对于理解在书中提到的反型等级这一概念打下了基础。由于 CSM 对于电路设计过于复杂，本章试图对它简化并因此采用了更"基础"的 EKV 模型。本章将通过后者去建立可以与真实的晶体管相比拟的特性。由于基础的 EKV 模型属于长沟道模型（就像 CSM 一样），它并不能很准确地模拟当下的晶体管的特性（短沟道器件）。不过，这种模型提供的一种直觉对于本书研究的基于 g_m/I_D 的尺寸确定的方法打下了基础。

2.1 CSM

CSM 由 J. R. Brews[1] 和 F. Van de Wiele[2] 分别在 1978 年和 1979 年提出。尽管它只适用于在均匀掺杂衬底中实现的长沟道 MOS 晶体管，CSM 对于理解强、弱、中等的反型等级仍然是个非常宝贵的工具。虽然这个模型忽视了许多重要的物理背景，其仍可以对漏极电流做出接近真实晶体管情况的预测，对于十分低的反型等级也是如此。接下来会有一个关于 CSM 的基本物理背景的简短的回顾。

2.1.1 CSM 中的漏极电流方程

两种不同的传输方式定义了 MOS 晶体管中的漏极电流，即漂移和扩散。它们对漏极电流的影响分别对应了下式中括号里的第一项和第二项：

$$I_D = \mu W \left(-Q_i \frac{d\Psi_S}{dx} + U_T \frac{dQ_i}{dx} \right) \tag{2.1}$$

漂移电流与表面电势 Ψ_S 关于沿沟道的距离 x 的导数所表示的电场强度成比例。扩散电流与流动电荷密度 Q_i 关于 x 的导数所表示的流动电荷密度梯度成比例。系数 U_T 表示的是热电压 kT/q。

式(2.1)右侧可以分别对表面电势或流动电荷密度积分。在 CSM 中，式(2.1)为关于表面电势积分。流动电荷密度 Q_i 因此被表达成了关于 Ψ_S 的函数，这需要去解高斯和泊松方程[⊖]。在下面的结果中，括号间的 3 个符号代表了漂移电流，剩余的符号则表示扩散电流[⊖]：

$$I_D \, dx = \mu C_{ox} W \left[V_G - \gamma \sqrt{\Psi_S} - \Psi_S + U_T \left(1 + \frac{\gamma}{2 \sqrt{\Psi_S}} \right) \right] d\Psi_S \tag{2.2}$$

在上面的结果中 γ 是与在 SPICE 软件中定义相同的背栅参数：

$$\gamma = \frac{1}{C_{ox}} \sqrt{2q\varepsilon_s N} \tag{2.3}$$

积分后，可以得到下式。在这里 D 和 S 分别对应漏极和源极：

$$I_D = \beta [F(\Psi_{SD}) - F(\Psi_{SS})] \tag{2.4}$$

β 是电流参数($\mu C_{ox} W / L$)。$F(\Psi_{SX})$ 被这样定义：

$$F(\Psi_{SX}) = -\frac{1}{2} \Psi_{SX}^2 - \frac{2}{3} \gamma \Psi_{SX}^{1.5} + (V_G + U_T) \Psi_{SX} + \gamma U_T \Psi_{SX}^{0.5} \tag{2.5}$$

式(2.4)和式(2.5)可以帮助得到漏极电流，但仍需要一个可以联系 Ψ_S 和栅极-衬底之间的电压 V_G 的表达式。这个表达式可以通过考虑高斯方程来得到，因为高斯方程将栅极与衬底间的电压 V_G、表面电势 Ψ_S 和栅氧化层两端的电压降 Q_i / C_{ox} 联系在一起：

$$V_G = -\frac{Q_i}{C_{ox}} + \Psi_S \tag{2.6}$$

再用玻耳兹曼近似值代替 Q_i，就得到了非线性隐式方程：

$$V_G = \gamma \left(U_T \exp\left(\frac{\Psi_S - 2\phi_B - V}{U_T} \right) + \Psi_S \right)^{0.5} + \Psi_S \tag{2.7}$$

式中，V 表示的是沟道上的不平衡电压；ϕ_B 是体电势：

$$\phi_B = U_T \log(N / n_i) \tag{2.8}$$

以共源极饱和区的 MOS 晶体管为例。假设衬底的掺杂浓度 N 为 10^{17} 个原子/cm^3，栅氧化层厚度为 $t_{ox} = 5 \, nm$，$\mu C_{ox} = 3.45 \times 10^{-4} \, A/V^2$。因为源极接地，所以 V_S 为 0。由于晶体管已经饱和，假定漏极的流动电荷密度为 0。从式(2.7)中提取 Ψ_{SS} 和 Ψ_{SD}，通过式(2.4)和式(2.5)可以得到漏极电流。

不幸的是，式(2.7)只能使用数值方法解出。为了解决这个问题，可以采用 surfpot (p, V, V_G) 函数[⊖]，这个方程可以在本书附带的 MATLAB 工具箱中找到。所得的结果如图 2.1 所示。图 2.1 不仅展示了电流，也体现了漂移电流和扩散电流对总电流的贡献。

⊖ 本节中标记的所有表达式都记录在第 2 章的参考文献[12]中。

⊖ 电压通过衬底定义则下角为单字母，双字母下角则需要在使用时明确说明：如 V_G 是相对于衬底的栅极电压，而 V_{GS} 是相对于源的栅极电压。

⊖ surfpot 函数中的 p 参数(矢量或矩阵)结合了绝对温度 T、底物浓度 N 和氧化层厚度 t_{ox}。

图 2.1 右侧，漂移电流大于扩散电流，意味着此时是强反型。在图 2.1 的左侧，扩散电流更大，此时对应的是弱反型。最值得注意的是漂移电流与扩散电流相等的点，接下来会说明在该点的栅极电压可以认为是阈值电压，尽管 CSM 事实上因为阈值并不是一个有重要意义的物理学参量而忽视了阈值这一概念。

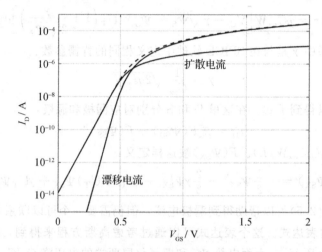

图 2.1　漂移电流和扩散电流对总漏极电流(虚线)的影响。晶体管处于共源极组态，并且
认为已经饱和。平带电压假定为 0.6 V

当栅极电压从小变大时，漏极电流的改变有着重要的意义。在弱反型状态下，电流随栅极电压呈指数级变化。在强反型状态下，漏极电流呈二次函数变化。现今被电路设计者运用的著名的二次和指数漏极电流方程代表了对这些区域可以接受的近似。不过，需要注意的是，越来越多的 CMOS 电路并不在强或弱反型区工作，而是在介于强与弱反型之间的中等反型区工作。问题在于并没有简单的模型能够描述这样的区域。CSM 将强与弱反型合并并将两者间的变化过程用一种连续的方式进行了描述。不幸的是，由于缺乏表面电势的解析式，这个模型对于电路设计并不实用。并不存在这样的一个严格并且简单的连续物理模型适用于 CMOS 电路所有可能的工作模式。本书会在下面说明所谓的 EKV 模型是一个有效的替代方案。

例 2.1　**表面电势的计算**

画出表面电势 Ψ_S 与上面考虑的 CSM 中 V 的图示。假设温度 $T = 300$ K，$N = 10^{17}$ 个原子/cm^3，$t_{ox} = 5$ nm，$\mu C_{ox} = 3.45 \times 10^{-4}$ A/V^2

解：

有两种做法能够得到如图 2.2 所示的曲线：

1)最简单的做法是用 surfpot.m 函数去计算表面电势 Ψ_S 与 V 的关系，然后再画出曲线。

2)另一种做法是,从式(2.7)中提出 V。此处并不需要求解程序,V 可以直接被 Ψ_S 解析表达:

$$V = -U_T \log\left(\left(\left(\frac{V_G - \Psi_S}{\gamma}\right)^2 - \Psi_S\right)\frac{1}{U_T}\right) + \Psi_S - 2\phi_B$$

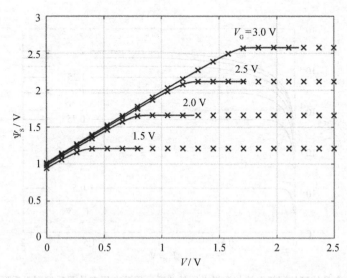

图 2.2 4 个不同的栅极电压条件下表面电势与不平衡电压 V 的关系。低于夹断电压(强反型)时,表面电势随 V 增加而增加。大于夹断电压时(弱反型),表面电势几乎不变。图中的×代表了 surfpot 函数的结果,实线则是通过高斯方程转化得到的

Ψ_S 的值需要认真选择,因为在夹断电压 V_P(该点在图 2.2 中是中间的断点)的右侧,表面电势的增长趋势非常快。断点的左侧,半导体表面处于反型状态,因此 Ψ_S 随 V 变化而变化。在右侧,表面的电荷耗尽,Ψ_S 也几乎保持不变。

对表面电势进行微小的增加(在上式的右侧),以实现对 V 快速增长进行控制的需求使得 V 的计算变得困难。一个可以避免这一问题的简单做法是首先对 Ψ_S 的上界进行估计。这是可行的,因为一旦使流动电荷为 0,式(2.7)归根结底是一个普通的二次方程。表面电势也就可以被表达出来:

$$\Psi_{Smax} = \left[-\frac{\gamma}{2} + \sqrt{\left(\frac{\gamma}{2}\right)^2 + V_G}\right]^2$$

为避免 V 的过快增长导致大于 V_P,可以通过从 Ψ_{Smax} 除去一个衰减的指数得到 Ψ_S。

注意到改变栅极电压 V_G 可将夹断电压 V_P 替换而几乎不改变数值。在接下来的 EKV 模型中会用到上述两个电压几乎互相成比例这一事实。另外,在强反型状态下,由于所有曲线随 V 减小变化的趋势相同,所以表面电势并不完全取决于栅极电压。

2.1.2 漏极电流与漏极电压的关系

图 2.3 所示的曲线展示了在一系列包含不同反型(从弱到强)的栅极电压条件下通过式(2.4)和式(2.5)来推导的漏极电流与漏极电压的关系。漏极电流总是从零开始增加直到达到定值。

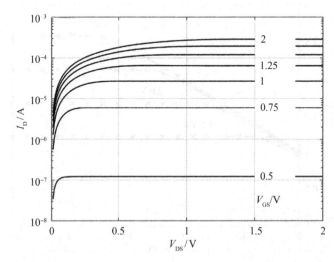

图 2.3 同一个晶体管的漏极电流与漏极电压的关系。栅源电压在从弱反型到强反型时变化很大

这标志着进入饱和的漏极电压被称作漏极饱和电压 V_{Dsat}。超过这一电压,由于 Ψ_{SD} 不再改变,电流将保持恒定。晶体管将转变为一个几乎是理想的电流源。注意到 V_{Dsat} 会随着栅极电压减小而逐步减小,直到晶体管进入弱反型状态为止。当这种情况发生时,漏极饱和电压会为 $60 \sim 100$ mV。这与通过忽视漂移电流、只考虑扩散电流所得到的式(2.9)所给出的对弱反型漏极电流的近似表达式是一致的。一旦 V_{D} 增长到大于 U_{T} 的 4 倍时,漏极电压将失去对漏极电流的控制:

$$I_{\text{Dwi}} = I_{\text{o}} \exp\left(-\frac{V_{\text{G}}}{n_{\text{wi}} U_{\text{T}}}\right) \cdot \left[\exp\left(-\frac{V_{\text{S}}}{U_{\text{T}}}\right) - \exp\left(-\frac{V_{\text{D}}}{U_{\text{T}}}\right)\right] \tag{2.9}$$

当漏极电压超过 V_{Dsat} 时漏极电流保持不变是 CSM 的一个严重缺陷。真正的晶体管传输的电流会随着饱和情况下的漏极电压增加而增加。换句话说,输出电导有穷且不等于 0。导致这一不够真实的现象发生的原因是 CSM 忽视了很多重要的二阶效应,2.3 节将对此进行讨论。

2.1.3 跨导效率 $g_{\text{m}}/I_{\text{D}}$

在第 1 章曾提到过的跨导效率 $g_{\text{m}}/I_{\text{D}}$ 会被当成是贯穿本书的一个核心参量。可以通

过下式发现图 2.1 中 g_m/I_D 关于漏极电流的性质：

$$\frac{g_m}{I_D} = \frac{1}{I_D} \frac{\partial I_D}{\partial V_G} = \frac{\partial \log(I_D)}{\partial V_G} \quad (2.10)$$

因此，g_m/I_D 是 $I_D(V_{GS})$ 半对数刻度曲线的斜率，这个计算的结果如图 2.4 所示。由于 $I_D(V_{GS})$ 的斜率在弱反型时最大且几乎不变，g_m/I_D 也在这个区域进入了"平台"。接下来会说明 g_m/I_D 的最大值等于 $1/(nU_T)$，这里 n 是亚阈值斜率因数。一般情况下，n 在体效应工艺条件下介于 $1.2 \sim 1.5$，而对于晶体管结构间加入绝缘衬底上的硅（SOI）的情况$^\ominus$，n 还要更小。g_m/I_D 的最大可能值在当 n 等于 1 时得到，得到在室温条件下 $1/U_T = 38.46$ S/A，这是双极结型晶体管达到的，而一般情况下，MOS 晶体管的最大跨导效率介于 $20 \sim 30$ S/A。

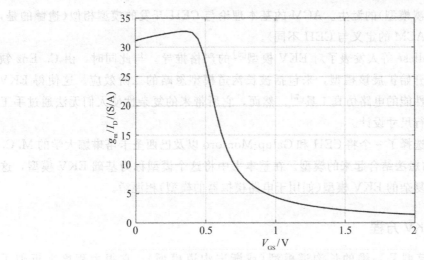

图 2.4　对图 2.1 的半对数刻度漏极电流进行求导即得 g_m/I_D 比

在不是弱反型的情况下，对于更大的 V_{GS}，g_m/I_D 会减小。$10 \sim 20$ S/A 对应的是中等反型，而更小的比如 $2 \sim 8$ S/A 的值，则对应强反型。由于这些区间并不随晶体管工艺提升而发生显著改变，用 g_m/I_D 来作为一个指标去表示 MOS 晶体管的反型状态是合理的。因此，可以选择 g_m/I_D 来得到想要的反型状态而不需要知道栅源电压。值得注意的是，这个过程反过来并不成立：两个有相同栅源电压的晶体管可能由于阈值电压不同导致反型状态并不相同。另外，回想一下，阈值电压必然具有特定制造工艺的标志，而这可以用不同的平带电压来解释。在研究跨导效率时，不需要考虑 V_{FB}。

$\ominus$　SOI 晶体管对体效应不太敏感，并且表现出更陡峭的亚阈值特性。因此在弱反型中 g_m/I_D 可高达 35 S/A，接近 $1/U_T$ 的 BJT 极限。

2.2 基础 EKV 模型

EKV 模型是瑞士电子霍罗格中心（CEH）开创性工作的成果。这个名字表彰了 C. Enz、F. Krummenacher 和 E. Vittoz 的贡献。这一发现源自对弱反型和强反型漏极电流的推导，以及将它们组合成单个代表性方程的困难。1982 年，Oguey 和 Cserveny[3] 引入了数学插值来模拟经典弱反型和强反型表达式之间的中间反型。尽管该模型很有吸引力，但它高估了中等反型状态中的跨导。在 20 世纪 80 年代，几个小组开始研究消除数学插值的物理方法。1995 年巴西圣卡塔琳娜大学的 Cunha 等人[4-5] 提出了一种近似方法，为将移动电荷密度与表面电位联系起来的解析表达式铺平了道路，促成了今天所谓的 ACM（高级紧凑模型）的诞生。ACM 的基本理论与 CEH 开发的模型相似（遗憾的是，对于相同的量，ACM 的定义与 CEH 不同）。

2003 年，Sallese 等人发表了对 EKV 模型[6] 的严格推导。与此同时，由 C. Enz 领导的 EPFL 小组开始扩展该模型，来包括被长沟道模型忽略的二阶效应。这使得 EKV 模型成为一种高性能的电路仿真工具[7]。然而，它所带来的复杂性使人们无法通过手工计算来使用它进行尺寸设计。

在本书中，选择了一个将 CEH 和 Galup-Montoro 以及巴西圣卡塔琳娜大学的 M. C. Schneider 团队的想法结合起来的模型。在整本书中将这个模型称为基础 EKV 模型，这样它就不会与更复杂的 EKV 模型（如用于电路模拟器的模型）相混淆。

2.2.1 基础 EKV 方程

基础 EKV 模型是一维的长沟道模型（或渐进沟道模型），它很大程度上近似了 CSM，同时覆盖了所有的工作模式。该模型利用了式（2.2）中与扩散电流相关的因素（括号里面的括号部分）在强反型、弱反型和中等反型状态间的差别很小这样的观察结果，因此，可以把这一项近似为

$$\mathrm{d}\left(-\frac{Q_i}{C_{ox}}\right) = -\left(1 + \frac{\gamma}{2\sqrt{\Psi_S}}\right)\mathrm{d}\Psi_S = -n\mathrm{d}\Psi_S \tag{2.11}$$

式中，n 是亚阈值斜率因数，前面已经介绍过了。

这种简化的优点是它能够结合式（2.1），特别地，它能够替换流动电荷密度 Q_i 来得到表面电势 Ψ_S。为此引入了标准化的移动电荷密度 q，定义为

$$q = -\frac{Q_i}{2nU_T C_{ox}} \tag{2.12}$$

这让人们能将式（2.11）改写为：

$$\mathrm{d}\Psi_S = -2U_T\mathrm{d}q \tag{2.13}$$

再与式(2.1)结合可以得到

$$i = (q_S^2 + q_S) - (q_D^2 + q_D) \tag{2.14}$$

式中,q_S 和 q_D 分别为源极和漏极的标准化的流动电荷密度[⊖];变量 i 是标准化的漏极电流,定义式为

$$i = I_D/I_S \tag{2.15}$$

式中,I_S 是给定的电流,由下式给出:

$$I_S = 2nU_T^2 \mu C_{ox} \frac{W}{L} = I_{Ssq} \frac{W}{L} \tag{2.16}$$

式中,I_{Ssq} 是正方形晶体管($W=L$)的电流,它的引入提供了分离取决于工艺(n、μ 和 C_{ox})和由电路设计师控制的内容(W/L)的可能性。

请注意,I_S 也可以写为 $2nU_T^2$ 和 β 的乘积,β 即所谓的电流因数。

基础 EKV 模型利用了联系非平衡电压 V 和 q 的第 2 个方程,其中 q 是沿沟道的标准化的流动电荷密度。为了求出这个方程,利用了麦克斯韦-玻耳兹曼近似并利用了 Q_i 随少数载流子浓度的变化这一事实:

$$Q_i \propto \exp\left(\frac{\Psi_S - \phi_F - V}{U_T}\right) \tag{2.17}$$

对两侧同时取微分即得到能够联系 q、Ψ_S 和 V 的式子:

$$\frac{dQ_i}{Q_i} = \frac{dq}{q} = \frac{d\Psi_S - dV}{U_T} \tag{2.18}$$

可以使用式(2.13)与式(2.18)结合,从而不再需要表面电势。结果如下所示,称 V_P 为夹断电压,下角 x 表示源 S 或漏 D,具体取决于对应的端口:

$$V_P - V_x = U_T[2(q_x - 1) + \log(q_x)] \tag{2.19}$$

式(2.19)将沟道上的非平衡电压 V_x 与局部标准化流动电荷密度 q_x 联系起来。在源极处,V_x 变成 V_S,标准化移动电荷密度为 q_S,类似地,在漏极处有 V_D 和 q_D。当 $q_x = 1$ 时,非平衡电压 V_x 等于 V_P。此时,漂移和扩散电流相等,处于中等反型区域正中。当 V_x 小于 V_P 时,晶体管进入强反型区;与之相反,当 V_x 大于 V_P 时,进入弱反型区。

把标准化移动电荷密度作为参数,式(2.14)和式(2.19)将标准化漏极电流 i 与夹断电压 V_P 联系起来。当源极接地($V_S = 0$)和晶体管饱和($q_D = 0$)时,标准化漏极电流(q 替换为 q_s)可简化为图 2.5a 所示的半对数曲线。请注意,这条曲线不使用 U_T 以外的任何其他量。

对对数尺度标准化漏极电流 i 关于 V_P 求导,得到如图 2.5b 所示的曲线:

$$\frac{\partial \log(i)}{\partial V_P} = \frac{1}{U_T} \frac{1}{q+1} \tag{2.20}$$

注意到当 $q \ll 1$(弱反型)时,表达式简化为热电压 U_T 的倒数。当 $q = 1$ 时,式(2.20)等于 $2U_T$ 的倒数,正好在中等反型区域的中间。另一方面,使 $q \gg 1$ 将使器件置于强反

⊖ 注意,q^2 和 q 是 CSM 中的漂移和扩散电流的标准化对应项。

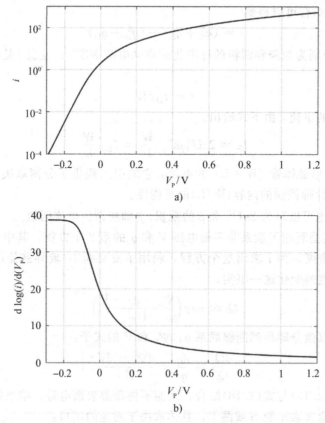

图 2.5 a）共源饱和晶体管的标准化漏极电流 i 与夹断电压 V_P 的关系 b）对数标准化的
漏极电流关于 V_P 的导数

型区。这条曲线与图 2.4 所示的曲线相似，并且包含了所有不同程度的反型状态。这个事实说明，基础 EKV 模型近似于 CSM。

现在需要的是将 V_P 与栅极电压 V_G 联系起来。从例 2.1 的图中已经知道，夹断电压和栅极电压是同时变化的。基于这个观察，式（2.21）建立了两者的线性联系：

$$V_P = \frac{V_G - V_T}{n} \tag{2.21}$$

式（2.21）包含两个参数：（前面介绍过的）亚阈值斜率 n 和阈值电压 V_T。后者的特点是它的定义与衬底有关，就像 V_P、V_S 和 V_D 一样。因此，电压差 $(V_T - V_S)$ 仅仅是人们普遍接受的阈值电压这个相对于源极定义的概念，而电压差 $(V_G - V_T)$ 则是参考文献[8]中也常用的栅极过驱动 V_{OV}。在这种情况下，应该再次指出阈值电压不是一个有物理意义的量，它只是一个有价值的概念，它使得可以评估 MOS 晶体管的行为。归根结底，重要的是模型预测的电流与提取的数据一致。使用 V_T 的不同定义是可行的，而且相关文献中没有统一的标准定义。

现在进行总结。式(2.14)和式(2.19)两个方程构成了基础 EKV 模型的基础。为复制 $I_D(V_{GS})$ 特征，用式(2.15)和式(2.21)完成 $i(V_P)$（分别通过 I_S 和 V_T）的垂直和水平位移以及缩放（通过 n）。这样只需使用 3 个参数即可对 I_D 与 V_{GS} 进行建模：

1）亚阈值斜率因数 n；

2）特定的电流 I_S；

3）阈值电压 V_T。

2.2.2 共源 MOS 晶体管的基础 EKV 模型

对于一个饱和 MOS 晶体管（$q_D = 0$）在地源调制（$V_S = 0$）中，可以用 q 代替 q_S，因为唯一重要的终端是源极。通过式(2.14)和式(2.15)可以导出：

$$I_D = I_S(q^2 + q) \tag{2.22}$$

同样地，式(2.19)的变化如下所示，因为源极的非平衡电压为零：

$$V_P = U_T[2(q-1) + \log(q)] \tag{2.23}$$

现在需要做的是画出 I_D 和 V_{GS} 之间的关系，即消去式(2.22)和式(2.23)之间的 q。为了获得实际的栅源电压 V_{GS} 和漏极电流 I_D，使用式(2.21)和式(2.15)进行计算。假设 n、I_S 和 V_T 分别为 1.3、1 μA 和 0.4 V，图 2.6 给出了 q 从 10^{-4}（深度弱反型）到 10^1（强反型）对应的结果，曲线具有与图 2.1 相同的一般形状。图 2.6 中还显示了漂移电流和扩散电流的贡献，分别与 q^2 和 q 成正比，两种电流之和为漏极电流 I_D。注意，当漂移电流和扩散电流相等时，q 等于 1，因此 V_P 等于零。因此，此时 $V_{GS} = V_T$。

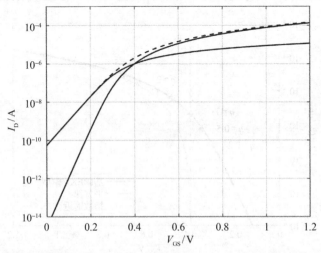

图 2.6 根据基础 EKV 模型漏极对电流（虚线）与漂移和扩散贡献（实线）的预测。如图 2.1 所示，强反型以漂移电流为主，弱反型以扩散电流为主

2.2.3　EKV 模型的强、弱反型近似

在强、弱反型中，共源饱和晶体管的 EKV 模型可简化为众所周知的表达式。例如，在强反型中，由于 $q \gg 1$，漂移电流与 q^2 成正比，比扩散电流要大得多。因此：

$$V_P \approx 2U_T q \approx 2U_T \sqrt{i} = 2U_T \sqrt{\frac{I_D}{I_S}} \tag{2.24}$$

此近似值在使用式（2.21）替换 V_P 后，得到平方律模型：

$$I_D = \mu C_{ox} \frac{W}{L} \frac{(V_G - V_T)^2}{2n} = \beta \frac{(V_G - V_T)^2}{2n} \tag{2.25}$$

式（2.25）的分母中有点不寻常的亚阈值斜率因数反映了基础 EKV 模型中常数 n 影响阈值电压的事实（背栅效应）。

在弱反型状态下，$q \ll 1$，有：

$$V_P \approx U_T \big[-2 + \log(q) \big] \approx U_T \left[-2 + \log \left(\frac{I_D}{I_S} \right) \right] \tag{2.26}$$

于是可以得到众所周知的弱反型指数逼近：

$$I_D = I_S \exp \left(2 - \frac{V_T}{nU_T} \right) \exp \left(\frac{V_G}{nV_T} \right) = I_0 \exp \left(\frac{V_G}{nV_T} \right) \tag{2.27}$$

这个表达式证实了亚阈值因数 n 在半对数图上决定 $I_D(V_{GS})$ 特征的斜率的事实。

图 2.7 给出了使用与图 2.6 相同的 EKV 参数进行强、弱反型的近似结果，显示了令人满意的渐近趋势。为了明确弱反型、中等反型和强反型之间的界限，图 2.7 中包含了标准化移动电荷密度 q 的标记。可以看到基础 EKV 模型分别在 0.2 和 5 附近逼

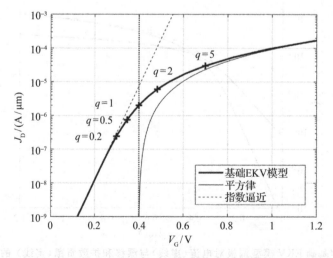

图 2.7　基础 EKV 模型的平方律和指数逼近。垂直线表示阈值电压（V_T）

近指数(弱反型)和二次(强反型)函数。在这些标志点之间,该器件为中等反型,中等反型的中心由 $q=1$ 和 $V_G=V_T$ 表示。在本书中将利用这些边界来区分 3 种可能的反型等级。

2.2.4 基础 EKV 模型中 g_m 和 g_m/I_D 的表达式

饱和共源 MOS 晶体管的跨导可以由式(2.22)和式(2.23)导出,可以看到它与标准化移动电荷密度 q 和 I_S 成正比,后者包含 W/L:

$$g_m = \frac{\partial I_D}{\partial V_G} = \frac{\partial I_D}{\partial q}\frac{\partial q}{\partial V_G} = I_S(2q+1)\frac{1}{nU_T}\frac{q}{2q+1} = \frac{I_S}{nU_T}q \tag{2.28}$$

如 2.2.1 节所述,跨导效率 g_m/I_D 是反型等级的一个有用的替代。用式(2.28)除以式(2.22),得到标准化移动电荷密度 q 的简单函数:

$$\frac{g_m}{I_D} = \frac{1}{nU_T}\frac{1}{q+1} \tag{2.29}$$

在深度弱反型状态下,即 $q \ll 1$ 时,跨导效率达到最大值为

$$M = \max\left(\frac{g_m}{I_D}\right) = \frac{1}{nU_T} \tag{2.30}$$

用式(2.30)除以式(2.29)得到标准化跨导效率 ρ:

$$\rho = \frac{g_m/I_D}{\max(g_m/I_D)} = \frac{1}{q+1} \tag{2.31}$$

ρ 在 0(在深度强反型中)和 1(在深度弱反型中)之间变化。在中等反型的正中间,ρ 等于 0.5,因为 q 等于 1。

当式(2.29)的标准化移动电荷密度被式(2.22)的标准化漏极电流 i 所代替时,得到了 g_m/I_D 的另一个表达式,该表达式在给定电流的情况下是有用的:

$$\frac{g_m}{I_D} = \frac{1}{nU_T}\frac{2}{\sqrt{1 + 4\dfrac{I_D}{I_{Ssq}}\dfrac{L}{W}} + 1} \tag{2.32}$$

最后,通过熟知的表达式[8]得到了式(2.30)的对应式,即强反型(SI)中平方律近似:

$$\left(\frac{g_m}{I_D}\right)_{SI} = \frac{2}{V_G - V_T} \tag{2.33}$$

图 2.8 描绘了基础 EKV 模型式(2.31)的标准化跨导效率,以及平方律式(2.33)和指数式(2.30)近似。(+)标记表示了与图 2.7 相同的标准化移动电荷密度 q 的范围。可以看到,中等反型($q=0.2\sim5$)对应于曲线最陡的部分。

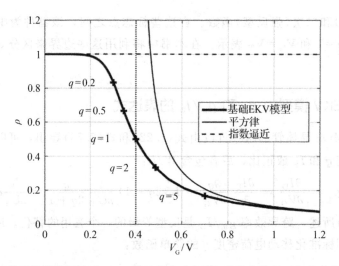

图 2.8 标准化跨导效率用基础 EKV 模型及其平方律函数和指数的近似的曲线表示。垂直线表示阈值电压 (V_T)

2.2.5 从 EKV 模型中提取参数

在本节中，要回答这个问题：如何从给定的 MOS 晶体管的特性中提取基础 EKV 模型参数？建议的步骤如下：

1）（用数值方法）计算 $\log(I_D)$ 对 V_{GS} 的导数，即绘制图 2.9 右下角所示的 g_m/I_D（V_{GS}）特征。从跨导效率的最大值 M 中提取亚阈值斜率 n[见式(2.30)]。

2）为了得到 V_T 和 I_S，在 g_m/I_D 曲线上选择第二个点（$V_{GS}=V_{GSo}$），分别评估对应的漏电流和跨导效率（I_{Do} 和 (g_m/I_D)）。

3）由于已经知道了亚阈值斜率，因此通过对式(2.29)取逆得到了标准化的流动电荷密度 q_o。

4）有了 q_o，再使用式(2.22)和式(2.23)计算标准化漏极电流 i_o 和夹断电压 V_{Po}。

5）最后，利用式(2.15)和式(2.21)确定了具体电流为 I_S，阈值电压为 V_T。

这种提取参数方法是否有效？能否根据参数的来源反推出符合特征的漏电流和跨导效率呢？下面用一个例子进行验证。

例 2.2 从 CSM 中提取 EKV 的参数

按图 2.9 所示的步骤利用原 CSM 特征提取的 EKV 参数重构出如图 2.1 和图 2.4 所示的 CSM 漏极电流和跨导效率曲线。

解：

1）这一步已经完成，因为 g_m/I_D 曲线已经存在。

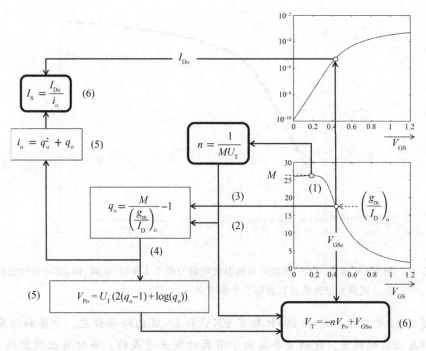

图 2.9　从饱和 I_D 和 g_m/I_D 光特征中提取参数 n、V_T 和 I_S 的过程[一]

2)利用图 2.4 中 g_m/I_D 的最大值,可以得到 $n=1.18$。

3)选择第二个关于跨导效率特性的参考点。任何一点原则上都是令人满意的。然而,过于接近第一点可能会危及准确性。固定这个点在强反型[二],例如$(g_m/I_D)_o = 3$ S/A,使 $V_{GSo}=1.212$ V,$I_{Do}=57.55$ μA。

4)计算标准化的移动电荷密度 q_o,知道它等于 9.90。

5)有了 q_o,使用式(2.22)和式(2.23)计算夹断电压 V_P 和标准化漏极电流 i。它们分别等于 0.520 V 和 107.8 μA。

6)使用式(2.15)和式(2.21)计算阈值电压 V_T 和具体电流 I_S,得到 $V_T=0.5988$ V,$I_S=0.5336$ μA。

通过这些值,可以通过重复 2.2.2 节中描述的步骤重新构建 EKV 漏极电流,并将结果与原始 CSM 电流进行比较。结果如图 2.10 所示,并显示了几乎完全一致的结果。

[一]　图 2.9 中描述的提取方法会在附录 A 中有更详细的讨论,并被运用在 MATLAB 的 XTRACT. m 函数中。

[二]　稍后会看到,在识别实际晶体管的 EKV 参数时,强反型并不是最好的选择。迁移率的降低影响着这一区域的电流。在附录 A 中讨论了选择第二个参考点的注意事项。

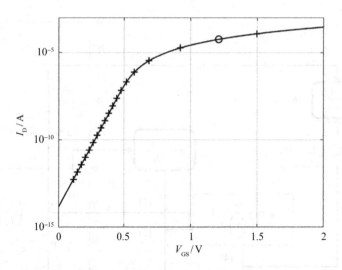

图 2.10　将 EKV 模型(十字)预测的重构漏极电流与图 2.1 所示(实线)的 CSM 特性进行对比,圆圈标记参数提取的第二个参考点

在图 2.11 中使用了式(2.29)比较了 EKV 和 CSM 的跨导效应。中等和强反型匹配较好,弱反型匹配较差。这种差异是由于前面的假设造成的,当时将亚阈值斜率因数 n 近似为常数[见式(2.11)]。事实上,n 在弱反型区会发生变化,导致了在图左侧部分看到的差异。这不是一个显著的缺点,因为最大值左边的数据与只有在非常低功耗和低速应用这两种情况的一小部分中遇到的反型等级有关(参见第 3 章中的一些示例)。

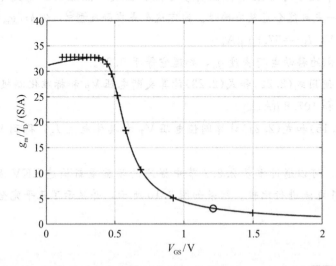

图 2.11　将基础 EKV 模型(十字)预测的重构跨导效率与图 2.4 所示的 CSM g_m/I_D 进行对比。圆圈标记用于参数提取的第二个参考点

2.3 实际的晶体管

能用基础 EKV 模型来描述"实际的"现代晶体管的特性吗？直接的答案是否定的，因为简单 EKV 模型不包括在短沟道器件中扮演重要角色的迁移率退化或重要的二阶效应。描述这些影响将需要大量增加模型的复杂性，因此与调整模拟 CMOS 电路尺寸只使用简单表达式的目标相矛盾。

在本书的上下文中，通过使用查询表来解决这个问题。查询表包含漏极电流、小信号参数、电容等，这些参数全部从物理设备或高级模型中提取，例如 SPICE(BSIM6 或 PSP)等电路模拟器中使用的模型。在第一种情况下，数据是在大量的物理器件上考虑到一些栅极的长度和宽度范围以及偏置条件进行测量的结果。在第二种情况下，相同的数据来自虚拟器件，由相信或知道是准确的高级模型表示。本书其余部分所考虑的数据属于第二类，它们是 65 nm PSP 建模晶体管使用 Cadence Spectre 模拟器模拟的结果。PSP 模型是像 CSM 一样基于表面电势的，并且在正确提取数据时是非常精确的。

本书使用的仿真数据包括多维直流扫描和 V_{GS} 和 V_{DS} 从 0 V 到电源电压(1.2 V)，数据(包括跨越扫描的许多小信号参数)通过使用 Spectre MATLAB 工具箱被从 Cadence Spectre 导出到 MATLAB 软件。创建的数据执行（65nch. mat 和 65pch. mat)可以被读入 MATLAB 软件中，相互查找各种器件参数。为了简化这个任务，创建了 MATLAB 函数 lookup. m，它提供了设计所需的大部分功能，如果该函数位于当前 MATLAB 路径中，则可以通过键入"help lookup"获得它的用法的简短描述。关于此函数的内部工作原理以及如何创建查找数据的详细信息，请参见附录 B。

2.3.1 实际漏极电流的特征 $I_D(V_{GS})$ 和 g_m/I_D

图 2.12 展示了一些漏极电流特性和从查询表中提取的宽 10 μm n 沟道晶体管的 V_{GS} 的关系。这里考虑了 3 种栅极长度：60 nm、100 nm 和 500 nm 以及 3 种漏源电压：0.6 V、0.9 V 和 1.2 V。

用于读取电流的 MATLAB 代码如下：

```
L    = [.06 .10 .50];                              % μm
VDS  = .6: .3: 1.2;                                % V
ID   = lookup(nch, 'ID', 'VDS', VDS, 'L', L);      % A
```

传递给查找函数的参数如下：

```
nch    % structure that contains the data
ID     % the desired output variable
VDS    % the range of drain voltages
L      % the range of gate lengths
```

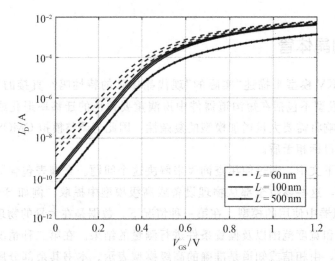

图 2.12 宽 10 μm n 沟道晶体管的漏极电流，考虑有 60 nm、100 nm 和 500 nm 3 种栅极长度以及 3 个漏源电压，分别为 0.6 V、0.9 V 和 1.2 V（从下到上）

如果 V_{SB} 未传递给该函数，则假定该电压为零。类似地，若不指定 V_{GS}，则函数假设人们感兴趣的是沿扫描矢量 nch 的所有值。查询表的 VGS（在本书中等于 0：0.025：1.2）。漏极电流输出是一个阵列，它的大小由栅极到源、漏极到源和栅极长度矢量的长度决定。

观察图 2.12 所示的形式，与之前的图的区别之一是，实际晶体管的电流取决于漏极电压。有两种机制可以解释这一点：沟道长度调制（CLM）和漏极感应势垒降低（DIBL）。要解释这些现象，需要考虑靠近漏结的区域。随着 V_{DS} 的增大，漏结附近的耗尽区域的宽度增大，这导致反型层的有效长度略有减小。因此，由于 L 越来越小，W/L 增加，这反过来又增加了漏极电流。这就是沟道长度调制效应的含义。

一旦沟道长度约小于 0.5 μm，漏极感应势垒降低，第二个效应就会显现出效果。此时，漏极周围的耗尽区域占据了沟道下固定空间电荷区域的很大一部分。这样，由栅极控制的固定电荷量就减少了，因此需要更小的栅极电压来产生相同数量的漏极电流。这相当于阈值电压的轻微降低，即增加了栅极过驱动（$V_{GS} - V_T$），从而也增加了漏极电流。这种现象在图 2.12 的 100 nm 弱反型特性中可见，在 60 nm 特性中则更明显。可以看到，随着漏极电压的增加，DIBL 使弱反型漏极电流特性向左移动。当 $L = 60$ nm 时，这种效应非常显著，但当 $L = 500$ nm 时，这种效应几乎消失，此时 CLM 只引起很小的变化，使得漏极电压控制的三条曲线几乎重合。注意到在弱反型中，当 $L = 60$ nm 时，漏极电流斜率也有明显的减小。

请注意，图 2.12 所示的每个特征都类似于图 2.1 所示的 CSM 电流。在弱反型中，电流呈指数增长，直至进入中等反型。在这里，斜率（或 g_m/I_D）开始减小，并在强反型中进一步减小。

此时需要提出的一个有趣的问题是，是否能够提取出图 2.12 中实际漏极电流特征的基础 EKV 参数，并得到很好的匹配。显然这是不可能的，除非使参数成为关于 V_{DS}、L 和 V_{SB} 的函数。换句话说，图 2.12 中的每条曲线都需要一组不同的参数。在下面的示例中，将首先确定使用这种方法可以获得多好的匹配程度。在本章的后续部分，将继续展示尽管有这种明显的复杂性，基础 EKV 建模方法实际上仍然对理解和量化现代晶体管中的栅极长度与漏极电压的依赖性有用。

例 2.3　实际晶体管的 EKV 参数提取

提取如图 2.12 所示特性曲线的 EKV 参数，并将重构曲线与原始漏极电流和跨导效率进行比较。

解：

由于任务与例 2.2 中的任务相同，因此不再进一步讨论该过程。参数是通过使用 XTRACT.m 函数从具有适当栅极长度和漏极电压的查找函数中提取出来的。重构后的特性曲线会与图 2.13 中的原始数据进行对比。该模型总体令人满意，但因为没有考虑电场增加对迁移率的影响[8]，因此在强反型中，该模型的结果并不那么让人满意。回想一下，基本模型忽略了迁移率下降，因此高估了强反型中的漏极电流。在图 2.13b 中可以清楚地看到，当 V_{GS} 变大时，$L=60\ \text{nm}$ 的原始特性和重构特性的差异越来越大。如果将包含 μ 的 I_S 表示为关于电场的函数，迁移率下降在原则上需要考虑。但是，这带来的复杂性使得模型过于复杂，且不能证明失去灵活性是合理的。

通过对迁移率降低的观察，这里又回到了参数提取算法，特别是第二个参考点的位置。由于强反型数据受迁移率下降的影响，必须避免使用强反型数据；另一方面，对于参考点位置应该使得距离离弱反型越远越好，以避免精度的损失。因此，最佳的位置在中等反型，这将在 A.4 节（附录 A）中进一步讨论。通常建议选择标准化跨导效率 ρ 介于 $0.5\sim0.8$ 的点。XTRACT 函数有一个可选的变量（"rho"）来实现这种选择，默认值是 0.6。

图 2.14 比较了跨导效率曲线。考虑到 $L=100\ \text{nm}$（$V_{DS}=0.6$, 0.9, $1.2\ \text{V}$）的实际晶体管特性，利用式(2.29)对基础 EKV 模型预测的跨导效率进行计算，并将结果与查询表曲线进行了对比。从图 2.14 中可以看出，无论是绘制 g_m/I_D 与 V_{GS} 的关系（见图 2.14a），还是绘制与 J_D 的关系（见图 2.14b），从强反型到弱反型的一致性都非常好，同时注意到 V_{DS} 的影响很小；不同 V_{DS} 的 3 条曲线非常接近，几乎无法区分。最后再次提醒读者注意，重构的特性只有在强反型和弱反型时才与真实的 g_m/I_D 有显著的差异（原因如前所述）。

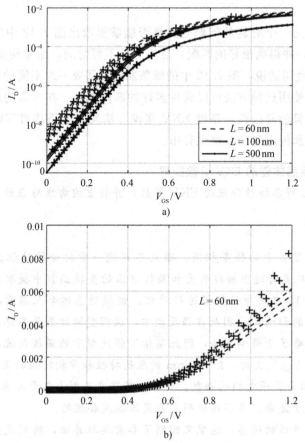

图 2.13 将 EKV 重构的漏极电流（＋标记）与图 2.12 所示的电流（实线和虚线）进行比较
a)对数刻度 b)线性刻度 $L=60$ nm，$W=1$ μm，$V_{DS}=0.6$ V、0.9 V 和 1.2 V

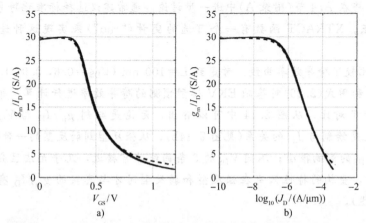

图 2.14 结合图 2.12(实线)和式 2.29 推导的基础 EKV 对应线(虚线)在 $L=100$ nm 下的真实晶体管曲线进行 g_m/I_D 的比较。$V_{DS}=0.6$ V、0.9 V 和 1.2 V 时，每个图均有叠加曲线

在上面的例子中，可以看到 $g_{\mathrm{m}}/I_{\mathrm{D}}$ 的特征与 V_{GS} 和 J_{D} 的关系相对独立于 V_{DS}（见图 2.14）。这是一个非常受欢迎的特性，因为对于最初的电路尺寸设计，V_{DS} 并不总是已知的。下面将更仔细地研究这个方面，以获得对偏差在数值上的感觉。

首先考虑一个场景，目的是让器件工作在 $g_{\mathrm{m}}/I_{\mathrm{D}}=15\ \mathrm{S/A}$ 的条件下，并期望计算所需的电流密度。从图 2.14 上看，可以在图 2.14b 所示的 15 S/A 处画一条水平线，并查找 3 条曲线（$V_{\mathrm{DS}}=0.6\ \mathrm{V}$、$0.9\ \mathrm{V}$ 和 $1.2\ \mathrm{V}$）的横坐标值来求 J_{D}。用 MATLAB 软件可以用下面的代码求出数值解：

```
VDS = [0.6  0.9  1.2];
for k = 1:length(VDS),
    JD1(k,1) = interp1(gm_ID(:,k), JD(:,k), 15);
end
```

可以看出，J_{D1} 等于 9.09 μA/μm、9.86 μA/μm 和 10.32 μA/μm。考虑到 V_{DS} 的显著变化和相对短的沟道长度（100 nm），中点的相应变化是 -7.8% 和 $+4.7\%$，这是相当小的。

这种不敏感性可以通过观察基础 EKV 模型方程来解释。由式（2.29）可知，$g_{\mathrm{m}}/I_{\mathrm{D}}$ 与标准化电荷密度 q 和亚阈值斜率因数 n 直接相关。$g_{\mathrm{m}}/I_{\mathrm{D}}$ 为常数意味着 q 不随 V_{DS} 发生显著变化，因为 n 几乎不变。因此，标准化漏极电流 i 也不改变，因此 V_{DS} 对 J_{D} 的总影响仅是由于特定电流 I_{S} 的变化。2.3.3 节（见图 2.19）中会考虑 I_{S} 对 V_{DS} 的依赖性，并将看到这种相关性相对较弱。

图 2.15 着重于跨导效率的另一个方面，它关注标志着最大效率的圆圈的左侧的衰减行为。在图 2.4 所示的 CSM 图中，已经见到它下降的趋势，这是式（2.11）中括号内的式子导致的。由于下降通常是非常缓慢的，因此通常会忽略它，就如图 2.8 所示，其中亚阈值因数 n 近似为基础 EKV 模型的一个常量。

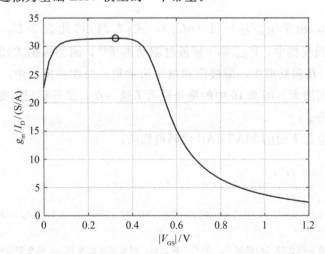

图 2.15　$L=0.2\ \mu\mathrm{m}$、$V_{\mathrm{SB}}=-0.6\ \mathrm{V}$、$V_{\mathrm{DS}}=-0.6\ \mathrm{V}$ 的 p 沟道晶体管的跨导效率

当 $|V_{GS}|$ 接近 0.1 V 时，在图 2.15 中看到的情况是由于其他的影响，这些影响导致了与弱反型指数模型的严重差异。导致 g_m/I_D 下降的一个可能原因是结漏。然而，已经从图 2.15 中移除了结漏组件。因此所看到的实际上是由于带间隧穿（BT-BT）和栅极引出的漏极泄漏（GIDL）；有关详细讨论，请参见参考文献[9]。随着阈值电压的增大（因此沟道中的扩散电流减小），这些效应变得更加明显，因此在图 2.15 中使用了一个衬底偏置来更清晰地突出它们的影响。

电路中永远不会把晶体管偏置在 BT-BT 和 GIDL 发挥作用的区域，但出于与查询表有关的实际原因，设计者仍然需要注意这些效应。假设人们期望在图 2.15 中找到当 $g_m/I_D = 25$ S/A 时对应的 V_{GS}。在这个例子中寻找的是与曲线右侧的交点，而不是 GIDL/BT-BT 引起的下降。防止问题发生最方便的方法是每次使用查找函数查找给定 g_m/I_D 值的某个数量时，系统地忽略最大值左边的数据。B.4 节提供了关于如何解决这个问题的更多信息，这也适用于其他量，比如器件的特征频率。

2.3.2　实际晶体管的漏极饱和电压 V_{Dsat}

到目前为止，已经将重建与原始漏极电流特性进行了比较。基础 EKV 模型允许对其他重要参数建模吗？考虑在 2.1.2 节中简要介绍的漏极饱和电压 V_{Dsat}。由于漏极电流在饱和状态下随 V_{DS} 的增加而不断增大，因此实际晶体管的漏极饱和电压的定义不如 CSM 简单易见。在本书中采用下面的漏极饱和电压的表达式，它将 V_{Dsat} 与跨导效率的倒数联系起来，也因此与晶体管的反型状态联系起来：

$$V_{Dsat} = \frac{2}{\dfrac{g_m}{I_D}} \tag{2.34}$$

在弱反型中，由于 $g_m/I_D = 1/(nU_T)$，式（2.34）可化为 $2nU_T$，常温下一般在 50 mV 左右。在强反型中，V_{Dsat} 等于栅极过驱动电压[⊖]，因为根据式（2.33），g_m/I_D 等于 $2/(V_G - V_T)$。在弱反型中，漏极饱和电压为常数，而在强反型中，漏极饱和电压随栅源电压的增大而增大。图 2.16 中的星号说明了这一点，星号标记了每个 $I_D(V_{DS})$ 特性上的漏极饱和电压。

数据是通过运行下面的 MATLAB 代码得到的：

```
L = .1;
VGS = (.3: .1: 1)';
gm_ID = lookup(nch,'GM_ID','VGS',VGS,'L',L);
VDsat = 2./gm_ID⊖;
JDsat = diag(lookup(nch,'ID_W','VDS',VDsat,'VGS',VGS,'L',L));
```

⊖ 用亚阈值因数 n 除式（2.34）得到 V_{Dsat} 的另一种近似，弱反型近似为 $2U_T$，强反型近似为 $(V_G - V_{To})/n$。

⊖ 注意，因为 $V_{DS} = V_{Dsat}$，所以不需要重新计算 g_m/I_D。跨导效率随漏极电压变化很小。

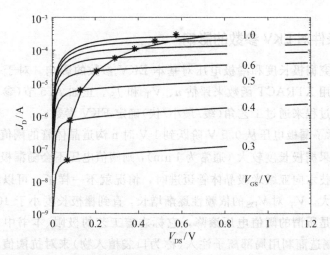

图 2.16 V_{Dsat} 从弱反型到强反型的变化过程（$L=100$ nm）。星号与式（2.34）有关，实线则
通过式（2.35）和基础 EKV 模型得到

注意，V_{Dsat} 轨迹与饱和漏极电压的启发式示意图吻合得非常好。可以看到在弱反型中，预测的 V_{Dsat} 在 50～100 mV 几乎是恒定的，而在强反型中，V_{Dsat} 根据上述近似平方律表达式迅速增大。

在 EKV 模型中，通过将式（2.34）代入式（2.29）简化为一个简单的解析表达式：

$$V_{Dsat} = 2nU_T(1 + q_S) \tag{2.35}$$

在弱反型中，由于 $q_S \ll 1$，可以看到 V_{Dsat} 接近 $2nU_T$。对于强反型，则有：

$$V_{Dsat} \approx 2nU_T q_S \approx 2nU_T\sqrt{i} = 2nU_T\sqrt{\frac{I_D}{I_S}} = 2nU_T\sqrt{\frac{J_D}{J_S}} = (V_G - V_T) \tag{2.36}$$

图 2.16 所示的实曲线展示了使用以下代码计算的基础 EKV V_{Dsat} 位点：

```
y    = XTRACT(nch,L,VDsat,0);
n = y(:,2);
VT = y(:,3);
JS = y(:,4);
VP = (VGS - VT)./n;
UT = .026;
qs = invq(VP/UT)⊖;
VDsat_EKV = 2*n*UT.*(1 + qs);
JDsat_EKV = JS.*(qs.^2 + qs);
```

结果与实际晶体管的 V_{Dsat} 吻合较好，但由于模型忽略了迁移率的下降，导致在深度强反型时吻合度不高。

⊖ "invq" 函数通过对式（2.23）取倒数从 V_P/U_T 中提取 q_S。

2.3.3　偏置条件对 EKV 参数的影响

本节中将研究栅极长度和漏极电压对基本 EKV 参数的影响。对于一个接地源 n 沟道晶体管，将利用 XTRACT 函数来评估 n、V_T 和 J_S。正如 A.5 节（参见附录 A）所述，可以使用相同的过程来通过工艺角（缓/最小/快）确定 EKV 参数。

图 2.17 展示了漏极电压从 0.5 V 阶跃到 1 V 时 n 沟道晶体管的阈值电压与栅极长度之间的关系。如果栅极长度较大（通常为 1 μm），则阈值电压不会随漏极电压的变化而显著变化；当工艺技术向亚微米级晶体管迈进时，情况就不一样了。可以看到阈值电压在初始时刻逐渐增大。V_T 对 V_{DS} 的依赖性逐渐增长，直到栅极长度小于 100 nm，V_T 出现快速下降。这就是所谓的阈值电压滚降，它标志着工艺的极限（本书中使用的工艺的极限为 60 nm）。制造商利用局部离子注入（称为口袋植入物）来对抗阈值电压滚降。这通常是以略微增加阈值电压为代价的，如图 2.17 所示，阈值电压的增加在滚降之前是可见的，这叫作反短沟道效应。

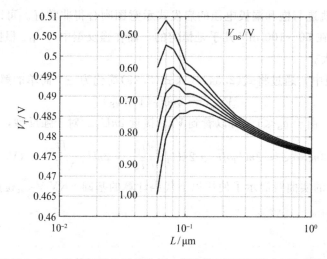

图 2.17　对于 0.5～1 V 等间隔的漏极电压，提取的 EKV 阈值电压与栅极长度的关系

虽然口袋植入物通过使栅极长度能够更短从而增加可实现的工作频率，但它们所产生的各向异性不幸地影响了 V_T 对漏极电压的灵敏度。这在图 2.17 中清晰可见，并在图 2.18 中得到进一步强调。其中图 2.18 显示了类似的数据，并交换了 L 和 V_{DS}。注意，阈值电压随漏极电压的增加而近似线性下降。由此可见，斜率 dV_T/dV_D 几乎是恒定的。对于 60 nm 的栅极长度的晶体管，看到在阈值电压几乎随着 V_{DS} 的每 1 V 增加而降低 80 mV，而从 60 nm 变为 100 nm 足以使这个速率降低 1/2 以上。这种现象是 DIBL（漏极导致势垒下降）的结果。如前所述，DIBL 涉及的是由漏极而不是栅极控制的沟道下方

的固定电荷量。在漏极结周围的耗尽层逐渐吸收由栅极控制的耗尽空间电荷区。因此，较低的栅极电压足以产生相同的漏极电流。稍后会看到这种效应对晶体管的固有电压增益有很大的影响。在最小栅极长度上仅增加 20～40 nm 可显著降低 DIBL。

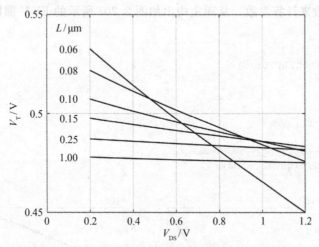

图 2.18　阈值电压与栅极长度和漏极电压的关系

提出的特定电流如图 2.19 所示。一般情况下，由于 CLM 的存在，I_S 随着 V_{DS} 的增大而增大，因为特定电流与 W/L 成正比。请注意，当栅极长度减小时，CLM 的影响会增大。

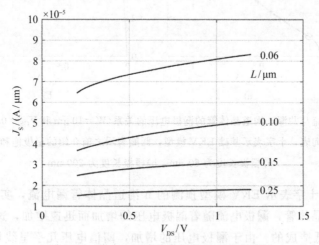

图 2.19　指定电流密度与漏极电压的相关性

2.3.4　漏极电流特性 $I_D(V_{DS})$

如前所述，V_{DS} 引起的基础 EKV 参数的变化使人们能够预测漏极电流的变化。

图 2.20 显示了两个栅极长度(图 2.20a 中为 60 nm 和图 2.20b 中为 200 nm)的共源 n 沟道 MOS 晶体管的饱和漏极电流。栅源电压 V_{GS} 保持恒定,为 0.4 V,对应 g_m/I_D 值分别为 19.8 S/A 和 24.3 S/A(中等反型和弱反型)。下面的 MATLAB 代码展示了如何根据漏极电压的函数来计算参数,从而重构出如图 2.20a 所示的 EKV 漏极电流特性:

```
L = .06;
VDS = 0.2: 0.1: 1.2;
y = XTRACT(nch,L,VDS,0)⊖;
n = y(:,2);
VT = y(:,3);
JS = y(:,4);
VP = (VGS - VT)./n;
UT = .026;
qS = invq(VP/UT);
IDEKV = W*JS.*(qS.^2 + qS);
```

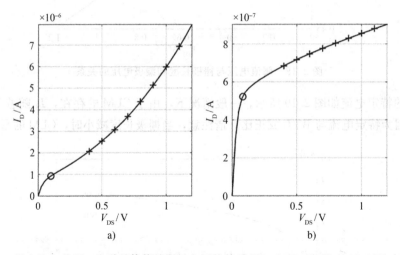

a)　　　　　　　　　　　b)

图 2.20　漏电流与共源 n 沟道晶体管的漏极电压的关系($W = 10\ \mu m$ 和 $V_{GS} = 0.4$ V)。实线表
示查询表,十字表示基础 EKV 模型,圆圈表示之前介绍的漏极饱和电压 V_{Dsat}
a)栅极长度为 60 nm　　b)栅极长度为 200 nm

图 2.20 中的十字表示 EKV 模型预测的 n 沟道晶体管漏电流,实线表示查询表数据。对于 60 nm 晶体管,漏极电流随着漏极电压的增加而迅速增加,这是由于 DIBL 引起的阈值电压降低造成的。由于漏极电压的增加,阈值电压几乎呈线性降低,使得 V_P 几乎呈线性增加,而 V_P 的线性增加又导致 q(也进而导致电流)几乎呈指数增长。对于 200 nm 晶体管,则没有看到这种效应,因为 DIBL 此时不明显,如图 2.18 所示。相反,

---

⊖　由于 XTRACT 函数中使用的漏源电压形成了一个列矢量,所以 EKV 参数会为每个 V_{DS} 自动更新。

漏极电流的双曲线态势增加主要反映了 CLM 的影响。

在图 2.21 中比较了栅长为 60 nm 的晶体管从弱反型到强反型时的漏极电流。V_{GS} 在图 2.21a（$g_m/I_D \approx 25$ S/A，弱反型）中为 0.3 V，在图 2.21b（$g_m/I_D \approx 5$ S/A，强反型）中为 0.8 V。尽管两幅图中阈值电压均随 V_{DS} 减小而减小，但 DIBL 对漏极电流的加重影响仅在图 2.21a 中可见，而在图 2.21b 中不可见，原因如下：在图 2.21b 的情况下，V_P 对式（2.23）的非线性 $\log(q)$ 项的影响被同一表达式中的线性项所抵消。

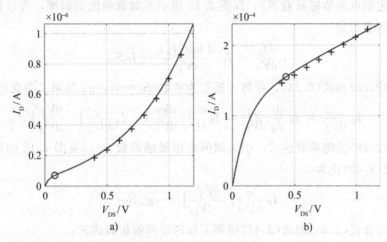

图 2.21　漏极电流与共源 n 沟道的漏极电压的关系。图 2.21a 中 $V_{GS} = 0.3$ V（$g_m/I_D \approx 25$ S/A），图 2.21b 中 $V_{GS} = 0.8$ V（$g_m/I_D \approx 5$ S/A）。实线代表查询表，十字代表 EKV 模型。圆圈表示漏极饱和电压 V_{Dsat}。$W = 10$ μm，$L = 60$ nm

2.3.5　输出电导 g_{ds}

CSM 忽略了 CLM 和 DIBL 等二阶效应的事实解释了饱和区输出电导的缺失。实际饱和晶体管具有非零输出电导，从之前讨论的漏极电流图可以明显看出，它的输出电导在弱反型和强反型之间有显著的变化。为了使基础 EKV 模型再现饱和时的漏极电流，必须添加反映 V_{DS} 影响的参数。因此需要分别引入 n、V_T 和 $\log(I_S)$ 对 V_{DS} 的导数，称为灵敏度参数 S_n、S_{VT} 和 S_{IS}：

$$S_n = \frac{dn}{dV_D}$$

$$S_{VT} = \frac{dV_T}{dV_D} \tag{2.37}$$

$$S_{IS} = \frac{d\log(I_S)}{dV_D}$$

XTRACT 函数会对这些导数求值，并将它们作为行矢量或关于输入漏极电压（标量或列矢量）的矩阵输出。XTRACT 的输出参数顺序为 V_{DS}、n、V_T、I_S、S_n、S_{VT} 和 S_{IS}。

由于输出电导 g_{ds} 是漏极电流关于漏源电压的导数，可以从式（2.15）中给出的 I_D 的基础 EKV 表达式开始：

$$g_{ds} = \frac{dI_D}{dV_D} = i\,\frac{dI_S}{dV_D} + I_S\,\frac{di}{dV_D} \tag{2.38}$$

利用特定的电流敏感系数 S_{IS}，即图 2.19 所示半对数曲线的斜率，可以将式（2.38）右侧的第一项表示为

$$i\,\frac{dI_S}{dV_D} = I_D\,\frac{d\log(I_S)}{dV_D} = I_D S_{IS} \tag{2.39}$$

根据式（2.22）和式（2.23），并将 n 近似为常数（$S_n \approx 0$），g_{ds} 的第二项变成

$$I_S\,\frac{di}{dV_D} = I_S\,\frac{di}{dq}\,\frac{dq}{dV_D} = I_S\left(\frac{q}{U_T}\,\frac{dV_P}{dV_D}\right) = I_S\,\frac{q}{nU_T}\left(-\frac{dV_T}{dV_D}\right) \tag{2.40}$$

利用式（2.28）的跨导表达式，引入阈值电压敏感因数 S_{VT}（见图 2.18 的阈值电压曲线斜率），式（2.40）化为

$$I_S\,\frac{q}{nU_T}\left(\frac{dV_T}{-dV_D}\right) = -\,g_m S_{VT} \tag{2.41}$$

最后，结合式（2.39）和式（2.41）得到下面的简单解析表达式：

$$g_{ds} = -\,g_m S_{VT} + I_D S_{IS} \tag{2.42}$$

在式（2.42）中，S_{VT} 主要描述 DIBL 效应，通常是一个负数（V_T 随漏极电压近似线性下降）。S_{IS} 是 CLM 的主要来源。

图 2.22 所示的两个图比较了当栅极长度取两个不同值（图 2.22a 为 60 nm；图 2.22b 为 200 nm）时，预测和查询表的输出电导与漏极电压的关系。这里研究的 n 沟道晶体管如图 2.20 所示，其中 $V_{GS} = 0.40$ V（图 2.20a 为 $g_m/I_D = 19.8$ S/A；图 2.20b 为 24.3 S/A）。实线表示查询表的结果，十字代表基础 EKV 模型，圆圈表示 V_{Dsat}。图 2.20a 中 DIBL 引起的漏极电流几乎呈指数增长，这也解释了图 2.22a 中可见的 g_{ds} 的稳定增长。事实上，$g_m S_{VT}$ 这一项远大于 $I_D S_{IS}$，因此输出电导几乎直接随 g_m 变化。另一方面，对于图 2.22b 中的 200 nm 曲线，由于 DIBL 项较小，$I_D S_{IS}$ 项占主导地位。

下面列出了生成图 2.22a 所示 g_{ds} 曲线的 MATLAB 代码以供参考：

```
VDS = 0.1*(3:12)';              % V
VGS = .4;                       % V
L = .06;                        % micron
% gds from look-up tables =========
gds = lookup(nch,'GDS','VDS',nch.VDS,'VGS',VGS,'L',L);
% extract EKV param ================
y  = XTRACT(nch,L,VDS,0);
n  = y(:,2);
```

```
VTo = y(:,3);
JS = y(:,4);
SVT = y(:,6); SIS = y(:,7);
% EKV drain current
VP    = (VGS - VTo)./n;
qS    = invq(VP/UT);
IDEKV = W*JS.*(qS.^2 + qS);
UT    = .026;
gm = IS./(n*UT).*qS;
gdsEKV = - gm.*SVT + IDEKV.*SIS;
```

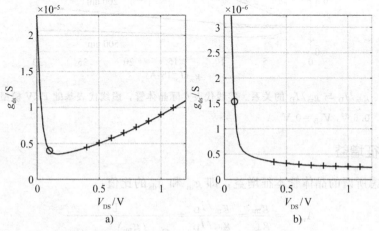

图 2.22　输出电导与共源 n 沟道晶体管的漏极电压的关系，$W = 10\ \mu m$，$V_{GS} = 0.4\ V$。实线代表查询表，十字代表 EKV 模型，圆圈表示漏极饱和电压 V_{Dsat}

a)$L = 60\ nm$　b)$L = 200\ nm$

2.3.6　g_{ds}/I_D 之比

将式(2.42)的两边除以 I_D，可以得到一个连接 g_m/I_D 和 g_{ds}/I_D 的表达式：

$$\frac{g_{ds}}{I_D} = - S_{VT} \frac{g_m}{I_D} + S_{IS} \qquad (2.43)$$

根据式(2.43)，如果栅极长度和漏极电压保持不变，则 g_{ds}/I_D 和 g_m/I_D 是线性相关的。而图 2.23 表明，无论栅极长度如何，这对实际晶体管的跨导效应都是适用的。

回想一下，g_{ds}/I_D 的倒数也叫作欧拉电压 V_{Early}。为了可视化这个概念，考虑一组 $I_D(V_{DS})$ 特征。假设选择一个静态点：漏源电压 V_{DS}、漏极电流 I_D。$I_D(V_{DS})$ 特性在选定点处的斜率即是输出电导 g_{ds}。为用图说明 V_{Early}，延长切线直到它与横轴相交。欧拉电压是交点与 V_{DS} 之间的电压差。

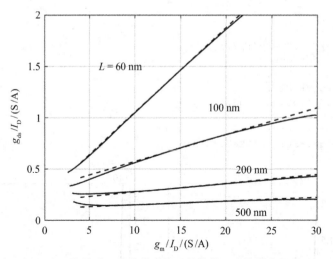

图 2.23 g_{ds}/I_D 与 g_m/I_D 的关系。实线代表实际晶体管，虚线代表基础 EKV 模型。$V_{DS} = 0.6\ \text{V}$，$V_{SB} = 0\ \text{V}$

2.3.7 本征增益

现在考虑所谓的晶体管本征增益，即 g_m 和 g_{ds} 的比值：

$$A_{\text{intr}} = \frac{g_m}{g_{ds}} = \frac{g_m/I_D}{g_{ds}/I_D} = \frac{1}{S_{\text{IS}}\left(\dfrac{g_m}{I_D}\right)^{-1} - S_{\text{VT}}} \tag{2.44}$$

式(2.44)右边的结果是通过代入式(2.43)得到的。在电路域中，本征增益表示共源漏极开路⊖晶体管电路中低频电压增益(A_{v0})的大小(见图 2.24 中的小信号模型)：

$$A_{v0} = \frac{v_{\text{out}}}{v_{\text{in}}} = -\frac{g_m}{g_{ds}} = -A_{\text{intr}} \tag{2.45}$$

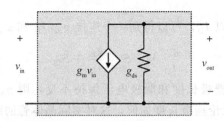

图 2.24 输出电导为 g_{ds} 的小信号晶体管模型

此外，本征增益在更复杂的电路中也有关联，例如共源共栅和运算放大器，它们通常具有与 A_{intr}^n 成比例的电压增益(其中 n 是整数)。

⊖ 漏极开路是指晶体管的漏极端连接到理想电流源。换句话说，与漏极相连的唯一阻抗就是它自身的内阻 $1/g_{ds}$。

当晶体管工作在弱反型（g_m/I_D 很大）和沟道很短（S_{VT} 很大）时，A_{intr} 本质上成为常数，近似等于 S_{VT} 的倒数。因此，DIBL 决定电压增益。例如，在 $S_{VT} = -0.080$ 的 60 nm 晶体管中，其本征增益约为 22 dB。正如描绘了 A_{intr} 与 g_m/I_D 之间的关系的图 2.25 中的较低曲线所示，本征增益并没有随着 g_m/I_D 发生很大的变化。当栅极长度增加时，S_{VT} 的大小减小，从而 A_{intr} 增大，而 S_{IS} 项增加了对 g_m/I_D 的敏感度。

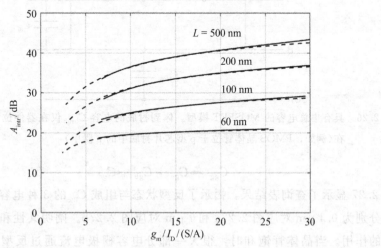

图 2.25　n 沟道晶体管的本征增益。实线代表实际晶体管，虚线代表基础 EKV 模型。
　　　　　$V_{DS} = 0.6$ V, $V_{SB} = 0$ V

2.3.8　MOSFET 电容和特征频率 f_T

到目前为止，只考虑了低频参数。然而，必须引入器件电容来模拟电路的频率响应。出于这个原因，在本书中只考虑集总电容，换句话说，假设存在一个准静态（QS）模型，不处理非准静态（NQS）或跨电容效应⊖。MOSFET 的一般集总电容模型如图 2.26 所示。在本节的其余内容中，只考虑与栅极节点相连的电容，并在第 3 章中讨论漏极电容和源极电容。

包括图 2.26 所示的集总器件电容，扩展了模型的适用性，使它能包括 QS 行为。然而，所需的电容参数并不遵循目前用于模拟漏极电流的简单解析表达式。例如，栅极至漏极电容（C_{gd}）遵循器件的三维结构，依赖于漏极接触处的复杂散射场。因此不是尝试构造一个解析模型，而是只依赖于查询表数据。

总的来说，有 3 种电容与栅极相连接：从栅极到源极（C_{gs}）；从栅极到体极（C_{gb}）；从栅极到漏极（C_{gd}）。这些电容的总和通常称为总栅电容 C_{gg}：

⊖　在现代元器件中，C_{gd} 并不完全等于 C_{dg}，这一事实表明了收发效应。这个效应在高级建模文献中有介绍。

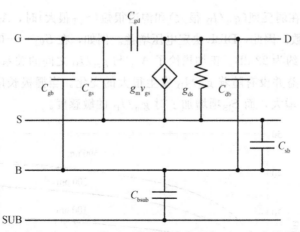

图 2.26 具有集总电容的 MOSFET 模型。体到衬底的电容 C_{bsub} 仅在器件位于阱中时才存在(例如，PMOS 晶体管位于 p 型芯片衬底中的 n 阱中)

$$C_{gg} = C_{gs} + C_{gb} + C_{gd} \tag{2.46}$$

图 2.27 显示了查询表结果，揭示了反型状态与组成 C_{gg} 的 3 种电容的关系，其中栅极长度分别为 0.1 μm 对应图 2.27a 和 1 μm 对应图 2.27b。阐明共性和差异有助于理解反型层的作用。当晶体管饱和时，很大一部分电容栅极电流通过反型层流向源极。因此，栅源电容比栅漏电容大。不过，这虽然在强反型中是正确的，但在中等反型中就不那么正确了，在深度弱反型中也不太适用。在这里，由于沟道的消失，源极和漏极栅极电容主要是栅极重叠和散射场。由于源极和漏极之间不再有任何区别，所以 C_{gs} 和 C_{gd} 趋于相等。此外，在强反型中，栅极直接"看到"衬底，而不需要沟道形成的"屏"。因此栅极到衬底的电容(C_{gb})达到最大值。

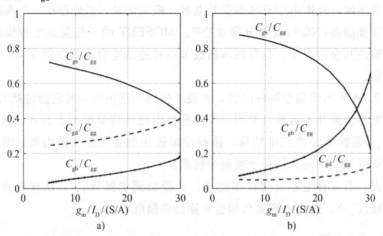

图 2.27 相对寄生电容 C_{gx}/C_{gg} 与 g_m/I_D 的关系($V_{SB}=0$ V, $V_{DS}=0.6$ V)

a)栅极长度 L 为 0.1 μm   b)栅极长度 L 为 1 μm

当沟道从长变短时，栅源电容和栅极到衬底的电容之间的显著差异值得关注。在长沟道器件中，栅极长度越大，相应的栅极-漏极电容越大，而栅极-漏极电容保持不变。在图 2.27b 中可以清楚地看到，弱反型时的相对栅极-体电容要大于栅源电容和栅漏电容。对于图 2.27a 中的短沟道晶体管，情况则不同。在某种程度上，源结和漏结的邻近会一定程度阻碍栅极和衬底。因此，对于所有反型，栅极到衬底电容始终相对较小。在短沟道晶体管中，相对栅源电容和栅漏电容之和占总栅极电容的 80%，而在长沟道器件中仅占 30%～40%。

总栅极电容用于特别地定义一个重要的指标参数，即角特征频率：

$$\omega_{\mathrm{T}} = 2\pi f_{\mathrm{T}} = \frac{g_{\mathrm{m}}}{C_{\mathrm{gg}}} \tag{2.47}$$

在相关文献中，特征频率的物理意义通常通过共源极与交流短路漏极的电流增益（见图 2.28 中 i_{out} 和 i_{in} 的比率）在 ω_{T} 时趋于一致来理解。因此，特征频率可以看作 MOSFET 的最大有效工作频率的代称。或者，可以考虑 ω_{max}，即振荡的最大频率，定义为功率增益一致时的频率[10]。

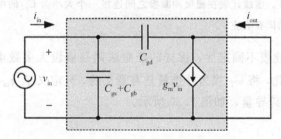

图 2.28　用于 ω_{T} 定义的测试电路。当频率处于 ω_{T} 时，电流增益 $|i_{\mathrm{out}}/i_{\mathrm{in}}|$ 已基本一致（忽视通过 C_{gd} 的前馈电流）

在实际中，MOSFET 通常不在 ω_{T} 及其附近频率工作，这主要是因为实际的器件行为难以建模，并受到 NQS 效应和栅阻等寄生器件的强烈影响。本书所做的电路仿真及参数均以 PSP 模型为基础，该模型在原理上包括上述效应[11]。然而，除非在根据实际测量值填充各自的模型参数时非常小心，否则在特征频率附近的物理特性总是存在不确定性。

图 2.29 显示了 SPICE 软件对 60 nm n 沟道晶体管电流增益的模拟。电路与图 2.28 相同；栅极是由电压源驱动的，测试量是 $i_{\mathrm{out}}/i_{\mathrm{in}}$ 的大小。实线显示了由 PSP 模型模拟的普通晶体管的响应。可以看出，C_{gd} 的影响是显著的，它引入的前馈零点是清晰可见的。为了揭示去掉 C_{gd} 后晶体管的响应，在栅极和漏极之间连接了一个大小为 $-C_{\mathrm{gd}}$ 的电容，得到图 2.29 中的虚线。可以看出，没有 C_{gd} 的器件在 ω_{T} 的 2～3 倍的频率展示了一个更复杂的响应，使得相对于实际的物理特性更好或更差地被校准。这种特性一部分是由于

栅极电阻，另一部分是由于其他二阶效应（如跨电容）。

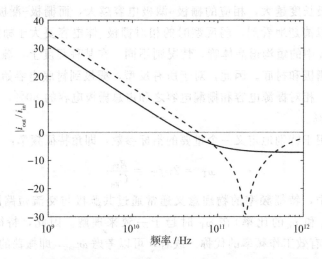

图 2.29　65 nm n 沟道晶体管的模拟电流增益（$g_m/I_D = 9.6$ S/A）。实线代表晶体管，没有
　　　　任何调整。虚线代表在栅极和漏极之间连接一个大小为 C_{gd} 的中和电容，以显示
　　　　晶体管的固有响应

鉴于 ω_T 附近的建模不确定性，保守的经验法则是假设大多数电路的工作频率最高
只到 $\omega_T / 10$[10]。因此，将 ω_T 视为外推量是有意义的，只定义了 g_m/C_{gg}，即晶体管提供
的每个总栅极电容的跨导量，如图 2.30 所示。

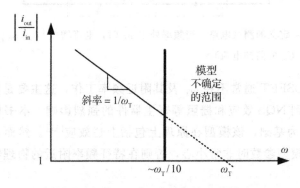

图 2.30　将 ω_T 视为外推量并对它预测

对于本书中的大多数例子，都假设 ω_T 比 10 倍的最大角频率大，以此来限制沟道长
度的选择。之后在第 5 章和第 6 章将会遇到一些情况，会将电路特性建模到约 $\omega_T/3$。这
在定义反馈放大器相位裕度的非主导极点建模中是一种常见且合理的做法。

无论如何，f_T 在现代工艺中可以高达 100 GHz 的事实（见图 2.31）为晶体管在高频
下工作留下了足够的空间，而不必依赖于 NQS 模型和复杂的无源模型扩展。当栅极长

度继续缩小时，f_T 以与 $1/L^a$ 成比例的速度增长，其中饱和器件的 α 接近 $1^{[8]}$（相对于理想的满足平方律的 $\alpha=2$）。

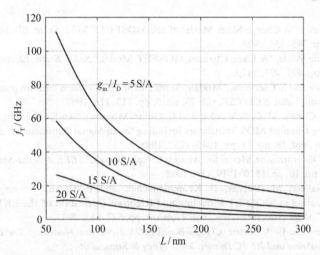

图 2.31　n 沟道器件的特征频率与沟道长度的关系。在短沟道长度和强反型状态下工作大大提高了特征频率

2.4　本章小结

本章在介绍了两种长沟道晶体管模型、薄层电荷模型（CSM）和基础 EKV 模型后，得到了与 g_m、g_{ds} 等低频参数的联系。CSM 是了解 MOS 晶体管工作模式的有力工具：弱反型、中等反型和强反型。然而它太复杂，不能用于电路设计和尺寸设定。基础 EKV 模型是一个近似于 CSM 的更简单的替代方案。这两个模型都是连续的，因为它们包含了用相同方程进行的从弱反型到强反型的过程。连续性是很重要的，因为现在许多现代 CMOS 电路都是在中等反型区工作的。在后面的内容中将看到这个区域在高性能和低功耗之间提供了良好的平衡。

但是，这两个模型忽略了 DIBL 和 CLM 等二阶效应的影响。使参数依赖于源极电压和漏极电压以及栅极长度，将基础 EKV 模型的有效性扩展到短沟道器件，这为直观地解释二阶效应以及使用简单的模型扩展评估这些效应的相对重要程度铺平了道路。

最重要的是，本章提升了我们对跨导效率的理解和其物理基础的认识，g_m/I_D 将是后面讨论的尺寸设计方法的核心。

2.5 参考文献

[1] J. R. Brews, "A Charge-Sheet Model of the MOSFET," *Solid. State. Electron.*, vol. 21, no. 2, pp. 345–355, 1978.

[2] F. Van de Wiele, "A Long Channel MOSFET Model," *Solid. State. Electron.*, vol. 22, no. 12, pp. 991–997, 1979.

[3] II. Oguey and S. Cserveny, "Modèle du transistor MOS valable dans un grand domaine de courant," *Bull. SEV/VSE*, vol. 73, no. 3, pp. 113–116, 1982.

[4] A. I. A. Cunha, M. C. Schneider, and C. Galup-Montoro, "An Explicit Physical Model for Long Channel MOS Transistors including Small-Signal Parameters.," *Solid. State. Electron.*, vol. 38, no. 11, pp. 1945–1952, 1995.

[5] "An MOS Transistor Model for Analog Circuit Design," *IEEE J. Solid-State Circuits*, vol. 33, no. 10, pp. 1510–1519, Oct. 1998.

[6] J.-M. Sallese, M. Bucher, F. Krummenacher, and P. Fazan, "Inversion Charge Linearization in MOSFET Modeling and Rigorous Derivation of the EKV Compact Model," *Solid. State. Electron.*, vol. 47, no. 4, pp. 677–683, 2003.

[7] C. C. Enz and E. A. Vittoz, *Charge-Based MOS Transistor Modeling: The EKV Model for Low-Power and RF IC Design*. John Wiley & Sons, 2006.

[8] P. R. Gray, P. Hurst, S. H. Lewis, and R. G. Meyer, *Analysis and Design of Analog Integrated Circuits*, 5th ed. John Wiley & Sons, 2009.

[9] Y. Taur and T. H. Ning, *Fundamentals of Modern VLSI Devices*, 2nd ed. Cambridge University Press, 2013.

[10] T. H. Lee, *The Design of CMOS Radio-Frequency Integrated Circuits*, 2nd ed. Cambridge University Press, 2004.

[11] G. Gildenblat *et al.*, "PSP: An Advanced Surface-Potential-Based MOSFET Model for Circuit Simulation," *IEEE Trans. Electron Devices*, vol. 53, no. 9, pp. 1979–1993, Sep. 2006.

[12] P. Jespers, *The gm/ID Methodology, a Sizing Tool for Low-Voltage Analog CMOS Circuits*. Springer, 2010.

使用 g_m/I_D 方法的基本尺寸设计

本章介绍支撑 g_m/I_D 尺寸设计方法的概念。为了简化这种初级处理，仅关注晶体管个数较少的基本电路单元，对于更复杂电路的尺寸设计方法留在之后的内容中进行讨论。

3.1　本征增益级的尺寸设计

本节从本征增益级（IGS）电路单元开始讨论，如图 3.1 所示。IGS 可以被视为常用于线性放大器的具有有源负载的共源级的一个理想化版本。它还代表有源负载差分对的小信号半电路模型，这通常用作差分放大器的输入级。术语"本征"表明不考虑外部元器件（负载电容 C_L 除外）。为了简单起见，还假设该级由理想电压源进行驱动，更实际的场景将在之后进行讨论（以及例 3.13）。

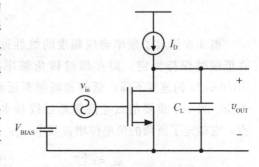

在图 3.1 所示的电路中，使用理想电流源（I_D）来设置漏极电流，并假设输入偏置电压（V_{BIAS}）被调整至使晶体管在某个所需的输出静态点（例如 $V_{OUT}=V_{DD}/2=0.6$ V）工作在饱

图 3.1　本征增益级的电路原理图

和状态。这里将忽略如何产生偏置电压的细节，因为这种讨论在较大的电路中才更有意义。对于基本的偏置考虑，读者可以参考有关 CMOS 晶体管级的入门教材[1]。

3.1.1　电路分析

任何系统的设计流程的第一步都是进行恰当的电路分析。为此先简要回顾一下 IGS 的频率响应，考虑如图 3.2 所示的小信号模型。该模型包含已经在 2.3.8 节中介绍过的栅极电容 C_{gs}、C_{gb} 和 C_{gd}，以及漏极-衬底结电容 C_{db}。

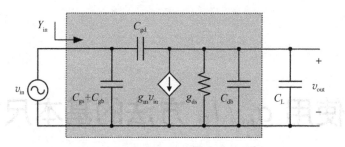

图 3.2　IGS 的小信号模型(假设晶体管的结与源极相连接)

为了进一步简化，首先忽略结电容并假设 $C_{db} \ll C_L$。另外，通常 C_{gd} 远小于 C_L。在这些条件下，频率响应通过以下表达式得到了很好的近似：

$$A_v(j\omega) = \frac{v_{out}}{v_{in}} \approx \frac{A_{v0}}{1 + j\dfrac{\omega}{\omega_c}} \qquad (3.1)$$

式中，A_{v0} 是低频电压增益(大小和晶体管的本征增益相同)：

$$A_{v0} = -\frac{g_m}{g_{ds}} = -A_{intr} \qquad (3.2)$$

ω_c 是电路的角频率，由下式给出：

$$\omega_c = \frac{g_{ds}}{C_L} \qquad (3.3)$$

图 3.3 显示了频率响应幅度的线性近似。增益在低频时保持恒定，而在超过转角频率后以 -20 dB/decade 的速度下降。低频和高频渐近线在 ω_c 处相交。另一个重要的点是高频渐近线和水平轴的交点，它确定了所谓的角单位增益频率 ω_u：

$$\omega_u \approx \frac{g_m}{C_L} \qquad (3.4)$$

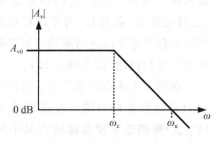

图 3.3　IGS 的幅度响应

由于所考虑的 IGS 是一阶系统，因此 ω_u(近似)等于 ω_c 和 A_{v0} 的积。因此，频率 $f_u = \omega_u / 2\pi$ 通常被称为增益带宽积(GBW)。

IGS 的另一个重要的评价指标是它驱动的输出电容相对于它在输入端呈现的电容。为了量化这个比率，将级的扇出(FO)定义为

$$FO = \frac{C_L}{C_{gs} + C_{gb} + C_{gd}} = \frac{C_L}{C_{gg}} \qquad (3.5)$$

尽管扇出被认为是数字逻辑门的重要指标，但它在模拟设计中往往是一个没有被充分重视的概念。然而，正如在本书中将要看到的那样，使用 FO 可以很好地解决一些模拟设计问题。

使用 FO 来标称化表示级负载的原因是，负载通常只是另一个晶体管级（或通用电路），它的输入电容以与所考虑的级类似的方式和整体指标相关。在许多电路中，当在整个设计空间中探索增益、带宽和噪声规模的不同组合时，所有器件的电容一起增大或减小。例如，在第 4 章中将会看到，FO 在 GBW、电源电流和 IGS 噪声性能之间的权衡中起着重要的作用。

式(3.5)中定义的扇出指标恰好等于一个从建模角度来看很重要的频率比值：

$$\frac{\omega_T}{\omega_u} = \frac{f_T}{f_u} = \frac{g_m/C_{gg}}{g_m/C_L} = \text{FO} \tag{3.6}$$

正如第 2 章中所论述的那样，图 3.2 中使用的准静态晶体管模型当频率在中等反型或强反型下接近 f_T 的 1/10 时变得不太准确。因此，为了使 IGS 模型在 f_u 附近成立，理想的扇出应大于 10。

最后要注意的是，IGS 准确的输入导纳既不是纯电容，也不完全等于 $j\omega C_{gg}$。使用图 3.2 中的电路模型，并应用米勒(Miller)定理[1]，可得出

$$Y_{in}(j\omega) = j\omega(C_{gs} + C_{gb}) + j\omega C_{gd}(1 - A_v(j\omega)) \tag{3.7}$$

对于式(3.7)，当电路在高频下失去它的电压增益（或者漏极交流接地）时近似减小为 $j\omega C_{gg}$。因此在式(3.5)中定义的扇出指标应当被视为一个近似指标，在避免进行复杂导纳建模的情况下使用。

3.1.2　设计尺寸时的考虑因素

使用 3.1.1 节中得出的表达式，可以根据给定的指标设计 IGS 的尺寸。具体而言，对于给定的负载电容 C_L，通常希望确立一种方法能够确定给定单位增益频率(f_u)下的漏极电流、器件宽度和栅极长度。为此，可以考虑第 1 章中介绍过的通用的设计尺寸流程（为方便起见，在这里复述一遍）：

1)确定 g_m（由设计指标）。

2)选择 L：
- 短沟道→高速、面积小；
- 长沟道→高本征增益、匹配性提高。

3)选择 g_m/I_D：
- 较大的 g_m/I_D→低功率、大信号摆幅（低 V_{Dsat}）；
- 较小的 g_m/I_D→高速、面积小。

4)确定 I_D（由 g_m 和 g_m/I_D）。

5)确定 W（由 I_D/W）。

对于给定的 IGS 电路，该流程的步骤 1 是直截了当的，因为 g_m 是由式(3.4)确定的并且必须等于 $\omega_u C_L$。然而，为了确定沟道长度 L 和跨导效率 g_m/I_D 的最佳选择，还需

要额外的约束。例如，假设需要减小漏极电流，这可由下式得到：

$$I_D = \frac{g_m}{g_m/I_D} \tag{3.8}$$

仅仅基于式(3.8)，在尽可能大的 g_m/I_D 下使用晶体管是有意义的，这可在弱反型下实现。不幸的是，使器件在较大的 g_m/I_D 下工作的问题在于晶体管的 f_T 很小，这导致栅极电容较大，并且扇出可能会小于建议的边界 10。

初步讨论的结论是找到最佳的反型等级并不是直截了当的事情，所有可采用的设计约束都必须考虑在内。因此，在本章的剩余部分和第 4 章中，将逐步介绍各种设计约束，并展示它们如何影响 L 和 g_m/I_D 的选择。然而，这种探索的一个重要的前提是，在 g_m/I_D 和 L 确定后(通过某些设计/优化标准)，器件的大小可以被确定。这一过程就是 3.1.3 节的主题。

3.1.3   对于给定的 g_m/I_D 设计尺寸

如果已知 L 和 g_m/I_D，那么设计尺寸的过程简化为图 3.4 中的流程。如前面所讨论的，g_m 由设计指标确定，而 I_D 可以通过式(3.8)由 g_m 和 g_m/I_D 直接计算。最后一个未知参数是器件宽度，它取决于漏极电流和漏极电流密度之比 $J_D = I_D/W$(以 A/μm 为单位)：

$$W = \frac{I_D}{J_D} = \frac{I_D}{I_D/W} \tag{3.9}$$

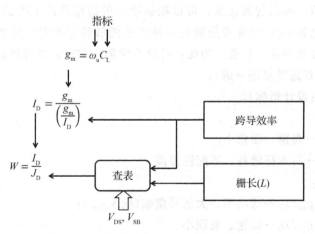

图 3.4   对于给定的 L 和 g_m/I_D 设计尺寸

将计算器件宽度的步骤称为"去标准化"，因为它标志了标准化量(如 g_m/I_D 和 I_D/W)到绝对几何尺寸量的过渡。

　　式(3.9)假设漏极电流与晶体管宽度严格成正比，这要求器件足够大以使窄宽度效应可以忽略不计。幸运的是，这一条件在大多数模拟电路中满足。附录 C 更详细地研究了这一假设。

　　因为对于给定的 L、V_{DS} 和 V_{SB}，跨导效率和电流密度之间存在一对一的映射（参见 2.3.1 节），可以利用这种映射，通过查询表数据得到 J_D，从而完成器件尺寸的确定。以下示例说明了此方法的原理。

> **例 3.1**　**一个基本的设计尺寸的例子**

　　设计图 3.1 中的电路的尺寸，使得当 $C_L=1$ pF 时，$f_u=1$ GHz。假设 $L=60$ nm，$g_m/I_D=15$ S/A（中等反型），$V_{DS}=0.6$ V，$V_{SB}=0$ V（默认值）。确定低频电压增益和晶体管的欧拉电压。通过 SPICE 软件仿真验证结果。

　　解：

　　按照先前讨论过的步骤，首先使用式(3.4)来计算跨导：

```
fu = 1e9;
CL = 1e-12;
gm = 2*pi*fu*CL;
```

　　由于 g_m/I_D 已被给出为 15 S/A，可以通过式(3.8)得到 I_D：

```
ID = gm/gm_ID
```

　　这得出 $I_D=419$ μA。为了得到宽度 W，由式(3.9)，将 I_D 除以漏极电流密度 J_D。从概念上讲，为了得到 J_D，可以考虑类似于图 2.14b 所示的曲线（对于 $L=60$ nm），并寻找 $g_m/I_D=15$ S/A 时的电流密度。同样，这是通过以下的查找命令来完成的：

```
JD = lookup(nch,'ID_W','GM_ID',gm_ID,'VDS',VDS,'VSB',VSB,'L',L);
```

其中 V_{DS}、V_{SB} 和 L 分别对应晶体管的漏极-源极电压、源极-衬底电压和栅极长度。可以得出 $J_D=10.05$ μA/μm。因此通过计算 I_D/J_D 得到 $W=41.69$ μm，就完成了设计尺寸的过程。

　　从这个流程中看到，一旦确定了反型等级（通过 g_m/I_D），就能够知道漏极电流 I_D。确定栅极长度就能确定 W。这些步骤不仅确定了 I_D 和 W，还确定了 V_{GS}、A_{v0} 和 f_T，因为这些是涉及相同变量的类似查找步骤的结果。例如可以使用 lookupVGS 配套函数得到 V_{GS}（更详细的说明见附录 B）：

```
VGS = lookupVGS(nch,'GM_ID',gm_ID,'VDS',VDS,'VSB',VSB,'L',L);
```

　　由此得出 $V_{GS}=0.4683$ V。使用类似的命令，还可以找到低频电压增益和器件的特征频率：

```
Av0 = -lookup(nch,'GM_GDS','GM_ID',gm_ID,'VDS',VDS,'VSB',VSB,'L',L)
fT=lookup(nch,'GM_CGG','GM_ID',gm_ID,'VDS',VDS,'VSB',VSB,...'L',L)/
2/pi
```

由此得出 $A_{v0} = -10.25$ 且 $f_T = 26.46$ GHz。注意到，f_T 远大于所需的单位增益频率。这意味着 FO 足够大（FO=26.46＞10），图 3.2 所示的等效电路是有效的。最后使用下式来计算欧拉电压 V_A：

$$V_A = \frac{I_D}{g_{ds}} = \frac{\left(\dfrac{g_m}{g_{ds}}\right)}{\left(\dfrac{g_m}{I_D}\right)}$$

由于 $L = 60$ nm 的强 DIBL 效应（参见 2.3.5 节和 2.3.6 节），由上式计算出的值 $V_A = 0.683$ V 相当低。

现在进行验证，并使用图 3.5 所示的设置用 SPICE 软件进行仿真。晶体管分为 20 个指（$nf=20$），每个宽 2.086 μm（有关指分区的讨论参见附录 C）。使用辅助反馈电路（用灰色绘制）设置静态点栅极电压，并使用该电路计算使得 $V_{DS} = 0.6$ V 的 V_{GS}。对于任何高于直流的有意义频率，反馈回路开路，电路按预期在所有频率下进行计算。在该电路的实际实现中，栅极电压有时通过实际的反馈电路（类似于所示的）来设置，或者通过复制电路来计算[1]。更常见的情况是，晶体管在差分对中工作，其中偏置电流从源端得到，从而避免了显式计算 V_{GS}（参见 3.3 节）。

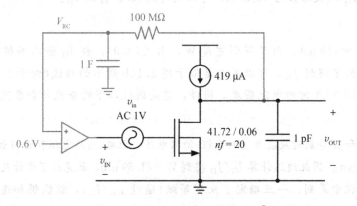

图 3.5 SPICE 软件仿真的原理图⊖

对该电路进行仿真并首先考察直流工作点输出：

$V_{GS} = 468.119$ mV

$V_{DS} = 600.468$ mV

$I_D = 419.004$ μA

$g_m = 6.282\ 84$ mS

⊖ 为方便选取 AC 幅度为 1 V，这使得传递函数直接等于输出电压。注意，测试幅度的选取是任意的，因为进行的小信号 AC 分析中电路是完全线性的。

$g_{ds}=612.939\ \mu S$

因此有 $g_m/I_D=6.28\ mS/419\ \mu A=14.99\ S/A$，这非常接近所需的值。此外，静态点栅极电压和仿真的 g_m/g_{ds} 比值与预测相符。

接下来，进行小信号 AC 分析并获得如图 3.6 所示的曲线。同样，结果非常接近预期。这是在意料之中的结果，因为已经从工作点数据中看到 g_m 和所需几乎完全相同。增益-带宽误差约为 3%，这可通过使用式 (3.4) 时忽略外部电容 (C_{gd} 和 C_{db}) 来解释。在3.1.7 节中将再讨论这一问题。

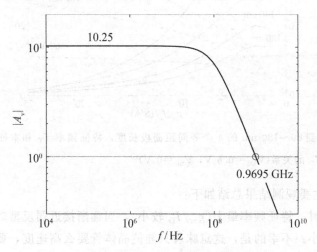

图 3.6　从 SPICE 软件 AC 分析中获得的频率响应

上面的例子给了利用预先计算的查询表进行基于 g_m/I_D 设计的第一感，采用这种方法得到了预期的结果，没有任何迭代和利用 SPICE 软件的"调整"。

3.1.4　基本权衡探索

在 3.1.3 节中，假设 L 和 g_m/I_D 已知，这使尺寸调整过程简单直接。现在将开始探索在实际电路设计中会约束并最终确定参数选择的权衡因素。本节中将重点介绍一阶的指标（增益和带宽），更高级的指标（噪声、线性和失配）的讨论留在第 4 章介绍。

从第 1 章和第 2 章中已经知道，g_m/I_D 和 L 会影响彼此权衡的参数：特征频率和本征增益。这一点如图 3.7 所示，其中绘制了 f_T 和 $A_{intr}=g_m/g_{ds}$ 关于 g_m/I_D 的曲线。图 3.7 中的数据是通过如下获得的：

```
Avo = lookup(nch,'GM_GDS','GM_ID',gmID,'L',L);
fT  = lookup(nch,'GM_CGG','GM_ID',gmID,'L',L)/(2*pi);
```

其中，g_m/I_D 和 L 是定义在所示扫描范围的矢量。

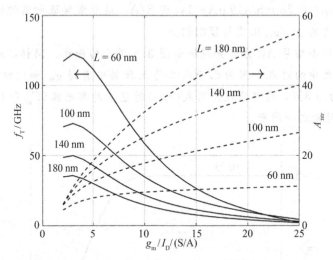

图 3.7　考虑到 60～180 nm 的 4 个等间距栅极长度，特征频率 f_T 和本征增益 A_{intr} 与
g_m/I_D 的关系($V_{DS}=0.6$ V，$V_{SB}=0$ V)$^{\ominus}$

图 3.7 中的主要观测结果总结如下：

- 在强反型时，特征频率最大(g_m/I_D 较小)，当逐渐接近弱反型时(g_m/I_D 较大)特征频率减小。不幸的是，这意味着只能使晶体管要么高速度，要么高能效，而不能同时兼顾两者。
- 长沟道下本征增益较大，但是长沟道对于特征频率有着不利影响。只能实现较大的增益(使用较大的 L)，或者实现较高的特征频率(使用较小的 L)，而不能同时实现两者。

作为电路设计人员的工作是根据总体的设计目标来掌控这些权衡，这可能会有很大差异(参见第 5 章和第 6 章中的例子)。为了进一步解决这个问题而不失一般性，现在考虑 3 个例子，它们各包含一个约束。

第一个例子假设 g_m/I_D 是固定的，设计时可以自由地选择 L。这使人们得能够更加清楚地看到通道长度、电压增益和其他设计参数之间的关系。实际上，g_m/I_D 恒定的情况可以代表电路受失真限制的情况。这将在第 4 章中看到线性要求为 g_m/I_D 确定了上限。另一种情况是低电压、高动态范围的电路，其中可能存在对信号摆幅和 V_{Dsat} 的严格限制。例如，要求 $V_{Dsat}=150$ mV，意味着 $g_m/I_D=2/V_{Dsat}=13.33$ S/A。在第 6 章中将看到这样的例子。

$\ominus$　注意，V_{DS} 和 V_{SB} 的值不会影响图 3.7 中常见的权衡(只要器件保持饱和)。另见 2.3.1 节。

例 3.2 在恒定 $g_\mathrm{m}/I_\mathrm{D}$ 下设计尺寸

考虑一个 $C_\mathrm{L}=1$ pF 且 $g_\mathrm{m}/I_\mathrm{D}$ 为定值 15 S/A 的 IGS。找到 L、W 和 I_D 的组合，使 $f_\mathrm{u}=100$ MHz，并计算相应的低频增益和扇出。假设 $V_\mathrm{DS}=0.6$ V 且 $V_\mathrm{SB}=0$ V。

解：

从图 3.8 上看，问题归结于在图 3.8a 中绘制一条粗垂直线，并得到每个栅极长度对应的特征频率和本征增益。结果如图 3.8b 所示，显示了当 L 增大时 $|A_\mathrm{v0}|$ 和 f_T 相反的变化趋势。

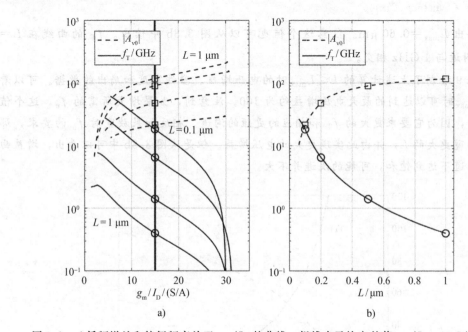

图 3.8　a)低频增益和特征频率关于 $g_\mathrm{m}/I_\mathrm{D}$ 的曲线。粗线表示给定的值 $g_\mathrm{m}/I_\mathrm{D}=15$ S/A

　　　　b)与 a 中粗线相交的 $|A_\mathrm{v0}|$ 和 f_T 的曲线

为了计算满足与所需的 f_u 对应的漏极电流，可以采用与 3.1.3 节中相同的方法：

```
gm = 2*pi*fu*CL;
ID = gm/15;
```

这得到 $I_\mathrm{D}=41.89$ μA。注意到，由于 $g_\mathrm{m}/I_\mathrm{D}$ 是常数并且 g_m 由设计指标确定，因此无论 L 如何选择，漏极电流都是恒定的。

为了得到器件宽度，需要知道漏极电流密度，它取决于 L。在下面的计算中，考虑存储在查询表中的整个 L 矢量 (nch. L=[(0.06:0.01:0.2)(0.25:0.05:1)])：

```
JD = lookup(nch, 'ID_W', 'GM_ID', 15, 'L', nch.L);
W  = ID./JD;
```

这样就完成了尺寸的确定。现在可以为 L 的每个取值计算扇出。执行下面这个操作：

```
fT = lookup(nch, 'GM_CGG', 'GM_ID', 15,'L', nch.L)/(2*pi);
FO = fT/fu;
```

可以发现 f_T 的范围是 0.4～26.5 GHz。由于不考虑小于 f_u 10 倍(100 MHz)的特征频率，因此可以得到栅极长度范围的索引矢量 M 及其对应的最大值：

```
M   = fT >= 10*fu;
Lmax = max(nch.L(M));
```

这得出 $L_{max}=0.60$ μm。注意这个值也可以从图 3.8b 中读出。f_T 的曲线在 $L=$ 0.6 μm 附近与 1 GHz 相交。

图 3.9 绘制了上述计算的 $L \leqslant L_{max}$ 时的电压增益、器件宽度和扇出的数据。可以看到 $L=L_{max}$ 时可以达到的最大电压增益约为 100。注意到，如果增大所需的 f_u，这个值将会减小，因为它要求更大的 f_T 和相应的更短的沟道。相反如果放宽对 f_u 的要求，那么可以实现更大的 L，并由此实现更大的电压增益。但是从图 3.8b 中可以看出，增益曲线在长沟道下达到饱和，可能的改进并不大。

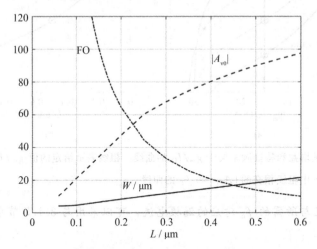

图 3.9　低频电压增益、器件宽度和扇出关于栅极长度的曲线。参数：$f_u=100$ MHz，$C_L=1$ pF，$g_m/I_D=15$ S/A，$V_{DS}=0.6$ V，$V_{SB}=0$ V

现在需要考虑的下一种情况是在恒定的特征频率下设计尺寸。这种情况具有实际背景，例如需要固定增益带宽积的放大器。另一个例子是在共源共栅结构中，经常想要调整共栅器件的尺寸，以使得非主极点位于或高于某个给定频率。这些情况将在第 6 章中进行更详细的研究。

例 3.3　**在恒定 f_T 下设计尺寸**

考虑一个 $C_L=1$ pF 且 f_u 为 1 GHz 的 IGS。找到 L 和 g_m/I_D 的组合，使得①低频增益最大，以及②消耗电流最小。假设 FO=10、$V_{DS}=0.6$ V 且 $V_{SB}=0$ V。使用 SPICE 软件仿真验证结果。

解:

与前类似，先研究 $|A_{v0}|$ 和 f_T 关于 g_m/I_D 的关系，如图 3.10a 所示。不过这一次寻找 f_T 图和标记着 10 GHz 的目标的粗灰线的交点。这得到了相应的 g_m/I_D 的值，可以使用它在一系列栅极长度下得到 A_{v0}。收集到的结果如图 3.10b 所示。从图 3.10 中可以看到有一对 L 和 g_m/I_D 的值可以实现最大增益。

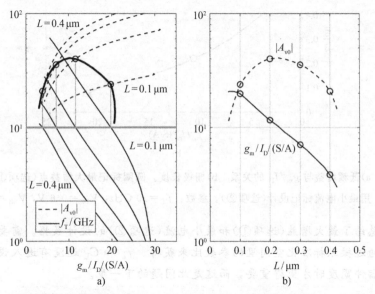

图 3.10　a)特征频率和本征增益关于 g_m/I_D 的曲线图。粗黑线标记 $f_T=10$ GHz(粗灰线)时 $|A_{v0}|$ 的值　b)对应的 $|A_{v0}|$ 和 g_m/I_D 关于栅极长度 L 的曲线

为了进一步研究，图 3.11 显示了对(a)低频增益和(b)栅极长度关于 g_m/I_D 的关系。如图 3.10b 所示，当 g_m/I_D 增大时，为使 f_T 不变，L 必须减小。这解释了 g_m/I_D 超过最大值(用圆圈标记)时的 $|A_{v0}|$ 的下降。在达到最大值之前，A_{v0} 对于 g_m/I_D 的依赖占主导地位，使斜率为正。这可以通过图 3.10a 中 $g_m/I_D<10$ S/A 时 $|A_{v0}|$ 很大的正斜率进行解释。

有趣的是，图 3.11 的曲线也显示了在尾端附近的一种特性，当达到工艺所提供的最小 L 时低频增益的变化趋势反转。这是由于在大 g_m/I_D 和接近最小的 L 下 I-V 特性曲线的斜率减小(参见 2.3.1 节)。物理上，这种效应与栅极控制的减弱有关，或者等效地，与短沟道下漏致势垒降低(DIBL)效应的增强有关。这些曲线的最大 g_m/I_D 用星号标注，代表最小电流设计。

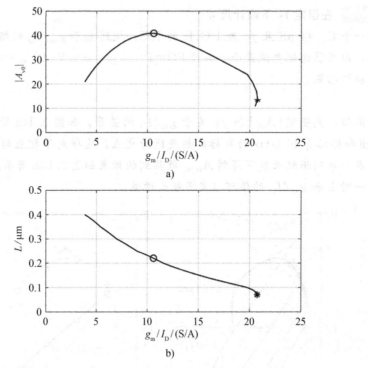

图 3.11　a)低频增益与 g_m/I_D 的关系　b)栅极长度。圆圈标记最大增益点(选项①),星号
用最小电流标记设计(选项②)。参数: $f_T=10$ GHz, $V_{DS}=0.6$ V, $V_{SB}=0$ V

表 3.1 总结了最大增益(选项①)和最小电流(选项②)的设计数据。需要注意,这些设计点只能通过操纵标准化空间里的参数比来获得。f_u 和 C_L 还没有进入设计流程,只有需要计算器件宽度时才变得重要,而这是此问题的下一步。

表 3.1　使增益最大(选项①)或漏极电流最小(选项②)的设计参数

	$\mid A_{v0}\mid$	$g_m/I_D/(\text{S/A})$	L/nm	V_{GS}/V
选项①	40.88	10.62	220	0.5786
选项②	13.75	20.76	70	0.4103

由于已经知道 L 和 g_m/I_D,所有进一步的计算都可如例 3.1 进行。给定 FO=10,可以知道 $f_u=f_T/\text{FO}=1$ GHz 并得到表 3.2 中列出的器件尺寸参数。

表 3.2　使增益最大(选项①)或漏极电流最小(选项②)的尺寸参数

	g_m/mS	$W/\mu\text{m}$	$I_D/\mu\text{A}$
选项①	6.283	45.92	591.6
选项②	6.283	114.2	302.7

为了比较两种尺寸选项，图 3.12 绘制了 W 和 $|A_{v0}|$ 关于漏极电流 I_D 的关系图（最大增益和最小电流设计分别用圆圈和星号标记）。注意，对于最小电流设计，仅仅略微增加漏极电流就会导致电压增益的显著增加。因此，并不希望以最小的电流（以及相应较小的 L）进行设计。

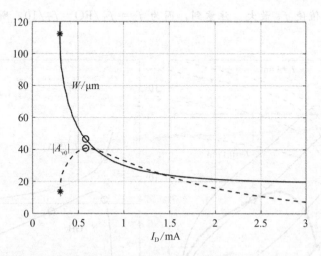

图 3.12　低频增益和器件宽度与漏极电流的关系。圆圈标记最大增益设计选项①，星号标记最小电流设计选项②

最后，使用 SPICE 软件仿真验证最大增益和最小电流设计选项，并获得表 3.3 中列出的结果。可以观察到低频电压增益几乎与预测一致，而单位增益频率略小于设计目标。正如在例 3.1 中已经提到的，这种小的差异是由于设计流程中未考虑寄生漏极电容。

表 3.3　例 3.3 仿真结果总结

	$|A_{v0}|$ SPICE	误差（%）	f_u/GHz SPICE	误差（%）
选项①	41.0	+2.9	0.967	-3.3
选项②	13.75	0	0.933	-6.7

作为最后一个例子，考虑一种电路低频电压增益固定的情况。这样的情况通常会出现在运算放大器的设计中，此时希望实现反馈电路回路增益的特定目标。在第 6 章的一些实例中会遇到这种情况。

例 3.4　$|A_{v0}|$ 恒定时的尺寸设计

考虑一个 $C_L = 1$ pF 且 $|A_{v0}| = 50$ 恒定的 IGS。找到 L 和 g_m/I_D 的组合，使得①单位增益频率最大；②达到最大单位增益频率的 80% 时消耗电流最小。假设 FO $= 10$、$V_{DS} = 0.6$ V 且 $V_{SB} = 0$ V。使用 SPICE 软件仿真验证结果。

解:

这里解决方案的流程与例 3.3 非常接近。从 $|A_{v0}|$ 和 f_T 关于 g_m/I_D 的曲线开始，如图 3.13a 所示，但这次是寻找低频增益曲线与目标值 50（粗灰线）的交点。这得到了相应的 g_m/I_D 值，可以用来得到栅极长度在一定范围内时的 f_T（见图 3.13b）。可以发现有一对 L 和 g_m/I_D 值使 f_T 最大。注意到，因为 $f_u = f_T/\text{FO} = f_T/10$，所以这个点处单位增益频率也最大。

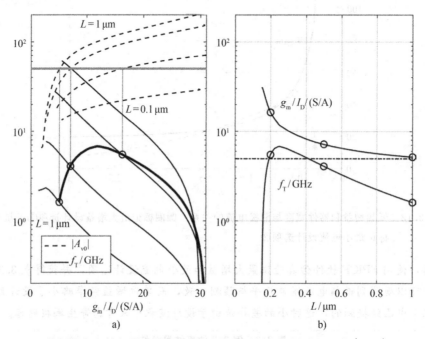

图 3.13　a)特征频率和低频增益关于 g_m/I_D 的关系图。粗黑线标记使 $|A_{v0}| = 50$（粗灰线）的 f_T 值　b)相应的 f_T 和 g_m/I_D 关于栅极长度 L 的关系图

为了进一步研究，图 3.14 显示了 (a)特征频率和 (b)栅极长度关于 g_m/I_D 的关系。图 3.14b 显示若将 g_m/I_D 减小向强反型，L 必须显著增大以保持 $|A_{v0}|$ 恒定。这解释了图 3.13 中看到的在最大值左侧 f_T 的急剧下降。在最大值的右侧，f_T 由于 g_m/I_D 增大导致反型等级降低而下降。在曲线的尾端（弱反型的开始），发现可以使低频增益为 50 的最小通道长度约为 150 nm。该下限解释了图 3.13b 中 f_T 曲线的急剧下降，因为曲线左侧的设计是不可行的。

在最大特征频率点，可以发现 $f_u = f_T/10 = 679$ MHz 且 $L = 0.25$ μm；这是选项①的解。虽然有两种设计方案使 f_u 减小 20%，但是最大值右边的点（用星号标记）使电流最小。两个选项对 g_m 的要求相同，但 g_m/I_D 较大的点漏极电流较小。因此，选项②的通道长度为 0.2 μm。由于现在已经知道两种设计的 L、g_m/I_D 和 f_T，因此很容易计算尺寸参数(见表 3.4)。

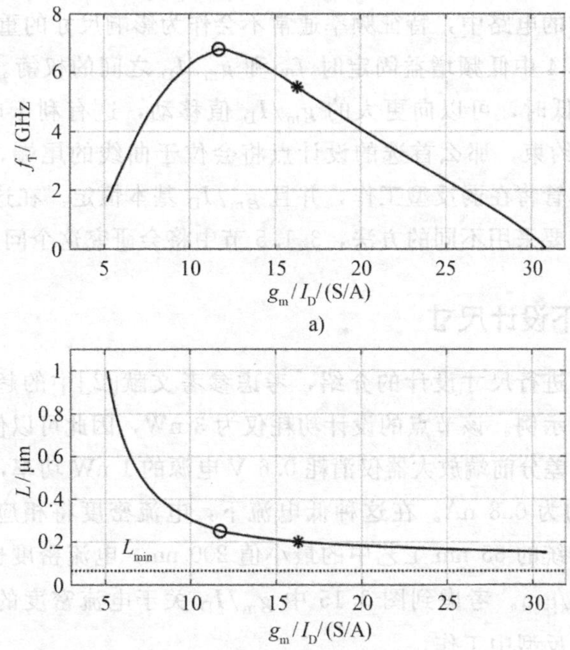

图 3.14　a)特征频率关于 g_m/I_D 的关系图　b)栅极长度。圆圈表示最大 f_T 的设计(选项①),星号表示 f_u 有 20% 损失时的最小电流设计(选项②)。参数:$|A_{v0}|=50$,$V_{DS}=0.6$ V,$V_{SB}=0$ V

表 3.4　使单位增益频率最大(选项①)或使 f_u 有 20% 损失时电流最小的设计和尺寸参数

	g_m/I_D/(S/A)	L/nm	f_u/MHz	I_D/μA	W/μm	V_{GS}/V
选项①	11.7	250	679	363.8	41.95	0.5533
选项②	16.3	200	543	209.5	54.24	0.4818

最后,使用 SPICE 软件仿真验证知道最大 f_u 和最小 I_D 设计,并获得表 3.5 中列出的结果。这里再次观测到结果与 MATLAB 预测结果的良好一致性。

表 3.5　例 3.4 仿真结果总结

	$\|A_{v0}\|$ SPICE	误差 (%)	f_u/MHz SPICE	误差 (%)
选项①	49.9	−0.2	661	−2.7
选项②	50.0	0	525	−3.3

在所有上述示例中,都假设单位增益频率限制都在 100 MHz～1 GHz 的范围。然

而，存在更低的频率下工作的应用场合。例如，生物医学和传感器接口电路通常在千赫范围下工作。在这样的电路中，特征频率通常不会作为影响尺寸的重要约束条件。

例如，考虑例 3.4 中低频增益固定时 f_T 和 g_m/I_D 之间的权衡。从图 3.14a 可以看出，当 f_T 的要求降低时，可以向更大的 g_m/I_D 值移动，这有利于电路减小工作电流。如果完全去除 f_T 的约束，那么首选的设计点将会位于曲线的尾端，即 g_m/I_D 最大处。在这种情况下，晶体管将在弱反型工作，并且 g_m/I_D 基本恒定。在这个特定的情况下寻找和优化器件尺寸需要采用不同的方法，3.1.5 节中将会研究这个问题。

3.1.5　在弱反型下设计尺寸

作为在弱反型下进行尺寸设计的介绍，考虑参考文献[2]中的超低功耗传感器中使用的放大器电路作为示例。该节点的设计功耗仅为 3 nW，因此可以使用薄膜电池供电约 10 年。传感器节点的差分前端放大器仅消耗 0.6 V 电源的 1 nW 功率，因此差分对晶体管的偏置电流各自仅约为 0.8 nA。在这种低电流下，电流密度将相应地变低。即便假设 MOSFET 的宽度为传统的 65 nm 工艺中的最小值 200 nm，电流密度也不会超过 0.8 nA/0.20 μm，即 4.0 nA/μm。考虑到图 3.15 中 g_m/I_D 关于电流密度的曲线，可以得出结论，晶体管必须在弱反型中工作。

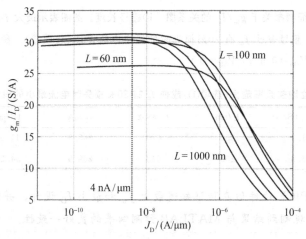

图 3.15　栅极长度 $L=60$ nm、100 nm、200 nm、500 nm 和 1000 nm 的 n 沟道器件的跨导效率（g_m/I_D）与漏极电流密度（J_D）之间的关系

在弱反型中，g_m 等于 $I_D/(nU_T)$。在这个表达式中，亚阈值斜率参数 n 仅仅是沟道长度的弱函数，只要 L 略大于最小长度（如 2.3.1 节中解释的那样，避免显著的 DIBL 效应）。从图 3.15 中可以看出这一点，它显示了对 $L=100$，…，1000 nm，$(g_m/I_D)_{max}$ 几乎恒定不变。因此，弱反型中所需的漏极电流是与栅极长度一阶无关的。

　　如果没有其他约束条件，那么设计最小的面积，即最小器件宽度和长度，似乎是自然的。但是，这通常并不是模拟电路的一个好选择。最小长度意味着较低的本征增益，小的栅极面积($W \cdot L$)导致了较差的器件匹配和闪烁噪声（见第 4 章）。这意味着对于一个实际问题，通常需要采用其中一些额外的约束来完成器件尺寸设计。

　　为了进一步研究，将本征增益作为沟道长度的函数画出，如图 3.16a 所示。设定 x 轴是电流密度而不是 g_m/I_D，因为后者在人们感兴趣的设计区域中基本是恒定的。另一方面，在图 3.16b 中展示了器件的 f_T，用以了解结果的数值。正如预料的那样，随着沟道长度的增大，本征增益显著增大。但随着沟道长度的增加，器件的 f_T 下降，但是即使在 $4.0\ \text{nA}/\mu\text{m}$ 的电流密度之下，它仍然大于 1 MHz，因此显著大于在千赫范围内的 f_u。通过这个具体的例子，甚至可以使沟道长度大于 1000 nm，并继续获益于增加的本征增益。那么应该增长到什么沟道长度数值后停止呢？

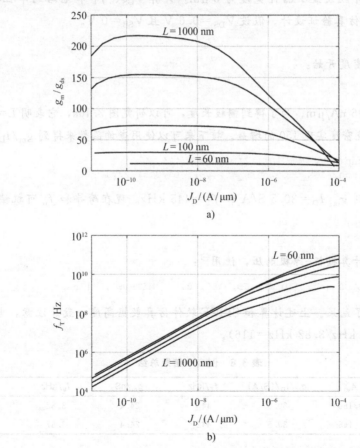

图 3.16　栅极长度 L＝60 nm、100 nm、200 nm、500 nm 和 1000 nm 的 n 沟道器件

a)本征增益　b)特征频率关于漏极电流密度(J_D)的曲线

从理论的角度来看，继续增加 L 直到给定对应着弱反型"拐点"（见图 3.15 中的趋势）的电流密度（示例中为 $4.0\ \mathrm{nA/\mu m}$）是有意义的。继续移动意味着 $g_\mathrm{m}/I_\mathrm{D}$ 下降，因此 g_m 下降。对于这里考虑的极端例子（漏极电流为 $0.8\ \mathrm{nA}$），这个设计点在相当大的 L 处达到，此时晶体管模型可能不再精确。因此，设计者需要在达到合理增益并且 f_T 仍然显著高于工作频率的点停下。当栅极长度为 $500\ \mathrm{nm}$ 时，根据图 3.16a，已经获得了接近 150 的本征增益。

就器件宽度而言，除非对匹配或闪烁噪声进行更多的限制（见第 4 章），否则没有理由将 W 增加到超过最小值 $200\ \mathrm{nm}$。接下来研究一个考虑了最小宽度约束的例子。

例 3.5　给定宽度限制的情况下在弱反型设计器件尺寸

确定一个 $C_\mathrm{L}=1\ \mathrm{pF}$ 且 $I_\mathrm{D}=0.8\ \mathrm{nA}$ 的超低功耗 IGS 的尺寸。确定 L 以实现约 150 的低频电压增益，并假设最小器件宽度为 $5\ \mathrm{\mu m}$。计算 V_GS、f_T 和电路的单位增益频率。使用 SPICE 软件仿真验证设计。假设 $V_\mathrm{DS}=0.6\ \mathrm{V}$ 且 $V_\mathrm{SB}=0\ \mathrm{V}$。

解：

从计算电流密度开始：

```
JD = ID/W
```

由此得到 $0.16\ \mathrm{nA/\mu m}$。为了得到栅极长度，可以研究图 3.16a，它表明 $L=500\ \mathrm{nm}$ 足够在计算出的电流密度实现 150 的增益。接下来可以使用查询函数来得到 $g_\mathrm{m}/I_\mathrm{D}$ 和 f_T：

```
gm_ID = lookup(nch, 'GM_ID', 'ID_W', JD,'L', 0.5)
fT = lookup(nch, 'GM_CGG', 'ID_W', JD, 'L',0.5)/2/pi
```

由此可以得到 $g_\mathrm{m}/I_\mathrm{D}=30.5\ \mathrm{S/A}$ 和 $f_\mathrm{T}=445\ \mathrm{kHz}$。现在跨导和 f_u 可机械地得到：

```
gm = gm_ID*ID;
fu = gm/(2*pi*CL)
```

最后，为了计算栅极-源极电压，使用⊖：

```
VGS = lookupVGS(nch, 'ID_W', JD, 'L', 0.5, 'METHOD', 'linear')
```

表 3.6 总结了结果。上述计算和 SPICE 软件仿真数据高度一致。注意，电路的扇出非常大（FO$=445\ \mathrm{kHz}/3.82\ \mathrm{kHz}=116$）。

表 3.6　例 3.5 结果总结

	$|A_{\mathrm{v}0}|$	$g_\mathrm{m}/I_\mathrm{D}/(\mathrm{S/A})$	$f_\mathrm{T}/\mathrm{kHz}$	g_m/nS	$f_\mathrm{u}/\mathrm{kHz}$	$V_\mathrm{GS}/\mathrm{mV}$
计算	≈ 150	30.5	445	24.4	3.82	128
SPICE	145	30.5	442	24.4	3.87	128

⊖ lookupVGS 的默认插值方式是"pchip"。在展示的计算中，插值方法被改为"linear"，从而避免了在存储的查找数据的端点附近可能会出现的数值问题。

从例 3.5 中可以看到弱反型下的尺寸确定相对简单直接，因为 g_m/I_D 基本上是常数，在优化中不起作用。栅极长度直接取决于增益的要求。此外，从建模的角度来看，并不需要担心扇出，因为 f_T 和 f_u 的比值几乎总是大于 10 这一预期的界限。

3.1.6 使用漏极电流密度设计尺寸

在整个 3.1.4 节中，都使用了图 3.4 所示的调整流程，它以 g_m/I_D 为主要"枢纽"来定义晶体管的反型等级。这种方法的优点是 g_m/I_D 确定了有明确定义并且与工艺几乎无关的范围，因此可以作为反型等级和增益、速度与效率间的相关权衡的非常直观的数值媒介。另外，一旦知道了 g_m/I_D，就可以立刻计算出某个 g_m 所需的电流。

然而，正如在 3.1.5 节中看到的那样，图 3.4 所示的调整流程存在一个问题，即晶体管一旦进入弱反型，g_m/I_D 就不再唯一地确定漏极电流密度了。换句话说，较大范围的电流密度(和相应的设计)对应到几乎相同的 g_m/I_D 值。在 3.1.5 节对这个问题的解决方法是首先选择电流密度，然后使用得到的 g_m/I_D 来完成设计(见例 3.5)。本节将探讨这种方法的普适性，如图 3.17 所示。由于 J_D 和 g_m/I_D 之间存在一一对应关系，所以总是可以先选择 J_D，然后查找 g_m/I_D 并照常完成设计。正如在 1.2.5 节中提到的，这种方法类似于参考文献[2]中基于 EKV 的尺寸设计方法，使用了电流密度的标准化表示。

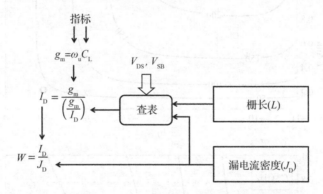

图 3.17 基于电流密度的调整，适用于所有反型等级

图 3.17 所示的流程在以下情况适用或有效：

- 预先知道电路将在弱反型条件下工作。在这种情况下，只能基于电流密度进行设计(见例 3.5)。
- 预先没有关于器件反型等级的任何信息，因此希望搜索从弱反型到强反型的所有可能性。

由于后一种情况在实际设计中很少会发生，这里为从事中、高速电路设计的从业者推荐图 3.4 中由 g_m/I_D 驱动的流程，只有当电路在弱反型状态工作最佳时才采用基于电流密度的设计。做出这个决定通常很简单。

尽管声明了喜好，还是将本节的剩余部分用来探索使用电流密度作为设计变量的权衡。从另一个角度考虑前几节中看到的尺寸设计权衡，并使读者可以用一种统一的方式来看待整体设计空间。

从考察图 3.18 开始讨论。图 3.18a、b 和 c 所示曲线分别展示了恒定本征增益（A_{intr}），恒定跨导效率（g_m/I_D）和恒定特征频率（f_T）下的情景。所有图都是关于 L 和 J_D 绘制的，它们是图 3.17 设计流程中的"枢纽"。图 3.18a 中的图是基于与图 3.15 相同的数据，显示出由 30 S/A 轨迹（弱反型）所确定的大的"空"区域。在这个区域中，J_D 和 L

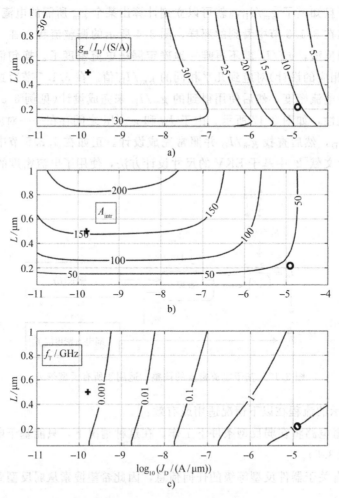

图 3.18　漏极电流密度 J_D 和栅极长度 L 的等值线图（$V_{DS}=0.6$ V，$V_{SB}=0$ V）。例 3.3 和
例 3.5 中的数据分别用"o"和"+"标记

a)恒定本征增益　b)恒定跨导效率　c)恒定特征频率

的选择不会明显影响 g_m/I_D。要进入中等反型，J_D 必须大于 $10\sim100$ nA/μm。图 3.18b 显示了本征增益的相应变化。在弱反型中，L 确定了 A_{intr}，证实了图 3.16a 中的数据，而在中等反型和(尤其是)强反型下，漏极电流密度成为决定性的变量。最后，图 3.18c 表现出与图 3.16b 中相同的趋势。在弱反型中，恒定特征频率的轨迹几乎平行并且接近竖直(与 J_D 无关)，但在强反型下更加依赖于电流密度。

现在，在图 3.18 中绘制并对比之前的两个设计例子，会得到有趣的结果。例 3.3 的强反型设计在每个子图中用圆圈标记，而例 3.5 的弱反型设计用加号标记。

从弱反型设计开始讨论。在图 3.18a 中由 30 S/A 的轨迹确定的区域内，g_m/I_D 没有明显变化。由于 g_m 是由设计指标确定的，因此漏极电流也几乎保持不变。但是仍然可以在保持电流密度恒定时向上或向下移动(调整 L)来改变增益。因此，栅极长度基本上确定了本征增益，电流密度确定了器件宽度。

对于例 3.5 中强反型的设计，情况非常不同。在这种情况下，满足所需要的特征频率(10 GHz)的 J_D 和 L 位于图 3.18c 中标着"10"的 f_T 曲线上。现在回想图 3.18b 所示的增益曲线中 J_D 和 L 的有效取值。图 3.18b 中的一些增益曲线穿过目标 f_T 两次。随着增益增加，两个交点变得越来越近。可以达到的最大增益由与 f_T 曲线只有一个交点的增益曲线所确定。换句话说，当远离切点时，由交点对确定的增益只会降低。在图 3.11 中已经看到了这一点，其中增益只在某个 g_m/I_D 处最大。

假设 $V_{DS}=0.6$ V、$V_{SB}=0$ V。下面给出的 MATLAB 代码实现了对最大电压增益的搜索。首先设置栅极长度和漏极电流密度矢量，这确定了图 3.18 所示的轴：

```
JDx = logspace(-10,-4,100);
Ly  = .06:.01:1;
[X Y] = meshgrid(JDx,Ly);
```

之后，利用 MATLAB 的曲线函数[⊖]得到所需 f_T 的值对应的漏极电流密度(J_{D1})和栅极长度(L_1)：

```
fTx = lookup(nch,'GM_CGG','ID_W',JDx,'L',Ly)/(2*pi);
[a1 b1] = contour(X,Y,fTx,fT*[1 1]);
JD1 = a1(1,2:end)';
L1  = a1(2,2:end)';
```

现在寻找使本征增益最大的 J_D 和 L 并计算相应的 g_m/I_D 和 V_{GS}：

```
Av = diag(lookup(nch,'GM_GDS', 'ID_W', JD1, 'L', L1));
[a2 b2] = max(Av);
Avo = a2;
L   = L1(b2);
JD  = JD1(b2);
gm_ID = lookup(nch, 'GM_ID', 'ID_W', JD, 'L', L);
VGS = lookupVGS(nch, 'GM_ID', gm_ID, 'L', L);
```

⊖　MATLAB 函数 contour(x,y,F(x,y),C∗[1,1])找到使得 F(x1,y1)等于 C 的 x1 和 y1 矢量。

表 3.7 总结了在较大的 f_T 范围内获得的结果。注意，对于最小的 f_T 值，得到了查询表中可用的最长沟道长度（1 μm）。

表 3.7 最大增益的参数总结

f_T/GHz	$g_m/I_D/(\text{S/A})$	$J_D/(\mu\text{A}/\mu\text{m})$	max($|A_{v0}|$)	$L/\mu\text{m}$	V_{GS}/V
0.02	29.93	0.0125	206.4	1.00	0.2861
0.05	28.78	0.0369	196.0	1.00	0.3228
0.10	26.54	0.0986	179.0	0.99	0.3572
0.20	24.85	0.1874	155.1	0.79	0.3773
0.50	22.21	0.4746	124.0	0.57	0.4058
1.00	**20.00**	**0.9371**	**102.0**	**0.44**	**0.4300**
2.00	16.42	2.105	81.6	0.37	0.4718
5.00	13.19	5.397	57.6	0.27	0.5242
10.00	10.62	12.90	40.9	0.22	0.5787
20.00	8.75	28.48	27.4	0.17	0.6310
50.00	6.66	75.64	15.5	0.11	0.7050

在接下来的例子中，考虑图 3.17 所示的基于电流密度的尺寸设计方法的另一个例子，并且支持了上面讨论的一些观察结果。

例 3.6 使用 J_D 和 L 平面中的曲线设计器件尺寸

考虑一个 $C_L = 1$ pF 并且 $f_u = 100$ MHz 的 IGS，要求 $f_T \geqslant 1$ GHz。根据表 3.7，能够达到的最大电压增益幅度为 102。在例 3.6 中，考虑较小的增益值 $|A_{v0}| = 50$ 和 80 的情况并为每种情况确定最大扇出和最小电流时电路的尺寸（共有 4 个设计选项）。使用电流密度扫描来得到所需的 g_m/I_D 和 L 的值。假设 $V_{DS} = 0.6$ V 且 $V_{SB} = 0$ V。

解：

为了便于说明，在图 3.19 中将图 3.18 的曲线组合到一个图里，关注 $f_T = 1$ GHz（粗线）的情况。实心的细黑线代表最大电压增益 $|A_{v0}| = 102$ 的曲线。注意到，这两条曲线只有一个交点，如前面所讨论。g_m/I_D 恒定的曲线为灰色。20 S/A 的曲线通过最大增益的点，与表 3.7 中的结果预期一致。

现在考虑 $|A_{v0}|$ 减小到 80，对应这一增益曲线的 J_D 和 L 数据对由虚线绘制，并通过如下得到：

```
Av = lookup(nch,'GM_GDS','ID_W',JD,'L',L);
[a3 b3] = contour(X,Y,Av,80*[1 1]);
JD3 = a3(1,2:end)';
L3  = a3(2,2:end)';
```

增益曲线与粗线 $f_T = 1$ GHz 有两个交点，相关设计值在表 3.8 中给出。注意，上方的交点（A）位于强反型，而下方的交点（B）位于弱反型（在 g_m/I_D 最大值的约 20% 以内）。

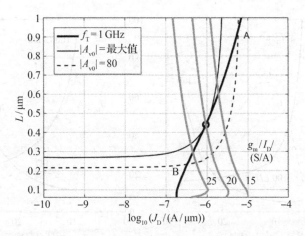

图 3.19　恒定特征频率（1 GHz）、恒定增益幅度（102 和 80）以及恒定 g_m/I_D（15 S/A、20 S/A 和 25 S/A）的曲线

表 3.8　图 3.19 中交点 A 和 B 的数据

	$g_m/I_D/(S/A)$	$L/\mu m$	V_{GS}/V
交点 A	8.78	0.930	0.6120
交点 B	27.02	0.233	0.3720

在图 3.19 中的粗线的右侧，特征频率增大，导致 FO>10。通过运行如下代码来选出这些点：

```
M = FO >= FOmin;
FO = diag(lookup(nch,'GM_CGG', 'ID_W', JD3, 'L', L3))/(2*pi*fu);
FO4 = FO(M);
JD4 = JD3(M);
L4 = L3(M);
```

最后一步，找到相对应的跨导效率、漏极电流和器件宽度：

```
gm_ID4 = diag(lookup(nch,'GM_ID','ID_W',JD4,'L',L4));
gm = 2*pi*fu*CL;
ID = gm./gm_ID4;
W  = ID./JD4;
```

考虑了 $|A_{v0}|$＝80 和 50 的情况的数据绘制在图 3.20 中。注意到，对较大范围的跨导效率满足了设计要求，在此范围内电流变化了 3～5 倍。这与实现最大增益，将空间缩小为一个点的电路不同。注意，对于具有较低增益的设计，g_m/I_D 的可行范围变宽了。

表 3.9 总结了最大扇出设计的尺寸数据，并将它们与 SPICE 仿真的结果进行比较。从表 3.9 中可以看到，解析计算和 SPICE 仿真的数据非常接近。由于最大扇出使得总栅极电容 $C_{gg}＝C_L/FO$ 达到最小，这可能是一个理想的设计选择。

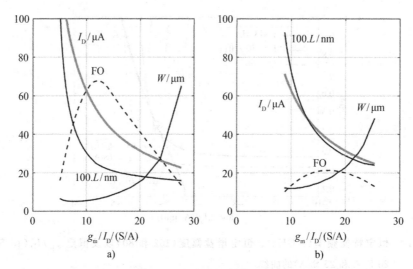

图 3.20　漏极电流、器件宽度、栅极长度和扇出($V_{DS}=0.6$ V 且 $V_{SB}=0$ V)

a) $|A_{v0}|=50$　b) $|A_{v0}|=80$

表 3.9　例 3.6 结果总结

	a	SPICE 验证	b	SPICE 验证
$|A_{v0}|$	50	50.5	80	80.45
$L/\mu m$	0.240	—	0.340	—
$W/\mu m$	6.479	—	17.41	—
$I_D/\mu A$	50.74	—	36.59	—
FO	68.0	—	21.2	—
$g_m/I_D/(S/A)$	12.38	12.31	17.17	17.03
f_u/MHz	100	99.0	100	98.0
V_{GS}/V	0.541	0.544	0.465	0.465
C_{gg}/fF	14.7	14.6	47.0	46.2

　　作为最后一步，表 3.10 总结了最小 I_D 的数据，这是在 g_m/I_D 最大且因此扇出为 10 (允许的最小值)的情况下实现的。正如看到的那样，产生的设计点处在弱反型中。观察到两种情况下的电流和器件宽度没有明显的变化。这与先前在 3.1.5 节中对弱反型设计的观察在本质上是一致的。

表 3.10　最小漏极电流的尺寸数据

	50	80
$|A_{v0}|$	50	80
$g_m/I_D/(S/A)$	28.53	27.02
$L/\mu m$	0.158	0.233
$I_D/\mu A$	22.02	23.26
$W/\mu m$	88.90	71.02

3.1.7 包含外部电容

在本节中，将更进一步研究外部电容(到目前为止都被忽略)的影响，并且研究将它们纳入器件尺寸设计过程中的方法。外部电容包括器件的结电容(C_{sb} 和 C_{db})，以及栅极-漏极边缘电容(C_{gd})。这些电容被称为外部电容，因为与固有栅极电容(C_{gs})不同，它们对于 MOSFET 的正常工作并不是必不可少的。换句话说，如果没有这些电容，器件仍然能够工作。

图 3.21a 显示了 IGS 的小信号模型，其中包括相关的外部电容 C_{db} 和 C_{gd}。与图 3.2 相比，省略了 C_{gs} 和 C_{gb}，因为这些电容被输入电压源短路(为简单起见，这仍然被认为是理想的)。根据这个假设，电路被图 3.21b 中的模型进行了很好的近似，其中总漏极电容 $C_{dd} = C_{db} + C_{gd}$ 与负载并联。这是一个近似，因为 C_{gd} 贡献的前馈电流被忽略。然而，可以很容易证明，该电流只在频率超过晶体管的特征频率后起作用，而这不在本书的分析范围内。

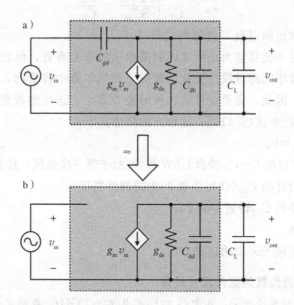

图 3.21 a)IGS 的小信号模型，包括漏极结电容 C_{db} 和栅极-漏极边缘电容 C_{gd} b)添加了与 C_L 并联的 $C_{dd} = C_{db} + C_{gd}$ 的近似模型

特别是对于具有较大 g_m 和相应的较大器件宽度的高速设计来说，增加的电容 C_{dd} 可能导致增益带宽积的明显误差。例如在例 3.3 的选项②中的高速低功耗设计中，可以看到 MATLAB 计算和 SPICE 仿真之间的误差为 6.7%。一旦附加器件(例如 3.2.1 节中的有源负载)与输出端相连，情况还会恶化。这些电路中并不需要的电容的总和称为自负

载，用 C_{self} 表示。

人们希望建立一个考虑了 C_{dd}（和其他自负载寄生效应）尺寸的电路设计流程。将 C_{dd} 考虑到设计中的一个基本问题是在尺寸确定完成（即器件宽度 W 已知）之前，设计者并不知道它的值。解决这个问题的一种方法是使用三步设计流程：

1）在忽略总漏极电容 C_{dd} 的情况下设计 IGS（和上述所有示例一样）。

2）得到步骤 1）中设计的 C_{dd}，称这个值为 C_{dd1}。

3）现在，将器件宽度和电流乘以下系数，得到最终设计：

$$S = \frac{1}{1 - \dfrac{C_{\text{dd1}}}{C_{\text{L}}}} \tag{3.10}$$

要了解为什么这会（完美地）起作用，考虑器件尺寸成比例变化时的行为以及它将如何影响单位增益频率。当器件的电流和宽度一起成比例变化时，电流密度和 $g_{\text{m}}/I_{\text{D}}$ 保持不变，而 C_{dd} 和 g_{m} 都随 S 线性变化。因此：

$$\omega_{\text{u}} = \frac{S g_{\text{m}}}{C_{\text{L}} + S C_{\text{dd1}}} = \frac{g_{\text{m}}}{C_{\text{L}}} \tag{3.11}$$

从式（3.11）求解比例因数 S 就得到式（3.10）。

虽然这种方法对于到目前为止所考虑的简单示例非常有效，但它仅限于寄生电容与确定器件单位增益频率的跨导线性变化的情况。在第 6 章中将看到，实际上遇到的电路并不都是这种情况。因此，需要设计第二种解决方案，它迭代地找到正确的尺寸，且没有进行任何分析假设［如式（3.11）］。这种方法概述如下：

1）首先假设 $C_{\text{dd}} = 0$。

2）设计电路尺寸以使 $C + C_{\text{dd}}$ 符合 GBW 指标（对于第一次迭代，这意味着忽略了 C_{dd}）。

3）估算得到的设计的 C_{dd}（使用步骤 2）中的器件宽度）。

4）使用估算的新的 C_{dd} 转到步骤 2）。

5）重复直到收敛。

现在将使用一个例子来说明这种方法。

例 3.7 **考虑自负载的迭代尺寸设计**

重做例 3.3 最小功率选项②，其中 $C_{\text{L}} = 1$ pF 且 $f_{\text{u}} = 1$ GHz。在确定尺寸过程中考虑 C_{dd}。

解：

在引用的例子中，证明了为了使本征增益最大，$g_{\text{m}}/I_{\text{D}}$ 和 L 应分别等于 20.76 S/A 与 70 nm。就增益而言，解析计算与 SPICE 仿真显示出良好的一致性，但 GBW 比预期低了 6.7%。该误差是由于自负载产生的。为了考虑 C_{dd}，先计算：

```
JD   = lookup(nch,'ID_W','GM_ID',gm_ID,'L',L);
Cdd_W = lookup(nch,'CDD_W','GM_ID',gm_ID,'L',L);
```

然后运行下面的迭代循环：

```
Cdd = 0;
for m = 1:5,
    gm = 2*pi*GBW*(CL + Cdd);
    ID(m,1) = gm./gm_ID;
    W(m,1) = ID(m,1)./JD;
    Cdd = W*CDD_W;
end
```

图 3.22 显示了随着迭代次数的增加，漏极电流的变化。在步骤 1 之后，得到了 C_{dd} 的初步估计，并在步骤 2 中将它添加到 C_L 里。电流从 302.7 μA 增加到 324.0 μA。在步骤 3 之后，电流达到了 325.6 μA，并观察到额外的迭代产生的增量可以忽略。漏极电流最终累积增加量为 7.60%。器件宽度增加相同的比例，从 114.2 μm 达到 122.8 μm。

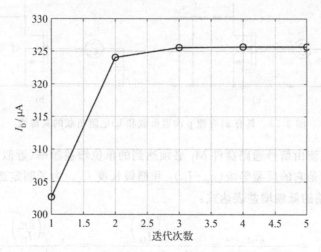

图 3.22　外部电容被考虑在内的 I_D 的变化曲线

读者可以验证式(3.10)中的比例因数 S 等于 1.076，这从理论上预测了电流和宽度的增量相同。

已经有了 g_m/I_D 尺寸设计方法的基础，现在逐步将 IGS 换为更现实的放大器级。在接下来的内容中将会介绍有源负载(见 3.2.1 节)和电阻负载(见 3.2.2 节)。最后考虑差分放大器级的情况(见 3.3 节)。

3.2　实际共源级

为了将本征增益级转换成更实际的共源电路，用饱和 p 沟道晶体管(见图 3.23a)或电阻(见图 3.23b)代替理想的偏置电流源。接下来的内容将讨论这些电路的尺寸设计问题。

3.2.1 有源负载

图 3.23a 中 M_2 的存在在电路的小信号模型中引入了额外的电导 g_{ds2}。由于此电导与 g_{ds1} 并联(见图 3.2),因此它降低了低频电压增益,但不影响增益带宽积。然而,由有源负载引入的额外外部电容如果是 C_L 的重要组成部分,则会对 GBW 产生显著影响。下面的一些例子中将会考虑此电容。

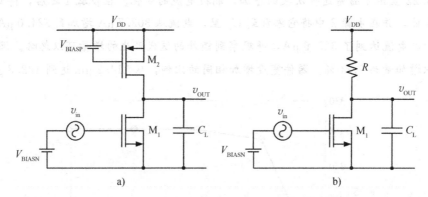

图 3.23　具有 a)有源 p 沟道负载和 b)电阻负载的共源级

M_2 的漏极电流由信号通路器件 M_1 必须达到的单位增益频率(近似为 g_{m1}/C_L)确定。M_2 的唯一自由度是它的反型等级 $(g_m/I_D)_2$ 和栅极长度 L_2。为了制定选择这些参数的方针,首先检查电路的低频增益表达式:

$$A_{v0} = -\frac{g_{m1}}{g_{ds1} + g_{ds2}} = -\frac{\left(\dfrac{g_m}{I_D}\right)_1}{\left(\dfrac{g_{ds}}{I_D}\right)_1 + \left(\dfrac{g_{ds}}{I_D}\right)_2} = -\frac{\left(\dfrac{g_m}{I_D}\right)_1}{\dfrac{1}{V_{EA1}} + \dfrac{1}{V_{EA2}}} \qquad (3.12)$$

当 n 沟道和 p 沟道晶体管的欧拉电压相等时,共源级相对于本征增益级的增益损失少于 50%。可以通过增加 V_{EA2} 或减小 $(g_{ds}/I_D)_2$ 来减小这一损失。为了进一步研究,图 3.24 展示了 $(g_{ds}/I_D)_2$ 随栅极长度变化的过程,其中 $(g_m/I_D)_2$ 从强反型扫描至弱反型。

可以看出,无论栅极长度如何,要使 $(g_{ds}/I_D)_2$ 最小需要负载晶体管的跨导效率小,接近于 5 S/A。这对应于强反型,并通过式(2.34)产生接近 0.4 V 的大饱和电压 V_{Dsat2}。只有 1.2 V 电源电压的情况下,这个空间的损失通常是不能接受的,此时可能选择一个折中方案,即 $(g_m/I_D)_2 = 10 \cdots 12$ S/A,使得 $V_{Dsat2} = 0.17 \cdots 0.20$ V。选择最优的 $(g_m/I_D)_2$ 需要进一步了解具体的设计权衡,以及增益优于信号摆幅的程度。在 4.1.1 节中将会从输出动态范围(最大信号功率和噪声功率的比值)的角度重新讨论这个问题。在那里将确认接近 10 S/A 的 g_m/I_D 值确实是一个很好的选择,因此在接下来的讨论中都会选择这个值。

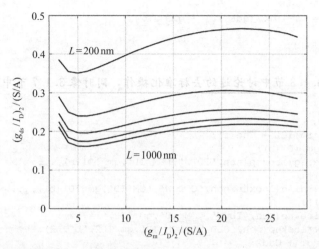

图 3.24　不同沟道长度下 p 沟道负载器件的 $(g_{ds}/I_D)_2$ 与 g_m/I_D 的关系图（$V_{DS}=0.6$ V，$V_{SB}=0$ V）

最后要做的决定是关于栅极长度 L_2 的。这个选择并不直接，因为大的 L_2（对高增益）的好处被维持相同电流所需的更大器件宽度所抵消。因此在下面的示例中将研究该如何权衡。

例 3.8　设计具有有源负载的共源级的尺寸

考虑例 3.3 中 $f_u=1$ GHz、$C_L=1$ pF 和 FO=10 的本征增益级，但现在添加了一个 p 沟道负载，如图 3.23a 所示。电源电压 V_{DD} 等于 1.2 V，静态输出电压 $V_{OUT}=V_{DD}/2$。假设 $(g_m/I_D)_2=10$ S/A，计算 L_2 对所有其他元器件尺寸和所需漏极电流的影响。将 $L_2=0.3$ μm、0.5 μm 和 1 μm 的结果与例 3.3 中的数据进行比较，并对 $L_2=0.5$ μm 进行 SPICE 仿真验证。

解：

首先为 L_1 确定一个合适的扫描范围，然后根据所需的特征频率（$f_T=f_u\cdot$FO）计算相应的 $(g_m/I_D)_1$ 矢量。现在可以计算出 $(g_{ds}/I_D)_1$：

```
L1 = .06: .001: .4;
gm_ID1  = lookup(nch,'GM_ID','GM_CGG',2*pi*fu*FO,'L',L1);
gds_ID1 = diag(lookup(nch,'GDS_ID','GM_ID',gm_ID1,'L',L1));
```

接下来执行一个类似的扫描，使得能够使用式（3.12）计算 $(g_{ds}/I_D)_1$ 和 A_{v0}。从得到的矢量中，选择最大增益值，这个值在后面称为 $|A_{v0max}|$：

```
gm_ID2 = 10;
L2 = [.06 .1*(1:10)];
for k = 1:length(L2)
   gds_ID2 = lookup(pch,'GDS_ID','GM_ID',gm_ID2,'L',L2(k))
```

```
     Av0(:,k) = gm_ID1./(gds_ID1 + gds_ID2);
end
[a b] = max(Av0);
gain  = a';
```

接下来执行 3.1.3 节中讨论过的去标准化操作，同时像 3.1.7 节中那样考虑自负载：

```
Cself = 0;
for k = 1:10,
   gm = 2*pi*fu*(CL + Cself);
   ID = gm./gm_ID1(b);
   W1 = ID./diag(lookup(nch,'ID_W','GM_ID',gm_ID1(b),...
   'L',L1(b)));
   Cdd1 = W1.*diag(lookup(nch,'CDD_W','GM_ID',gm_ID1(b),,...
   'L',L1(b)));
   W2 = ID./lookup(pch,'ID_W','GM_ID',gm_ID2,'L',L2);
   Cdd2 = W2.*lookup(pch,'CDD_W','GM_ID',gm_ID2,'L',L2);
   Cself = Cdd1 + Cdd2;
end
```

图 3.25 显示了当 L_2 从 0.1 μm 到 1 μm 扫描时晶体管的尺寸、最大增益和漏极电流。可以看到，没有理由令 L_2 超过 0.5 μm，因为增益不会明显增加而负载晶体管的宽度增长很快。同时注意，L_2 较大时，漏极电流明显增加。在一阶范围内，I_D 由 M_1 确定。然而，当自负载随 L_2 增大而增强时，需要更大的 g_{m1} 来维持所需的单位增益频率。

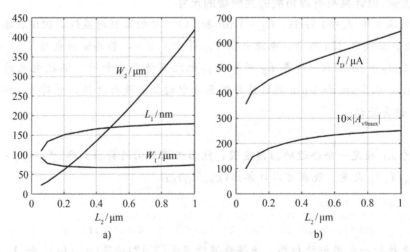

图 3.25 有源负载共源级的 a)器件几何尺寸和 b)漏极电流与最大增益和 p 沟道有源负载
栅极长度的关系

表 3.11 比较了例 3.3 中的本征增益级和这个双晶体管级的尺寸与性能数据。根据表 3.11，可以看到即使在 L_2 最大的情况下，有源负载造成的增益损失也超过 40%。

表 3.11 比较结果。IGS 和 p 沟道负载共源级设计的最大低频增益设计，其中 $f_u = 1\text{ GHz}$，$C_L = 1\text{ pF}$，FO = 10

	IGS	p 沟道负载的共源级		
		$L_2 = 1\text{ μm}$	$L_2 = 0.5\text{ μm}$	$L_2 = 0.3\text{ μm}$
$|A_{v0max}|$	40.82	25.0	22.6	20.1
$(g_m/I_D)_1$	10.62	12.92	13.55	14.38
$I_D/\text{μA}$	592	645	537	483
L_1/nm	220	179	170	159
$W_1/\text{μm}$	45.9	73.4	67.2	68.5
$W_2/\text{μm}$	—	419.3	176	95.6
C_{self}/pF	—	0.327	0.157	0.104

表 3.12 考察了将 L_2 保持在 0.5 μm 时，$(g_m/I_D)_2$ 发生微小变化的影响。观察到 M_1 的几何尺寸几乎不受影响，而有源负载的宽度（W_2）变化很大。还可以发现对于较大的 W_2，I_D 会由于自负载的增强而增大。

表 3.12 对于固定的 $L_2 = 0.5\text{ μm}$，$(g_m/I_D)_2$ 的微小变化的影响

$(g_m/I_D)_2/(\text{S/A})$	$|A_{v0max}|$	$(g_m/I_D)_1/(\text{S/A})$	L_1/nm	$W_1/\text{μm}$	$W_2/\text{μm}$	$I_D/\text{μA}$
9	22.85	13.48	171	65.32	135.1	526.8
10	22.61	13.55	170	67.21	175.6	536.6
11	22.37	13.63	169	69.52	225.6	548.8

为了总结，在表 3.13 中将 $L_2 = 0.5\text{ μm}$ 的数据与 SPICE 仿真结果进行了比较。数据的一致性比前面的例子中要好，因为在尺寸设计过程中包含了自负载效应。

表 3.13 设计值和 SPICE 验证数据

	设计值	SPICE 验证
L_1/nm	170	—
L_2/nm	500	—
$W_1/\text{μm}$	67.21	—
$W_2/\text{μm}$	175.6	—
$(g_m/I_D)_1/(\text{S/A})$	13.55	13.55
$(g_m/I_D)_2/(\text{S/A})$	10.00	9.99
$I_D/\text{μA}$	536.6	536.7
$|A_{v0}|$	22.61	22.60
V_{GS1}/V	0.5213	0.5212
V_{GS2}/V	0.5857	—
f_u/MHz	1000	1013
C_{self}/pF	0.157	0.151

现在来仔细研究有源负载共源级的大信号特性。大信号特性是重要的，因为它决定了该级可容纳的输出信号的摆幅。例 3.8 表明，可以利用 MATLAB 查询表得到准确的特征。

例 3.9 **有源负载共源级的大信号特性**

构建表 3.13 中共源级的传输特性（v_{OUT} 关于 v_{IN}）。将小信号电压增益与静止点（$V_{OUT} = 0.6$ V）传输特性的斜率进行比较，并分析有效的输出电压摆幅。将结果与 SPICE 仿真结果进行比较。

解：

为了构建传输特性，改变 v_{OUT} 扫描感兴趣的电压范围，并计算出相应的 p 沟道负载的漏极电流 I_{D2}。然后确定使 I_{D1} 等于 I_{D2} 的 M_1 的栅极电压。在下面的代码中，I_{D2} 是一个矢量，I_{D1} 是一个矩阵：

```
VDS1 = .05: .01: 1.15;
ID2 = Wp*lookup(pch,'ID_W','VGS',VGS2,'VDS',VDD-VDS1,'L',L2);
ID1 = Wn*lookup(nch,'ID_W','VGS',nch.VGS,'VDS',VDS1,'L',L1)';
for m = 1:length(VDS1),
  VGS1(:,m) = interp1(ID1(m,:),nch.VGS,ID2(m));
end
```

得到的传输特性如图 3.26 所示。由静态点传输特性的斜率得到电压增益为 -22.60，与表 3.13 中相同。图 3.26 中的水平线表示使晶体管离开饱和的（近似）输出电压。饱和电压由式 (2.34)（$V_{Dsat} = 2/(g_m/I_D)$）求得，在本例中两个晶体管的饱和电压均为 $2/(10 \text{ S/A}) = 200$ mV。因此，该电路能处理的最大输出电压摆幅约为 ± 400 mV。当电路接近这些峰值激励时，它就愈发表现非线性。第 4 章将再量化这些非线性效应。

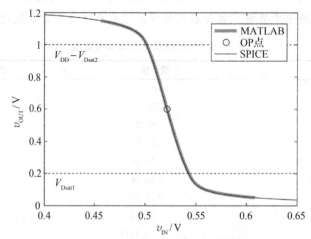

图 3.26 p 沟道本征增益级的传输特性

图 3.26 中的细实线是通过 SPICE 仿真得到的。利用 MATLAB 中的查找数据计算出的曲线与实验结果吻合较好。

3.2.2 电阻负载

对于图 3.23b 中所示电阻负载的共源级，低频电压增益的表达式可通过将式(3.12)中的 p 沟道负载的 g_ds2 替换为 $1/R$ 得到。这导出：

$$A_\mathrm{v0} = -\frac{g_\mathrm{m1}}{g_\mathrm{ds1}+\dfrac{1}{R}} = -\frac{\left(\dfrac{g_\mathrm{m}}{I_\mathrm{D}}\right)_1}{\left(\dfrac{g_\mathrm{ds}}{I_\mathrm{D}}\right)_1 + \dfrac{1}{I_\mathrm{D}R}} = -\frac{\left(\dfrac{g_\mathrm{m}}{I_\mathrm{D}}\right)_1}{\dfrac{1}{V_\mathrm{EA1}} + \dfrac{1}{I_\mathrm{D}R}} \tag{3.13}$$

从式(3.13)可以看出，负载电阻上的直流电压降($I_\mathrm{D}R$)对确定增益起着关键作用。事实上，对于 $I_\mathrm{D}R \ll V_\mathrm{EA1}$ 的情况，表达式简化为

$$A_\mathrm{v0} \approx -\left(\frac{g_\mathrm{m}}{I_\mathrm{D}}\right)_1 I_\mathrm{D}R \tag{3.14}$$

为了使增益最大，应该使 $I_\mathrm{D}R$ 尽可能大，但这可能会减少有效的电压摆幅，并且由于 V_DS1 的减小，还会降低 V_EA1。后一种效应使可获得的增益具有上限。

图 3.27 画出了当 V_DS1 扫过几乎整个电源电压范围时的式(3.13)和式(3.14)，考虑了不同的栅极长度和两种反型：强反型(5 S/A)和中等反型(20 S/A)。圆圈表示最大值，它远低于本征增益级和有源负载共源级获得的增益。另外注意，相应的漏源电压远低于 $V_\mathrm{DD}/2$（垂直的虚线），这在需要较大的信号摆幅时是不理想的。在强反型的情况下，使电路以最大增益工作是不切实际的，因为 V_DS1 非常接近 V_DSat1(400 mV)，允许的信号摆幅很小。在中等反型下，此情况有较大改善。最后看到对于较大的 L_1(最上方的曲线)和较大的 V_DS1，由于这使 V_EA1 较大，由式(3.13)给出的实际电压增益近似于式(3.14)的简化表达式。

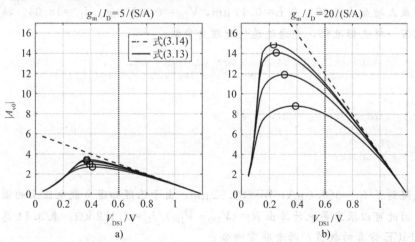

图 3.27 电阻负载共源级的低频增益随漏源电压的变化。$V_\mathrm{DD}=1.2\ \mathrm{V}$，$L_1=0.1\ \mu\mathrm{m}$、$0.2\ \mu\mathrm{m}$、$0.5\ \mu\mathrm{m}$ 和 $1.0\ \mu\mathrm{m}$（从下向上）

a)$g_\mathrm{m}/I_\mathrm{D}=5$ S/A b)$g_\mathrm{m}/I_\mathrm{D}=20$ S/A

例 3.10 确定有电阻负载的共源级尺寸

考虑电阻负载的共源级，其中 $C_L = 1$ pF，$f_u = 1$ GHz，$V_{DD} = 1.2$ V，FO = 10。找出使低频电压增益最大的 V_{DS} 和 L 的取值，并计算相应的负载电阻值。在设计过程中考虑自负载，并使用 SPICE 仿真验证设计。

解：

首先确定栅极长度和漏源电压(LL 和 UDS)的扫描范围。接下来查找这个区间中所有使得 f_T 等于所需的 10 GHz 的 g_m/I_D 和 g_{ds}/I_D 取值：

```
UDS = .1*(2:6);        %水平
LL  = .06: .01: .2;    %垂直
for k = 1:length(UDS)
  gmID(:,k)=lookup(nch,'GM_ID','GM_CGG',2*pi*fT,...
  'VDS',UDS(k),'L',LL);
  gdsID(:,k)=lookup(nch,'GDS_ID','GM_CGG',2*pi*fT,...
  'VDS',UDS(k),'L',LL);
end
```

现在可以使用式(3.13)计算低频增益，并确定使增益最大的栅极长度、漏源电压和跨导效率：

```
AvoR = gmID./(gdsID + 1./(VDD-UDS(ones(length(LL),1),:)))
[a b] = max(AvoR);
[c d] = max(a);
AvoRmax = c
L    = LL(b(d))
VDS = UDS(d)
gm_ID = gmID(b(d),d)
```

找到最大增益为 8.49，在 $L = 0.11$ μm，$V_{DS} = 0.4$ V，$g_m/I_D = 18.04$。接下来的任务是像往常一样去标准化，并通过迭代处理自负载：

```
JD   = lookup(nch,'ID_W','GM_ID',gm_ID,'VDS',VDS,'L',L);
Cdd_W = lookup(nch,'CDD_W','GM_ID',gm_ID,'VDS',VDS,'L',L);
Cdd = 0;
for k = 1:5,
  gm = 2*pi*fT/10*(C+Cdd);
  ID = gm/gm_ID;
  W  = ID/JD;
  Cdd = W*Cdd_W;
end
```

这里得到了 $I_D = 368.4$ μA，$W = 87.92$ μm。由于已经知道负载电阻上的漏极电流和电压降，因此可以很容易地计算出 $R = (V_{DD} - V_{DS})/I_D = 2.172$ kΩ。表 3.14 总结了设计数据与 SPICE 仿真的数值，两者非常吻合。

表 3.14　例 3.10 结果总结

	设计值	SPICE
L_1/nm	110	—
$W/\mu\mathrm{m}$	87.92	—
V_DS/V	0.400	—
$g_\mathrm{m}/I_\mathrm{D}/(\mathrm{S/A})$	18.04	18.03
$I_\mathrm{D}/\mu\mathrm{A}$	368.4	368.3
$\lvert A_\mathrm{v0} \rvert$	8.487	8.493
V_GS/V	0.4646	—
$f_\mathrm{u}/\mathrm{MHz}$	1000	1000

3.3　差分放大器级

　　差分放大器是模拟电路设计中的关键部件。差分放大器的核心通常是一个差分对，
如图 3.28 所示。如参考文献[3-4]的经典电路设
计教材对该电路的基本工作进行了很好的描述和
分析。然而，这些处理通常基于平方律，因此并
不准确。

　　本节的目标有两个：首先采用第 2 章介绍的
基础 EKV 模型分析差分对的大信号行为。这个
分析为接下来的第 4 章中的失真分析奠定了基础；
其次回顾基于微分对的放大器的尺寸设计。与上
面讨论的本征增益级和共源级的一个关键区别是，
跨导是由尾电流 I_0 而不是施加在栅极上的电压决
定的。

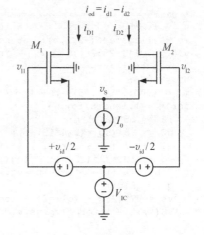

图 3.28　差分对

　　从微分对的大信号分析开始研究。为了得到
基于 EKV 的表达式，首先为 M_1 和 M_2 重写式(2.19)：

$$v_\mathrm{P1} - v_\mathrm{S} = U_\mathrm{T}[2(q_1 - 1) + \log(q_1)]$$
$$v_\mathrm{P2} - v_\mathrm{S} = U_\mathrm{T}[2(q_2 - 1) + \log(q_2)] \tag{3.15}$$

　　然后，让两个方程相减来分离出差分输入增量，并使用式(2.21)来关联栅极电压和
夹断电压：

$$v_\mathrm{id} = v_\mathrm{i1} - v_\mathrm{i2} = nU_\mathrm{T}\left[2(q_1 - q_2) + \log\left(\frac{q_1}{q_2}\right)\right] \tag{3.16}$$

　　为了得到尾节点电压 v_S，将式(3.15)的两项相加，并将静态点的项$(V_\mathrm{P1} + V_\mathrm{P2})$替
换为

$$2\frac{V_{\text{IC}} - V_{\text{T}}}{n} = 2V_{\text{P}} = 2(U_{\text{T}}(2(q_0 - 1) + \log(q_0) - V_{\text{S}})) \tag{3.17}$$

式中，q_0 表示静止点的归一化电荷密度。

接下来从和中求出 v_{S}，并求出尾电压增量：

$$v_{\text{s}} = v_{\text{S}} - V_{\text{S}} = U_{\text{T}}\left[2q_0 - (q_1 + q_2) + \log\left(\frac{q_0}{\sqrt{q_1 q_2}}\right)\right] \tag{3.18}$$

到目前为止，差分输入电压 v_{id} 和尾电压增量 v_{s} 是关于 q_1 和 q_2 的函数。为了转换到归一化 EKV 漏极电流 i_1 和 i_2，对式(2.22)取倒数：

$$q_1 = 0.5\left[\sqrt{1 + 4i_1} - 1\right]$$
$$q_2 = 0.5\left[\sqrt{1 + 4i_2} - 1\right] \tag{3.19}$$

现在可以用归一化量 i_1/i_0 或 i_2/i_0 来表示差分输入电压，用 i_0 表示 i_1 和 i_2 的和。将 i_{D1}/I_0 和 i_{D2}/I_0 替换为 i_1/i_0 或 i_2/i_0，就可以用下面的 MATLAB 代码数值绘制出图 3.29 所示的传输和源电压曲线：

```
% data ====================
n  = 1.2;                    % subthreshold slope
io = 2*logspace(-2,2,5);     % normalized tail current I0/IS
vid = .01*(-20:20);          % input diff voltage range (V)
% compute =================
UT = .026;
m  = (.05:.05:1.95); b = find(m==1);
for k = 1:length(io),
   i2 = .5*io(k)*m;
   q2 = .5*(sqrt(1+4*i2)-1);
   q1 = .5*(-1 + sqrt(1 + 4*(io(k)-q2.^2-q2)));
   vg = n*UT*(2*(q2-q1) + log(q2./q1));
   IoD_I0(k,:) = 2*interp1(vg,i2,vid,'spline')/io(k) - 1 ;
   q  = q2(b);
   vs = UT*(2*q - (q1+q2) + log(q./sqrt(q1.*q2)));
   VS(k,:) = interp1(vg,vs,vid,'spline');
end
```

图 3.29 中的 5 条曲线对应标准化尾电流 i_0 的 10 倍倍数，从 0.01(弱反型，最陡的曲线)到 100(强反型)。它们证实了一个众所周知的事实，即如果差分输入电压很小，则尾节点电压不会显著变化。最后，注意所示的图只需要一个参数，亚阈值斜率因数 n。稍后在 4.2 节中将会看到，这大大简化了非线性失真的处理。

考虑到尾节点在小输入情况下不会移动，可以将它转换为交流接地，用于小信号建模，就得到如图 3.30 所示的模型。每一半电路都能看到一半的差分输入，但是在取了输出端的差值之后，连接(差分)输入电压和(差分)输出电流的跨导仅仅是 g_{m}，就像本征增益级一样。

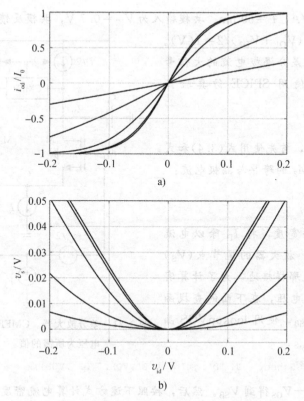

图 3.29　差分对的大信号特性作为差分输入电压的函数，考虑 5 个尾电流

a)归一化差分输出电流　b)源节点电压的增量部分

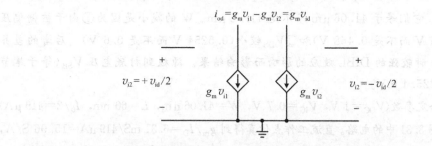

图 3.30　差分对的简化小信号模型(省略所有寄生元素)

鉴于 IGS 的小信号模型与差分对之间的相似性，在前几节所学到的所有方法也适用于基于差分对的放大器。如前所述，主要的区别在于偏置点是如何确定的。下面的例子将用一个差分对重复例 3.1 的过程来说明这一点。

例 3.11　**为带理想电流源负载的差分对确定尺寸**

计算如图 3.31 所示的差分放大器的尺寸，使负载电容 $C_L = 1$ pF 时，$f_u = 1$ GHz,

假设 $g_m/I_D=15$ S/A，$L=60$ nm。共模输入为 $V_{IC}=0.7$ V，共模反馈(CMFB)电路在工作点处确保 $V_{OC}=(V_{O1}+V_{O2})/2=1(V)$。绘制从差分输入到差分漏极电流的大信号传输特性曲线。使用 SPICE 仿真验证结果。

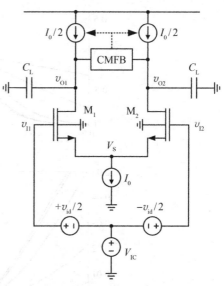

图 3.31　差分放大器。CMFB 模块确保输出共模电压为所需的值

解：

和例 3.1 一样，首先使用式(3.4)和式(3.8)计算 M_1 和 M_2 的跨导与漏极电流：

```
gm = 2*pi*fu*CL;
ID = gm/gm_ID;
```

为了得到器件宽度，将 I_D 除以电流密度 J_D。注意到，放大器的尾节点(V_S)并不像 IGS 的源极那样接地。为了计算实际的源极到衬底的电压，在下面的查找函数调用中被称为 V_{SB}，使用 lookupVGS 函数计算栅源电压 V_{GS}：

```
VGS = lookupVGS(nch, 'GM_ID',gmID,'VDB',VDB,'VGB',VGB);
```

并从差值 $V_{GB}-V_{GS}$ 得到 V_{SB}。然后，按照下述方式计算电流密度：

```
JD = lookup(nch,'ID_W','GM_ID',gmID,'VSB',VSB,'VDS',VDB-VSB)
```

由于 f_u 和 L 与例 3.1 中相同，M_1 和 M_2 的漏极电流再次等于 419 μA。但是，器件宽度略有不同：它们等于 41.06 μm 而不是 41.72 μm。W 的减小是因为①由于被栅偏压 V_{GS} 较大(0.475 V 而不是 0.468 V)和②V_{DS} 较小(0.5254 V 而不是 0.6 V)。后者的差异由于 $L=60$ nm 时较强的 DIBL 效应的影响而影响结果。源极到衬底电压 V_{SB}(等于尾节点电压 V_S)为 225.4 mV。

现在使用给定参数($V_{OC}=1$ V，$V_{IC}=0.7$ V，$W=41.06$ μm，$L=60$ nm，$I_0/2=419$ μA)用 SPICE 仿真图 3.31 中的电路。直流工作点仿真得到 $g_m/I_D=6.31$ mS/419 μA$=15.06$ S/A，$V_S=226$ mV。频率响应如图 3.32 所示，表示 1 GHz 的目标单位增益频率下匹配良好。

最后将 SPICE 仿真得到的传输特性与基础 EKV 模型预测的传输特性进行比较。考虑到放大器中使用的源极和漏极电压，提取出基础 EKV 参数。这是采用如下方法完成的：

```
jd = lookup(nch,'ID_W','VGS',nch.VGS,'VSB',VSB, ...
'VDS',VDB-VSB,'L',0.06);
y = XTRACT2(nch.VGS,jd);
```

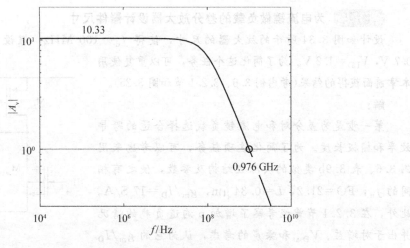

图 3.32 差分对的频率响应仿真

得到 EKV 参数后,由式(3.16)和式(3.18)得到 i_{od}/I_o 和 v_S 关于 v_{id} 的特性曲线。注意,这里只需要亚阈值斜率因数 n 和比电流 I_S。

图 3.33 对比了 SPICE 仿真与解析分析得到的归一化差分电流。在 $-0.2\sim+0.2$ V 的差分输入范围内,误差小于 0.3%。在同一幅图中,还展示了源电压 V_S 的数值。由于模型不包含迁移率下降效应,EKV 模型的 V_S 随着 v_{id} 的增长与 SPICE 仿真结果略有偏离。当 v_{id} 接近 ±0.2 V 时,这两条曲线的误差约为 8 mV。

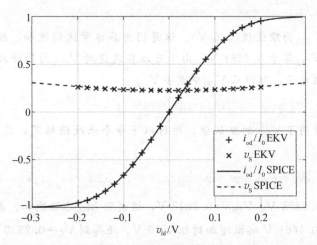

图 3.33 归一化差分输出电流和尾节点电压(V_S)关于差分输入电压(V_{id})的关系图

作为另一个例子,考虑有电流镜负载的经典差分放大器[3]。这种电路比前一个例子中的理想放大器更贴近实际,而且它也适用于本书中介绍的更大的电路中[参见第 5 章中的低压降稳压器(LDO)例子]。

例 3.12 为电流镜做负载的差分放大器设计器件尺寸

设计如图 3.34 所示的放大器的尺寸，使得 $f_u = 100$ MHz，假设 $C_L = 1$ pF，$V_{IC} = 0.7$ V，$V_{DD} = 1.2$ V。为了简化这个任务，可以重复使用本章前面获得的结果(考虑例 3.6、3.2.1 节和图 3.25)。

解:

第一步是为差分对和电流镜负载选择合适的跨导效率和栅极长度。为了简化这项任务，可以考虑采用例 3.6、表 3.9b 类似的共源极结构及参数，使之有相同的 f_u，FO=21.2，$L = 0.34$ μm，$g_m/I_D = 17$ S/A。此外，在 3.2.1 节曾经考察了增加 p 沟道负载的情况并出于对增益、V_{Dsat} 和噪声的考虑，认为它的 g_m/I_D 应约为 10 S/A。最后可以看到，图 3.25 表明栅极长度大于 0.5 μm 时，电压增益的收益降低。因此可以确定将该长度用于此电流镜负载。

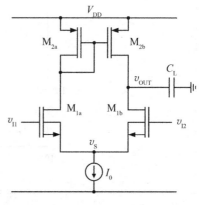

图 3.34　含电流镜负载的差分放大器

接下来，计算输入差分对的两个晶体管的源极和漏极电压。对于 $M_{1a,b}$，V_{SB1} 等于零，由于源极和衬底相连。V_{DS1} 未知，必须找到 $M_{1a,b}$ 的源极和漏极电压来计算它。由于已经知道 $M_{1a,b}$ 的栅极电压(等于给定的 V_{IC})，可以将 V_{IC} 减去 V_{GS1} 就能求出源电压。为得到 V_{GS1}，使用:

```
VGS1 = lookupVGS(nch,'GM_ID',gmID1,'L',L1);
```

这里，假设 V_{DS1} 为默认值(0.6 V)。这是因为晶体管达到饱和，栅极长度不会是最小值。可以得到 V_{GS1} 等于 0.4661 V。由于可以在改进对 V_{DS1} 的估计后重新进行上述计算，为了得到漏极电压，可以从 V_{DD} 中减去 V_{GS2}:

```
VGS2 = lookupVGS(pch,'GM_ID',gmID2,'L',L2);
```

这里又一次使用了 V_{DS2} 的默认值。运行以下命令来改进结果，其中 V_{GS2} 作为 V_{DS2} 的新估计值:

```
VGS2 = lookupVGS(pch,'GM_ID',gmID2,'VDS',VGS2,'L',L2);
```

得到 $V_{GS2} = 0.5858$ V、$V_{DS1} = 0.3812$ V，这说明 M_{1b} 已经饱和。再次运行命令，结果会发现 V_{GS1} 从 0.4661 V 略微增加到 0.4670 V。还得到 $V_S = 0.2330$ V。

为了计算放大器的低频电压增益，可以利用图 3.13 所示的结果。这是可行的，因为带电流镜负载的差分放大器的电压增益与有源负载的共源级相同[4]。因此:

```
gdsID1=lookup(nch,'GDS_ID','GM_ID',gmID1,'VDS',VDS1,'L',L1);
gdsID2=lookup(pch,'GDS_ID','GM_ID',gmID2,'VDS',VGS2,'L',L2);
Av0 = gmID1/(gdsID1 + gdsID2)
```

这就求了出 $A_{v0} = 31.06$。最后，为了确定漏极电流和晶体管宽度，重复对共源级采取的步骤：

```
gm1 = 2*pi*fu*CL;
ID  = gm1/gmID1;
JD1 = lookup(nch,'ID_W','GM_ID',gmID1,'VDS',VDS1,'L',L1);
W1  = ID/JD1;
JD2 = lookup(pch,'ID_W','GM_ID',gmID2,'VDS',VGS2,'L',L2);
W2  = ID/JD2;
```

这里得到 $M_{1a,b}$ 和 $M_{2a,b}$ 的漏极电流为 36.96 μA，$W_1 = 18.07$ μm，$W_2 = 12.13$ μm。现在设计已经完全完成，可以使用 SPICE 仿真它。图 3.35 所示为得到的频率响应，与计算值吻合较好。

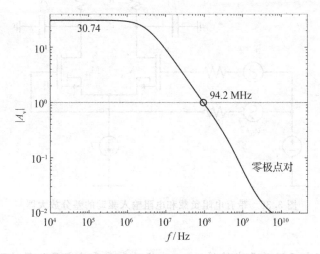

图 3.35 用 SPICE 仿真的电流镜负载差分对放大器的频率响应

仿真结果表明尾节点电压为 0.2329 V，输出电压为 0.6142 V，与解析预测值 (0.2330 V 和 0.6142 V)吻合。电压增益为 30.74，也与预测值 31.06 相近。由于这里忽略了自负载，单位增益频率 f_u 略小于 100 MHz。将电流和所有宽度按式(3.10)中的因数 S 进行缩放可以纠正这个误差。

尽管仿真的单位增益频率符合预期值，但值得注意的是由电流镜引入的零极点对[3]（见图 3.35）。它的极点大约位于 p 沟道负载器件的 $f_T/2$ 处⊖，即 580 MHz。这对工作在 $f_u = 100$ MHz 时的设计几乎没有影响，但在更快速的电路中会成为问题。将零极点对提到更高频率的一种方法是降低 L_2。

作为最后的例子，研究带有电阻输入驱动的差分放大器。这是一个非常常见的情

⊖ 极点位置定义为电流镜节点电阻 $1/g_{m2}$ 加上 2 倍的 C_{gg2}，因为两个器件在加载此节点。结果是 $\omega_T/2$。

形，例如在级联增益级中。这个问题的一个关键之处是在带宽计算中加入了米勒效应，而这一点到目前为止还没有被考虑。

例 3.13　**为带有电阻输入驱动和电阻负载的差分放大器设计尺寸**

设计如图 3.36 所示的放大器，以实现电压增益 $|A_{v0}|=4$，假设 $C_L=50$ fF，$R_D=1$ kΩ，$R_S=10$ kΩ，$V_{SC}=0.7$ V 和 $V_{DD}=1.2$ V。假设 $L=100$ nm，$g_m/I_D=15$ S/A，对晶体管进行尺寸设计。估计电路的主极频率和非主极频率，并用 SPICE 仿真验证设计。

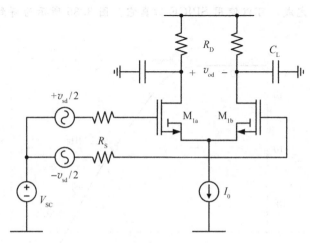

图 3.36　带有电阻负载和电阻输入驱动的差分放大器

解：

第一步是根据电压增益要求计算 g_m。为此首先需要确定晶体管的固有增益：

```
gm_gds = lookup(nch, 'GM_GDS', 'GM_ID', gm_ID, 'L', L);
```

利用此信息，可以很容易地计算 g_m：

```
gm = 1/RL*(1/Av0 - 1./gm_gds).^-1;
```

这里得到了 $g_m=4.93$ mS、$I_0=2\times328$ μA 和 $W=36.46$ μm（使用通常的去标准化）。为了计算电路的极点频率，可以调用以下基于主极点近似的教科书表达式[3]：

$$\omega_{p1} = \frac{1}{b_1}$$

$$\omega_{p2} = \frac{b_1}{b_2} \tag{3.20}$$

其中

$$b_1 = R_S[C_{gs}+C_{gd}(1+|A_{v0}|)]+R_L(C_{Ltot}+C_{gd})$$

$$b_2 = R_S R_L [C_{gs} C_{Ltot} + C_{gs} C_{gd} + C_{Ltot} C_{gd}] \tag{3.21}$$

且 $C_{Ltot} = C_L + C_{db}$。注意，C_{gd} 要乘以 $(1 + |A_{v0}|)$ 项，这是由于米勒效应。

由于已经确定了晶体管的尺寸，因此可以很容易地使用下面的电容估计来计算极点频率：

```
Cgs = W.*lookup(nch, 'CGS_W', 'GM_ID', gm_ID, 'L', L)
Cgd = W.*lookup(nch, 'CGD_W', 'GM_ID', gm_ID, 'L', L)
Cdd = W.*lookup(nch, 'CDD_W', 'GM_ID', gm_ID, 'L', L)
Cdb = Cdd-Cgd
CLtot = CL+Cdb;
```

表 3.15 总结了获得的设计值及其 SPICE 仿真验证(使用工作点分析，然后进行零极点分析)。计算值与仿真值吻合较好。最大的差异在于非主导极点频率，这主要是由于使用的解析表达式的近似性。电容值也有一些小的差异。这主要是因为 MATLAB 计算中假设 $V_{DS} = 0.6\,\text{V}$，而 SPICE 仿真表明 $V_{DS} = 0.66\,\text{V}$。可以通过以更好的 V_{DS} 估计值重新计算电容来减小这些误差，但在本例中不需要这样。

表 3.15 例 3.13 结果总结

	设计值	SPICE
L/nm	100	—
$W/\mu\text{m}$	36.46	—
$g_m/I_D/(\text{S/A})$	15	15.09
g_m/mS	4.93	4.95
$|A_{v0}|$	4	4.06
C_{gs}/fF	27.94	28.01
C_{gd}/fF	12.13	12.20
C_{db}/fF	10.76	9.2
f_{p1}/MHz	166	167
f_{p2}/GHz	5.50	6.10

3.4 本章小结

本章建立了简单增益级的系统尺寸设计方法。这种方法的起点是本征增益级(IGS)，一种具有理想电流源和电容负载的单晶体管电路。为了得到电流 I_D，用所需的跨导 g_m 除以 g_m/I_D。为了确定器件的宽度，可以将 I_D 除以查询表中得到的漏极电流密度 J_D 来进行去标准化。

本章用几个例子说明了如何选择合适的栅极长度和跨导效率来达到给定的目标，例如最大电压增益、最小电流消耗等。

对于不受速度限制的电路，弱反型是一种自然的选择。在弱反型中，g_m/I_D 几乎是常数，因此不能作为一个独特的设计枢纽。在这种情况下，电流密度 J_D 可以作为替代。

在高速电路中，晶体管漏极节点的外部电容会导致明显的自负载和带宽降低。本章展示了解决这个问题的两种迭代尺寸设计方法。

在建立了这些基础之后，本章扩展了讨论的范围，并考虑了有源和电阻负载的共源级以及差分对级的尺寸设计。证明了为简单本征增益级和共源级建立的基本流程和想法仍然适用。

3.5　参考文献

[1] B. Murmann, *Analysis and Design of Elementary MOS Amplifier Stages*. NTS Press, 2013.

[2] P. Harpe, H. Gao, R. van Dommele, E. Cantatore, and A. van Roermund, "A 3nW Signal-Acquisition IC Integrating an Amplifier with 2.1 NEF and a 1.5fJ/conv-step ADC," in *ISSCC Dig. Tech. Papers*, 2015, pp. 382–383.

[3] P. R. Gray, P. Hurst, S. H. Lewis, and R. G. Meyer, *Analysis and Design of Analog Integrated Circuits*, 5th ed. Wiley, 2009.

[4] T. Chan Caruosone, D. A. Johns, and K. W. Martin, *Analog Integrated Circuit Design*, 2nd ed. Wiley, 2011.

噪声、失真与失配

4.1 电噪声

电噪声是电子电路中重要而基础的性能限制。在 MOS 晶体管中，有两种因素需要考虑：热噪声和闪烁噪声。热噪声与热力学紧密相关，而闪烁噪声主要源自材料缺陷。与供电电压中多余的波动等原因产生的"人造"噪声不同，这些噪声源是晶体管中固有的，并且通常需要付出极大努力来将它降至最低。因此，浏览本书中提出的 g_m/I_D 设计框架中的电路噪声的计算十分重要。

4.1.1 热噪声建模

首先，如图 4.1 所示，先考虑本征增益阶段（IGS）中的热噪声效应。晶体管的热噪声可以建立一个具有谱密度为

$$\frac{\overline{i_d^2}}{\Delta f} = 4kT\gamma_n g_m \tag{4.1}$$

的供电电流的模型，其中 k 为波耳兹曼常数，T 为热力学温度，γ_n 为模型中的参数，在理想状况下处在强反型饱和状态的晶体管中为 $2/3$[1]。由于短沟道晶体管中的各种二阶效应，γ_n 通常会稍大一些，并且在强反型下会在 $0.7\sim1.5$ 的范围内取与偏置电流有关的值[2-3]。在弱反型下，这一参数接近散粒噪声⊖限制 $\gamma_n = 0.5n$，其中 n 为亚阈值斜率因数。

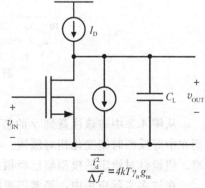

图 4.1 具有热噪声源的本征增益阶段

⊖ 散粒噪声源于电荷的不连续性（分散性），产生自电荷通过潜在的障碍（p-n 结）时的随机性。散粒噪声的产生需要直流电，而热噪声（在强反型下）可以在非直流时存在。

图 4.2 绘制了 65 nm 工艺条件下不同器件的参数 γ 的取值。这些数据是通改写式 (4.1)而计算得到的:

$$\gamma = \frac{1}{4kT} \frac{\overline{\frac{i_d^2}{\Delta f}}}{g_m} = \frac{1}{4kT} \frac{\text{STH}}{g_m} \tag{4.2}$$

式中, STH 是在查询表中用来表示仿真的热噪声谱密度的变量(在任何频率下均恒定)。运行式(4.2)中每个计算的 MATLAB 代码如下:

```
kB = 1.3806488e-23;
L = [0.06, 0.1, 0.2, 0.4];
vgs = 0.2:25e-3:0.9;
for i=1:length(L)
  gm_id_n(:,i) = lookup(nch, 'GM_ID', 'VGS', vgs, 'L', L(i));
  gm_id_p(:,i) = lookup(pch, 'GM_ID', 'VGS', vgs, 'L', L(i));
  gamma_n(:,i) = lookup(nch,'STH_GM','VGS',vgs,'L',...
  L(i))/4/kB/nch.TEMP;
  gamma_p(:,i) = lookup(pch,'STH_GM','VGS',vgs,'L',...
  L(i))/4/kB/pch.TEMP;
end
```

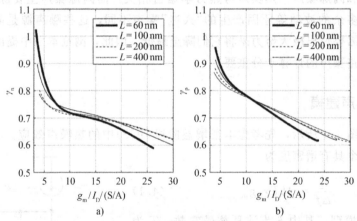

图 4.2　器件中的噪声参数
a)n 沟道　b)p 沟道

从图 4.2 中应该注意到 γ 的值在沟道长度为强反型($g_m/I_D < 10$ S/A)时变化迅速, 而在中等反型时则变化相对缓慢。在实践中, 这些数据必须按照实际的实验室测量来校准。假设针对给定的模型集已经很好地完成了校准。

在许多实际应用中, 经常需要将噪声归结于电路的输入, 从而将它直接与输入信号进行比较。相应的模型如图 4.3 所示。等效输入噪声电压的功率谱密度是通过除以电压-电流转换因数(g_m)的平方得到的, 这给出:

$$\frac{\overline{v_i^2}}{\Delta f} = 4kT \gamma_n \frac{1}{g_m} \tag{4.3}$$

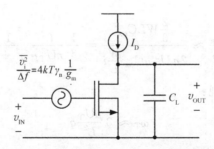

图 4.3　具有等效输入噪声的本征增益阶段

由这个结果可以看出，降低等效输入噪声需提升器件的跨导，而这可通过多种途径实现。一种提高 g_m 的方法是在器件体积不变的情况下增大漏极电流，这意味着更大的功耗。另一种提高 g_m 的方法是在保持 I_D 不变的情况下拓宽晶体管。然而，这一选择会增大 g_m/I_D，而这是以降低特征频率为代价的。现在，因为增益带宽积等于 $\omega_u = \omega_T/\mathrm{FO}$（见 3.1 节），这意味着扇出固定时带宽会减少（$\mathrm{FO} = C_L/C_{gg}$）。因此，为进行合理的比较，确定一个同时考虑噪声与增益带宽积的指标参数将会很有用。

4.1.2　热噪声、增益带宽与供电电流间的权衡

受以上讨论启发，通过如下的比值定义一个指标参数，用它来衡量电路多么有效地用消耗的供电电流得到噪声与增益带宽：

$$\frac{\text{增益带宽}}{\text{等效输入噪声} \times \text{供电电流}} = \frac{\dfrac{f_T}{\mathrm{FO}}}{4kT\gamma_n \dfrac{1}{g_m} \cdot I_D} \propto f_T \cdot \frac{g_m}{I_D} \tag{4.4}$$

有趣的是，从这一结果中看出一旦 FO 确定（并假设 γ_n 近似为常数），这一因数完全由特征频率（$g_m/2\pi C_{gg}$）与 g_m/I_D 的乘积决定。直觉上可以希望晶体管以小电流产生大的 g_m，并在此同时呈现小电容。

现在一个有趣的问题是，是否存在一个最优偏置点使得式（4.4）取得最大值。为研究此问题，可以利用基础 EKV 模型并分析 g_m/I_D 对式（4.4）右端的乘积产生的影响。首先考虑特征频率：

$$\omega_T = \frac{g_m}{C_{gg}} = \frac{\dfrac{g_m}{I_D}}{\dfrac{C_{gg}}{I_D}} \tag{4.5}$$

如果晶体管是饱和的并且边缘效应可以忽略（因为小的几何构型），式（4.5）中的分母可被写为如下形式：

$$\frac{C_{gg}}{I_D} \approx \frac{\frac{2}{3}WLC_{ox}}{2n\,U_T^2\mu C_{ox}\frac{W}{L}i} = \frac{1}{3}\frac{L^2}{nU_T^2\mu}\frac{1}{q^2+q} \tag{4.6}$$

于是，由式(2.29)发现：

$$\omega_T \approx 3\frac{\mu U_T}{L^2}q \tag{4.7}$$

指标参数式(4.4)现在变为

$$\omega_T\frac{g_m}{I_D} \approx 3\frac{\mu}{n\,L^2}\frac{q}{1+q} = 3\frac{\mu}{n\,L^2}\Big(1-nU_T\frac{g_m}{I_D}\Big) = 3\frac{\mu}{nL^2}(1-\rho) \tag{4.8}$$

式中，ρ 是如式(2.31)中定义的规范化跨导效率。

可以看出 ω_T 与 g_m/I_D 的乘积从弱反型时的 0 线性变化至强反型时的常数 $3\mu/nL^2$[⊖]。这一论断被图 4.4 中描述不同沟道长度的实际晶体管中 $f_T g_m/I_D$ 关于 g_m/I_D 的曲线数据所验证。如果 g_m/I_D 保持在大于 10 S/A 的范围，指标参数关于跨导效率线性变化。然而，一旦进入强反型区，则曲线偏离直线，并随着深入强反型区而逐渐弯曲。这是由于迁移率下降效应的存在，在第 2 章中曾经讨论过这种效应。

从图 4.4 中的数据可以得出如下结论：①曲线在中等到强反型区域中，接近 $\frac{g_m}{I_D}=7$ S/A 处取得最大值；②曲线的峰值在沟道短时最大，这仅仅是因为特征频率在沟道短时最大。这验证了对于给定的带宽与噪声指标，短沟道的晶体管可以在更低的电流水平下工作。

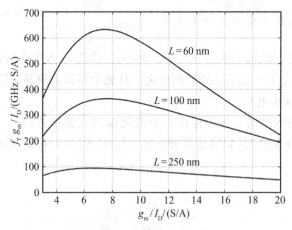

图 4.4　一个 n 沟道晶体管的特征频率与跨导效率之积($V_{DS}=0.6$ V)

⊖　注意到，恒定的斜率在弱反型下等于 $3\mu U_T/L^2$，这提供了一个简单的分析低场迁移率大小的方法。这一斜率表达式中不含除栅极长度的任何其他物理量。

如参考文献[4-5]中讨论的更多细节那样，观察到的最优值可以被用来减小一些电路的功耗，如 RF 低噪声放大器(LNA)。依照这个思想的最简单形式，考虑下面的基本例子。

例 4.1　低噪声 IGS 的大小估计

估计图 4.3 中输入等效噪声等于 1 nV/rt-Hz 时的电路大小。选择合适的反型等级来达到噪声、增益带宽与电路能耗间的最优平衡。

解：

对于接近最优平衡时的情况，选取 $g_m/I_D = 7$ S/A(见图 4.4)。因为没有对于低频增益的限制，可以选择最短的沟道并令 $L = 60$ nm。在这一长度与反型等级时 γ_n 大约为 0.8(见图 4.2)。对于给定的噪声规格，现在可以利用式(4.3)计算所需的跨导：

$$g_m = \frac{4kT\gamma_n}{\dfrac{\overline{v_i^2}}{\Delta f}} = \frac{4kT \cdot 0.8}{\left(\dfrac{1\text{nV}}{\sqrt{\text{Hz}}}\right)^2} = 13.2(\text{mS})$$

这确定了电流 $I_D = \dfrac{g_m}{\dfrac{g_m}{I_D}} = 1.9(\text{mA})$。找出一个 60 nm 处在 $g_m/I_D = 7$ S/A 的 n 沟道晶体管的电流密度后，它的宽度就能被确定了。使用查找函数，知道 $I_D/W = 84.4$ μA/μm，于是 $W = I_D/(I_D/W) = 22.4$ μm。现在此电路完全被确定了。

作为最后的备注，有必要意识到更复杂的电路中的平衡并不如例 4.1 中一样简单。例如，有可能低噪声比大的带宽更受重视，在此情况下指标参数式(4.4)就变得不合适了。在这种情况中，人们会发现应使电路处在中等或弱反型区(见第 5 章与第 6 章中的例子)。无论哪种情形，保持不变的原则是噪声受限制的电路优化可以通过以 g_m/I_D 为中心的方法来系统地进行。

4.1.3　来自有源负载的热噪声

另一个热噪声优化中的基础问题与来自有源负载的过量噪声有关。图 4.5 展示了前面考虑的电路，但现在理想电流源被替换为一个 p 沟道器件，这产生了额外的噪声。输入等效噪声现在为

$$\frac{\overline{v_i^2}}{\Delta f} = 4kT\gamma_n \frac{1}{g_{m1}} + 4kT\gamma_p \frac{g_{m2}}{g_{m1}^2} = 4kT\gamma_n \frac{1}{g_{m1}}\left(1 + \frac{\gamma_p}{\gamma_n}\frac{g_{m2}}{g_{m1}}\right) \tag{4.9}$$

其中，等式右端括号中的项为一个由 p 沟道器件产生的过量噪声系数。为使过量噪声最小，必须使 g_{m2}/g_{m1} 最小，而这等价于使 $(g_m/I_D)_2/(g_m/I_D)_1$ 最小，因为两个晶体管有相同的偏置电流。一旦通过电路优化确定了 $(g_m/I_D)_1$(例如，通过如上讨论的方法)，则

意味着$(g_m/I_D)_2$ 应尽可能小。

然而，由于 $V_{Dsat2} \approx 2/(g_m/I_D)_2$，这要求牺牲输出摆幅(见图 4.5)。

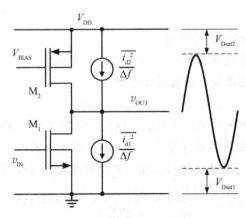

图 4.5   包含来自有源负载的噪声的共源极

在一个动态范围是主要的被关注指标的电路中，$(g_m/I_D)_2$ 存在一个最优值。电路的动态范围定义为最大信号功率与噪声功率的比值。无论此电路如何被应用(作为反馈结构或者开环结构)，最大化动态范围需要使以下项最大：

$$K = \frac{(V_{DD} - V_{Dsat1} - V_{Dsat2})^2}{1 + \dfrac{\gamma_p}{\gamma_n}\dfrac{g_{m2}}{g_{m1}}} \approx \frac{\left(V_{DD} - \dfrac{2}{(g_m/I_D)_2} - \dfrac{2}{(g_m/I_D)_1}\right)^2}{1 + \dfrac{\gamma_p}{\gamma_n}\dfrac{(g_m/I_D)_2}{(g_m/I_D)_1}} \qquad (4.10)$$

式(4.10)中的分子衡量信号的功率，分母衡量了噪声的功率。因此电路的动态范围与 K 成正比。现在通过一个例子分析对 K 的优化。

例 4.2 为一个 p 沟道负载选取 g_m/I_D 使得动态范围最大

为以下参数取值计算式(4.10)与$(g_m/I_D)_2$：$V_{DD} = 1.2$ V，$\gamma_p = \gamma_n$，且$(g_m/I_D)_1 = 7$ S/A(见图 4.4 中的最优值)。再在$(g_m/I_D)_1$ 依次取 5 S/A、10 S/A、15 S/A、20 S/A 和 25 S/A 时计算 $V_{DD} = 0.9$ V 与 $V_{DD} = 1.2$ V 的情况。

解：

第一部分的解如图 4.6a 所示，其中绘制了不同取值时 K 对它最大值归一化后的数据。从图 4.6a 中可以看出峰相对狭窄，但选取一个太小的$(g_m/I_D)_2$ 成本较高，且数值在最优值的左侧下降十分迅速。当 V_{DD} 减小时，最大值向右侧偏移，因为现在信号的裕度有更多的好处，这使得较大的$(g_m/I_D)_2$(较小的 V_{Dsat2})更有利。从图 4.6b 中也可以得出类似的结论。最优值的位置与$(g_m/I_D)_1$ 的函数关系相对较弱。总的来说，在给出的参数范围下使此负载器件处在中等反型区是正确的选择。

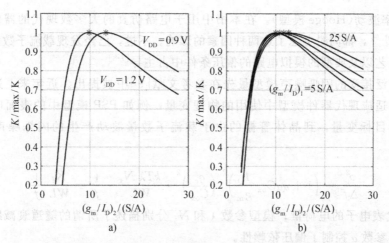

图 4.6　a)$V_{DD}=1.2$ V 和 0.9 V，$(g_m/I_D)_1=7$ S/A 与 b)$(g_m/I_D)_1=5$ S/A，…，25 S/A，
　　　　$V_{DD}=1.2$ V 时归一化的动态范围参数 K 关于 $(g_m/I_D)_2$ 的函数的示意图

4.1.4　闪烁噪声（$1/f$ 噪声）

　　与热噪声不同，闪烁噪声的功率谱密度并非常数，而是关于频率成反比递减。将闪烁噪声考虑在内后，本征增益阶段总的等效输入噪声（如之前所讨论的）如图 4.7 所示。在频率较低时，闪烁噪声占主导地位，而在频率较高时热噪声占主导地位。使得热噪声与闪烁噪声的功率谱密度相等的频率称为闪烁噪声转折频率（f_{co}）。

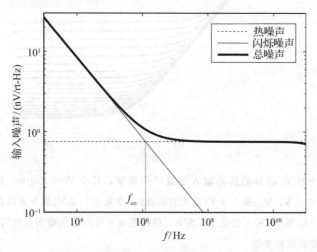

图 4.7　闪烁噪声与转折频率（f_{co}）的关系图

　　目前已知两种产生闪烁噪声的物理机制：源于捕获的载流子数波动（McWorther 模

型)和迁移率波动(Hooge 模型)。在本书中用于电路仿真的大多数现代的器件模型,例如 PSP 模型[6],都同时考虑了这两种因素的影响。不过,已经发现载流子数波动的影响在目前的工艺以及典型的模拟电路的偏压条件中占主导[7-8]。

最为广泛接受的闪烁噪声模型最先在参考文献[9]中被提出。近年来,这一模型被不断细化以适应现代器件模型中使用的物理变量,例如 PSP 模型中的表面电位[6]。将 g_m/I_D 作为目标变量,到晶体管栅的由于载流子数量波动产生的闪烁噪声可以被表示为[7]

$$\frac{\overline{v_i^2}}{\Delta f} = \left(1 + \alpha\mu C_{ox}\frac{I_D}{g_m}\right)^2 \left(\frac{q_e}{C_{ox}}\right)^2 \cdot \frac{kT\lambda}{WL}\frac{N_t}{WL} \cdot \frac{1}{f} = \frac{K_f}{WL}\frac{1}{f} \tag{4.11}$$

式中,q_e 代表电子的电荷量;模型参数 λ 和 N_t 分别描述了所谓的隧道衰减距离与电荷陷阱密度;参数 α 控制了偏压依赖性。

通过这个模型,输入等效闪烁噪声在弱反型下(g_m/I_D 最大时)最小。然而,如图 4.8 所示,此影响相对较弱。在栅偏压变化时,虽然热噪声基底随之显著变化,闪烁噪声成分只有很小的变化。图 4.9 更仔细地分析了确定的频率下闪烁噪声分量关于 g_m/I_D 的变化情况。此数据确认了式(4.11)中的简单模型相当好地抓住了实际器件行为(通过内在的 PSP 模型中的一个复杂方程来建模)的趋势。

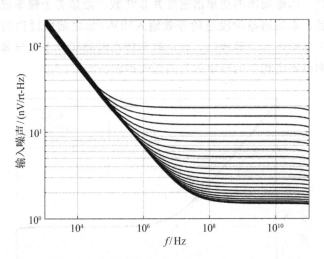

图 4.8　一个 NMOS 器件的仿真输入等效噪声密度,其中 $W = 10\ \mu m$、$L = 100\ nm$ 且 $V_{DS} = 0.6\ V$。V_{GS} 从 0.3 V(最上方的曲线)变化至 0.8 V(最下方的曲线),相对应的 g_m/I_D 从 29 S/A 变化至 5 S/A。根据图 4.8 可以看出输入等效闪烁噪声仅与偏压有较弱的相关性

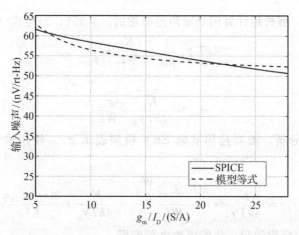

图 4.9　$f=12\text{ kHz}$ 时测量的一个 NMOS 器件的仿真输入等效噪声密度（实线），其中
$W=10\text{ μm}$，$L=100\text{ nm}$。图 4.9 中还展示了式（4.11）的简单模型（虚线），其中
$\alpha\mu C_{\text{ox}}=1.3\text{ V}^{-1}$

因为闪烁噪声与栅偏压相关性不强，从式（4.11）可以看出，将它降低的主要方法是增大器件面积 WL。其他的参数均不是设计者可以控制的。如果增大器件面积没有使噪声降低到期望的水平，可以使用电路级别的技术，例如斩波和相关双重采样[10]。

从应用的角度，需要注意的是闪烁噪声只在低带宽的电路中较为显著。这在绘制图 4.7 中的噪声功率谱密度的运动积分的图 4.10 中展现出来。对于带宽远大于闪烁噪声转折频率的宽频带系统，总噪声的积分被热噪声部分主导。一个经验规律是，带宽比转折频率（f_{co}）高 1~2 个数量级时闪烁噪声就与带宽无关了。

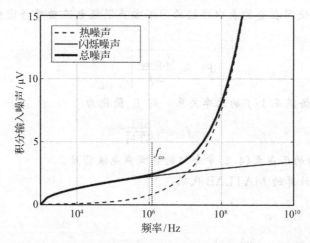

图 4.10　图 4.7 的总输入噪声功率谱密度的运动积分。积分至闪烁噪声转折频率 f_{co} 的噪声
在宽频带系统中通常可以忽略

从设计的角度，解析地计算闪烁噪声是有趣的。从式(4.3)与式(4.11)开始：

$$4kT\gamma_n \frac{1}{g_m} = \frac{K_f}{WL} \cdot \frac{1}{f_{co}} \qquad (4.12)$$

解出 f_{co} 可以得到

$$f_{co} = \frac{K_f}{4kT\gamma_n} \cdot \frac{g_m}{WL} \qquad (4.13)$$

为了更深入地分析，需要运用基础 EKV 模型表示 g_m。使用式(2.28)和式(2.16)得到

$$f_{co} = \frac{K_f}{4kT\gamma_n} \cdot \frac{2U_T\mu C_{ox} \frac{W}{L} q}{WL} = \frac{K_f}{4kT\gamma_n} \cdot \frac{2U_T\mu C_{ox} q}{L^2} \qquad (4.14)$$

式中，q 是第 2 章中介绍的归一化的可动电荷密度。

从这一结果中可以看出，在 q 较小时 f_{co} 较小(使器件向弱反型区移动)，这与图 4.8 中所见到的趋势一致。此外，唯一的使 f_{co} 降低的方法是采用较长的沟道。这两种方法都不适合高速设计，因此闪烁噪声转折频率在大小适合宽频带工作的器件中往往相当大(几十兆赫)。此外，从式(4.14)中得到的最重要的信息是一旦 L 与 g_m/I_D 被选定(因此 q 也被确定)，闪烁噪声转折频率就会被完全确定。

例 4.3 **估计闪烁噪声转折频率**

对 $L=60$ nm、100 nm、200 nm 和 40 nm 的 n 沟道晶体管，绘制闪烁噪声转折频率关于 g_m/I_D 的函数示意图。

解：

此问题的一种解法是获得 K_f 和 γ_n 的估计值，然后使用式(4.13)来计算 f_{co}。然而，有一种更加直接地使用在查询表中存储的闪烁噪声漏极电流功率谱密度(在 $f=1$ Hz 时测量)的方法：

$$SFL = \left. \frac{\overline{i_{d,flicker}^2}}{\Delta f} \right|_{f=1Hz} \qquad (4.15)$$

假设闪烁噪声恰满足 $1/f$ 的比率关系，则 f_{co} 简化为

$$f_{co} = \frac{SFL}{STH} \qquad (4.16)$$

式中，STH 是存储的已在式(4.2)中介绍的热噪声电流密度。

下面给出对应计算的 MATLAB 代码：

```
L = [0.06, 0.1, 0.2, 0.4];
vgs = 0.2:25e-3:0.9;
for i=1:length(L)
  gm_id_n(:, i) = lookup(nch, 'GM_ID', 'VGS', vgs,...
  'L', L(i));
  fco(:, i) = lookup(nch, 'SFL_STH', 'VGS', vgs, 'L', L(i));
end
```

图 4.11 展示了结果曲线，这验证了之前的结果。闪烁噪声转折频率在 g_m/I_D 较大或 L 较大时减小。对于强反型下的最短沟道，f_{co} 达到了 50 MHz。

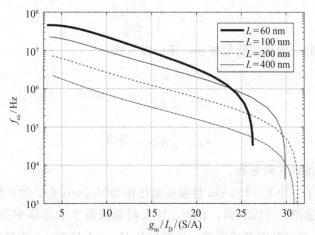

图 4.11　一个 n 沟道晶体管在沟道长度不同时的闪烁噪声转折频率关于 g_m/I_D 的示意图。
$$V_{DS} = 0.6 \text{ V}, \ V_{SB} = 0 \text{ V}$$

最后一个需要考虑的方面是闪烁噪声关于工艺等比例缩放的现象。如果陷阱密度 N_t 保持恒定而 W、L 和 C_{ox} 以同样的倍数缩小（如经典的 Dennard 缩放[11]），那么 f_{co} 在一阶下没有变化。实际情况更加复杂，它们依赖于反型等级和迁移率波动的相对影响[12]（在本书的讨论中大部分情况下被忽略了）。总体的趋势是闪烁噪声转折频率在按比例缩小的晶体管中更大。

4.2　非线性失真

噪声决定了一个电路可以处理的最小信号，而非线性失真限制了能处理的最大信号。MOS 器件受多种非线性效应的影响。后面的讨论限制于晶体管的跨导（g_m）与输出电导（g_{ds}）中的非线性。

4.2.1　MOS 跨导的非线性

人们习惯采用将漏极电流在静态工作点（V_{GS}，I_D）展开为泰勒级数的方式来分析非线性失真[12]。用于形成泰勒级数的变量是增量 i_d 和 v_{gs}，它们加上静态工作点就成为总量：

$$i_D = I_D + i_d$$
$$v_{GS} = V_{GS} + v_{gs}$$

(4.17)

使用这一约定记号，可以写出：

$$i_d = a_1 v_{gs} + a_2 v_{gs}^2 + \cdots + a_m v_{gs}^m \tag{4.18}$$

式中，系数 a_k 表示电流 i_d 关于 v_{gs} 的 k 阶导数除以 $k!$：

$$a_k = \frac{1}{k!} \frac{d^k(i_d)}{dv_{gs}^k} \tag{4.19}$$

因为关于 v_{gs} 的一阶导数就是跨导，还可以写成

$$
\begin{aligned}
a_1 &= g_{m1} \\
a_2 &= \frac{1}{2} g_{m2} \\
a_3 &= \frac{1}{6} g_{m3} \quad \text{等等}
\end{aligned}
\tag{4.20}
$$

式中，g_{mk} 项是电流的 k 阶导数。

图 4.12 绘制了一个 $L=100$ nm 且漏极电压恒为 $V_{DS}=0.6$ V 的共源 n 沟道晶体管中 g_{mk} 关于 V_{GS} 的示意图。可以看到，在 V_{GS} 较大时强反型下的迁移率下降 g_{m1} 达到饱和。处于强反型区时，跨导甚至开始衰减，这可以从 $V_{GS} > 1$ V 时 g_{m2} 为负看出。

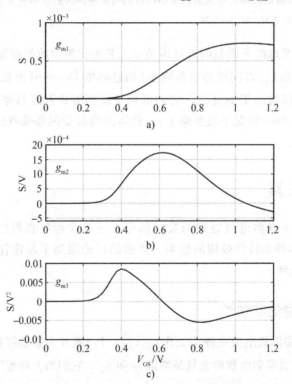

图 4.12 一个 $L=100$ nm 且 $V_{DS}=0.6$ V 的共源 n 沟道晶体管中关于 V_{GS} 的示意图。绘制的值归一化到了 $1\ \mu m$ 的宽度

a) g_{m1}　b) g_{m2}　c) g_{m3}

已知泰勒展开式的系数之后，可以重新构建原来的漏极电流表达式。在图 4.13 中比较了分别考虑 1、2、3 和 4 个泰勒展开项时重构的漏极电流。图 4.13 中竖直的线代表静态工作点（$V_{GS} = 0.45$ V）。粗黑线标注的区域内重构的电流与原曲线的差不超过 1%。在此范围之外，它们的差变得更大。可以看出泰勒展开式的准确性随着导数阶数的增大而逐渐增加。

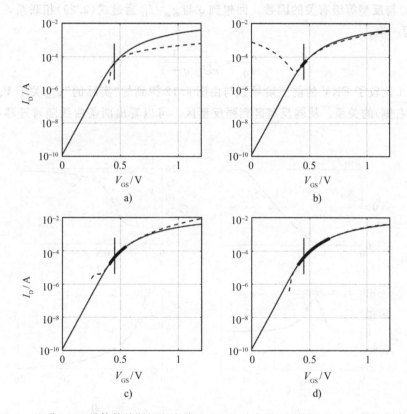

图 4.13　n 沟道 MOS 晶体管的漏极电流关于 V_{GS} 的示意图（实线）。a)～d)中的虚线代表用
一阶～四阶泰勒展开重构的漏极电流。静态工作点（竖直线）附近的粗黑线代表重
构的电流与原电流偏差不超过 1% 的区域

除了通过实际漏极电流数值上计算泰勒展开式的各阶导数，还可以利用基础 EKV 模型来从式(2.28)、式(2.23)和式(2.21)的微分中得出分析表达式。前 4 项 g_{mk} 给出如下：

$$g_{m1} = I_S \left(\frac{1}{nU_T} \right) q$$

$$g_{m2} = I_S \left(\frac{1}{nU_T} \right)^2 \frac{q}{2q+1}$$

$$g_{m3} = I_S \left(\frac{1}{nU_T} \right)^3 \frac{q}{(2q+1)^3}$$

$$g_{m4} = I_S \left(\frac{1}{nU_T} \right)^4 \frac{q(1-4q)}{(2q+1)^5}$$

(4.21)

以上所有项都与 I_S 和 $1/nU_T$ 的 k 次幂成正比，并且乘上了一个（通过归一化的可动电荷密度 q）与反型等级有关的因数。回想到 q 与 g_m/I_D 通过式（2.29）相联系，为了方便在此重新写一遍：

$$\frac{g_m}{I_D} = \frac{1}{nU_T} \frac{1}{q+1}$$

(4.22)

图 4.14 比较了 EKV 的前三阶导数与由图 4.12 得到的"实际的" g_{mk} 关于 V_{GS}（左侧）与 g_m/I_D（右侧）的关系。从弱反型区到强反型区，可以看出两条曲线随着迁移率下降而逐渐分离。

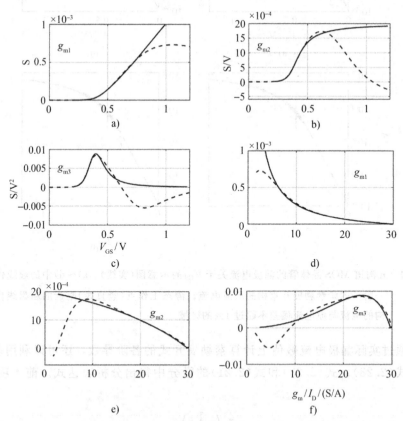

图 4.14 a)、b)和 c)EKV 的（实线）与"实际的"（虚线）g_{mk} 关于 V_{GS} 的示意图以及 d)、e)和 f)关于 g_m/I_D 的示意图（晶体管数据与图 4.12 中相同）

一个更加面向电流的量化非线性失真的方法是运用输入信号为正弦波时的谐波失真分析：

$$i_d = a_1 v_{gs,pk} \cos(\omega t) + a_2 (v_{gs,pk} \cos(\omega t))^2 + \cdots \tag{4.23}$$

利用式(4.20)，使用的正弦的幂可展开如下：

$$i_d = \frac{1}{4} g_{m2} v_{gs,pk}^2 + \left(g_{m1} v_{gs,pk} + \frac{3}{24} g_{m3} v_{gs,pk}^3 \right) \cos(\omega t)$$
$$+ \frac{1}{4} g_{m2} v_{gs,pk}^2 \cos(2\omega t) + \frac{1}{24} g_{m3} v_{gs,pk}^3 \cos(3\omega t) + \cdots \tag{4.24}$$

式(4.24)中，第一行为直流分量，第二行为基波分量，第三行为谐波分量。谐波经常和基波比较，这引出了以下部分谐波失真指标：

$$HD_2 = \frac{\text{二次谐波的振幅}}{\text{基波的振幅}}$$
$$HD_3 = \frac{\text{三次谐波的振幅}}{\text{基波的振幅}} \tag{4.25}$$

HD_2 与 HD_3 的近似表达式(在 $v_{gs,pk}$ 较小时)可如下得出，并通过式(4.21)用 EKV 模型的形式表示：

$$HD_2 = \left| \frac{\frac{1}{4} g_{m2} v_{gs,pk}^2}{g_{m1} v_{gs,pk} + \frac{3}{24} g_{m3} v_{gs,pk}^3} \right| \approx \frac{1}{4} \left| \frac{g_{m2}}{g_{m1}} \right| v_{gs,pk} = \frac{1}{4} \left(\frac{1}{nU_T} \right) \frac{1}{1+2q} v_{gs,pk}$$

$$HD_3 = \left| \frac{\frac{1}{24} g_{m3} v_{gs,pk}^3}{g_{m1} v_{gs,pk} + \frac{3}{24} g_{m3} v_{gs,pk}^3} \right| \approx \frac{1}{24} \left| \frac{g_{m3}}{g_{m1}} \right| v_{gs,pk}^2 = \frac{1}{24} \left(\frac{1}{nU_T} \right)^2 \frac{1}{(1+2q)^3} v_{gs,pk}^2$$

$$\tag{4.26}$$

在关于 $(g_m/I_D)^{(k-1)}$ 归一化后，比值 g_{mk}/g_{m1} 归结为仅与 q 有关的函数。在弱反型下，因为 $q \ll 1$，所有归一化后的项均收敛于 1。在此情况下，式(4.20)的展开近似于式(2.27)的弱反型表达式给出的指数。在强反型下，g_{m2}/g_{m1} 与 g_m/I_D 的比值趋近于 1/2，而更高阶的比值则趋近于 0。

在弱反型到强反型之间，归一化的比值的变化如图 4.15 所示。当比较"实际的"晶体管的数据与 EKV 的预测值时，可以看出它们在弱反型下符合得很好并且在中等反型下也比较好。然而，当 g_m/I_D 变得小于 10 S/A 时，"实际的"比值在变号之前迅速地减小。符号的变化开始于图 4.14 中见到的 g_{m2} 与 g_{m3} 在 0 处的交点。

图 4.16 展示了通过式(4.26)得到的部分谐波失真关于 g_m/I_D 和 3 个信号振幅的关系。可以看出三阶失真是关于 g_m/I_D 和信号振幅的更强的函数[源于在式(4.26)中见到的平方相关性]。

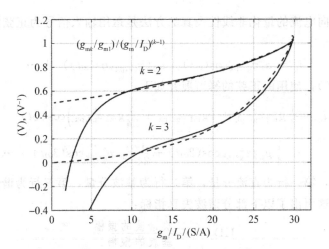

图 4.15　一个实际晶体管(实线)与 EKV 模型(虚线)中的比值 $(g_{mk}/g_{m1})/(g_m/I_D)^{(k-1)}$ (晶体管数据与图 4.12 中相同)

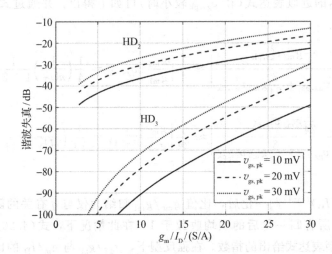

图 4.16　由基础 EKV 模型式(4.26)导出的二阶与三阶部分谐波失真指标,考虑了不同的信号振幅(晶体管数据与图 4.12 中相同)

　　图 4.17 比较了实际晶体管中 EKV 模型在信号峰值为 10 mV 时的 HD_2 和 HD_3。为获得"实际的"数据,对器件做了时间域仿真得到了漏极电流(交流接地)的谐波失真累积。结果与解析分析预测在弱反型和中等反型下吻合得很好。在强反型下,两者的差异源于迁移率下降效应。值得注意的是 HD_3 的零值,这是图 4.14 中 $V_{GS}=0.617$ V 或 $g_m/I_D=9.03$ S/A 时 g_{m3} 在 0 处的交点。这一零值在参考文献[14]中被认识到,但由于它对过程参数和温度的敏感性而在实际中难以被利用。

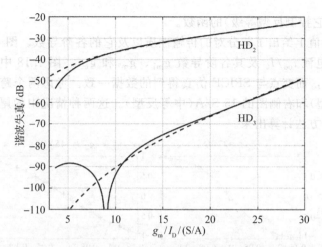

图 4.17　输入峰值为 10 mV 的正弦波时 n 沟道晶体管漏极电流的二阶与三阶部分谐波失真指标。实线为仿真数据；虚线为分析预测（$L = 100$ nm，$V_{DS} = 0.6$ V）

4.2.2　MOS 差分对的非线性

现在研究差分对中的非线性，如图 3.28 所示，考虑交流接地的漏端。如 4.2.1 节中一样，利用基础 EKV 模型来获得解析式的导数项，类似式（4.21）。数学上，从夹断表达式（2.23）开始并且：①计算关于归一化的可动电荷密度 q_1 与 q_2 的微分 dV_{P1} 与 dV_{P2}；②计算由式（2.22）给出的归一化饱和漏极电流 i_1 与 i_2 的微分 di_1 与 di_2；③利用式（2.21）消去 dq_1 和 dq_2。因为归一化的漏极电流之和必为 0，用 di 减去 di_1 和 $-di_2$，就得到了以下差分输入的表达式：

$$dv_{id} = nU_T \left[\frac{di_1}{q_1} - \frac{di_2}{q_2} \right] = nU_T \left[\frac{1}{q_1} + \frac{1}{q_2} \right] di \tag{4.27}$$

接下来，计算差分输出电流关于差分输入的导数：

$$\frac{di_{od}}{dv_{id}} = 2 \frac{I_S}{nU_T} \cdot \frac{q_1 q_2}{q_1 + q_2} \tag{4.28}$$

当 v_{id} 等于 0 时，q_1 和 q_2 相等。将它们表示为 q，可以得到如下在给定的这个工作点的差分跨导表达式：

$$g_{m1} = \frac{I_S}{nU_T} q \tag{4.29}$$

注意，这是与式（4.21）中相同的结果（因为共源结构）。更高阶的导数则与非差分情况有显著的不同。二阶导数项在静态工作点为 0，这可由传输函数（后面将绘制它的示意图）的对称性解释。至于三阶导数项，可以得到

$$g_{m3} = -I_S \left(\frac{1}{nU_T} \right)^3 \frac{q(1 + 3q)}{2(1 + 2q)^3} \tag{4.30}$$

注意，这与式（4.21）中三阶表达式的相似性，即其中出现的 I_S 和 $1/(nU_T)^3$ 与紧接

着的关于 q(并由它控制反型等级)的函数。

  图 4.18 从数值上给出了差分对的传输性质以及它的各阶导数。图 4.18 中展示了归一化的差分漏极电流 i_{od}/I_0 及其各阶导数 g_{m1}、g_{m2} 和 g_{m3}。图 4.18 中的实线代表基于 EKV 模型的导数,而交点与 SPICE 仿真得到的数据一致。考虑两个跨导效率:左侧图的 27 S/A(弱反型)和右侧图的 15 S/A(中等反型)。这两种情况中的尾电流通过使用与例 3.11 中相同的方法计算出来。

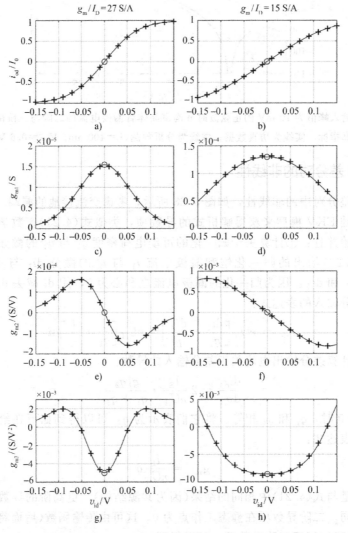

图 4.18 a)、b)差分放大器的传递性质,以及 c)、d)它们的一阶导数,e)、f)二阶导数,g)、h)三阶导数。左侧的图在弱反型下($g_m/I_D = 27$ S/A),右侧图在中等反型下($g_m/I_D = 15$ S/A)。实线和圈代表基础 EKV 模型,而十字标记的为 SPICE 仿真数据。绘制的导数已被归一化为 1 μm 的宽度,并假设 $V_{GB} = V_{DB} = 0.8$ V,$L = 100$ nm

图 4.18 中的数据显示了由式(4.29)和式(4.30)预测的静态工作点的值(由圈标记)与 SPICE 仿真得到的数据间良好地吻合。图 4.18 也解释了 g_{m2} 为什么在静态工作点的值为 0,这是由于此时 g_{m1} 取得最大值。

利用式(4.29)和式(4.30),可以计算三阶部分谐振失真 HD_3:

$$HD_3 = \frac{1}{24}\left(\frac{1}{nU_T}\right)^2 \frac{1+3q}{2(1+2q)^3} v_{id,pk}^2 \tag{4.31}$$

式(4.31)与在共源极获得的式(4.26)中 HD_3 的表达式类似。仅有的区别是对反型等级(q)的依赖。比较这两个表达式,可以看出差分对的 HD_3 比共源极的要好。在弱反型下它们之间的差为 6 dB,强反型下则为 2.5 dB。

注意,对于共源极和差分对,只需知道亚阈值因数 n 和反型等级,都可计算 HD_3。电流 I_S 和阈值电压 V_T 不起作用。进一步地,已知亚阈值因数 n 取值在一个相对较小的范围,并在弱反型下完全由 g_m/I_D 的最大值决定。

在图 4.19a 中,将 $v_{id,pk}=10$ mV 时由式(4.31)预测的 HD_3 与 SPICE 仿真(粗线)比较。靠近 SPICE 曲线的细线代表亚阈值因数的典型边界 1.0 和 1.5。这一结果表明,即使不十分了解 n,仍有可能较为精确地预测失真。

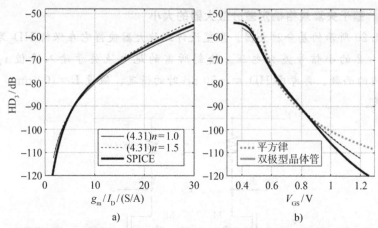

图 4.19　a)差分对中 HD_3 关于 g_m/I_D 的示意图,考虑 $n=1.5$(上方虚线)和 $n=1$(下方细实线)时的 EKV 模型⊖。粗曲线是对应的 SPICE 仿真结果($L=100$ nm,$V_{GB}=$ 1.2 V,$V_{DB}=1.2$ V,$v_{id,pk}=10$ mV)。b)与图 a 中相同数据关于 V_{GS} 的数据图示,以及对于理想平方律和双极型晶体管的两个经典教科书结果

同样有趣的是比较式(4.31)与参考文献[13]中的经典结果。对于理想的平方律器件:

$$HD_3 = \frac{1}{32}\left(\frac{v_{id,pk}}{V_{GS}-V_T}\right)^2 \tag{4.32}$$

⊖ 图 4.19 中 $n=1.5$ 时的曲线在 $n=1$ 时曲线的上方,因为式(4.31)中关于 q 的项增长速度快于 $(1/nU_T)^2$ 项[回忆式(4.22)中 n 与 q 通过 g_m/I_D 相关联]。

对于双极型晶体管：

$$\mathrm{HD}_3 = \frac{1}{48}\left(\frac{v_{\mathrm{id,pk}}}{U_\mathrm{T}}\right)^2 \tag{4.33}$$

利用来自 SPICE 的 V_T 数据(给定范围内为 0.38，$\cdots$，$0.5\ \mathrm{V}$)，式(4.32)被绘制在图 4.19b 中。可以看出平方律的结果并不能令人满意地符合电路行为。一个问题是它不能解释强反型下的迁移率衰减。另一个问题是平方律不适用于 V_{GS} 接近 V_T 的情况。图 4.19b 中粗灰色的竖直线与式(4.33)一致。这仅能用来对于一个完美的指数器件给出失真最大的可能上界($v_{\mathrm{id,pk}}=10\ \mathrm{mV}$ 时)。

另一个有趣的观察与图 4.17 所示的共源极的 HD_3 的零值有关。它没有在这里出现，因为差分对的对称性使得共源结构中不能出现零值。g_{m2} 在静态工作点取零使得 g_{m3} 不可能为零。更令人吃惊的是能在图 4.19a 但不是图 4.19b 中看到的强反型下良好地吻合。在图 4.19a 中，迁移率下降对 g_{m3} 的值的影响由于 $g_\mathrm{m}/I_\mathrm{D}$ 相应的减小而被限制在第一阶。这本质上是 x 轴的偏移，而这在关于 V_{GS} 的图 4.19b 中不会出现。这是在计算失真时使用跨导效率而非栅电压(或栅过驱动电压)的一个重要原因。

例 4.4 **基于失真规格确定差分放大器的大小**

考虑图 4.20 所示的差分放大器。期望设计此放大器使得它在保持 HD_3 为 $-60\ \mathrm{dB}$ 时达到一个 $A_\mathrm{v}=2$ 的小信号差分电压。绘制所需的尾电流关于输入峰值 $v_{\mathrm{id,pk}}$ 在 $10\sim40\ \mathrm{mV}$ 范围内的函数。再考虑 $\mathrm{HD}_3 = -70\ \mathrm{dB}$ 时的情况。假设 $L=100\ \mathrm{nm}$，并用 SPICE 仿真验证结果。

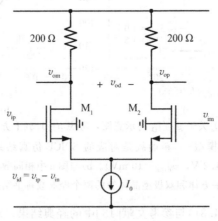

图 4.20 差分放大器

解：

首先利用

```
UT = .026;
L  = 0.1;
n  = 1/UT/max(lookup(nch,'GM_ID', 'L', L))
```

获得 n 的一个近似值。这导出了 $n=1.29$。注意，这个值是通过查找函数中默认的端电压获得的，而实际的端电压会不同。然而从图 4.19 中可以看出，并不必须准确地知道 n。

现在可以利用式(4.31)计算 q、g_m/I_D 和 I_D 的值，这给出了对于给定输入最大值时所需的 HD_3：

```
vid  = 10e-3;
HD3o = -60;
q    = logspace(-2,1,100)';
HD3  = 20*log10(1/24*1/(n*UT)^2*(1+3*q)./(2*(1+2*q).^3)*vid^2);
qo   = interp1(HD3,q,HD3o)
gmIDo = 1./(n*UT*(1+qo))
```

为计算跨导，假设 $g_m=A_v/R_L=10$ mS，这忽略了晶体管的输出电导。由于目标电压增益较小，这个假设是可以接受的。于是通过：

```
ID = gm/gmID
```

可以计算电流。现在还可以使用：

```
W = ID/lookup(nch, 'ID_W', 'GM_ID', gmID, 'L', L)
```

确定晶体管的宽度。注意，这里忽略了电压和电流密度的关系，而简单地在默认的 V_{DS} 和 V_{SB} 处计算。对于给定的输入峰值的范围和 $HD_3=-70$ dB 即可得到图 4.21 中的曲线。

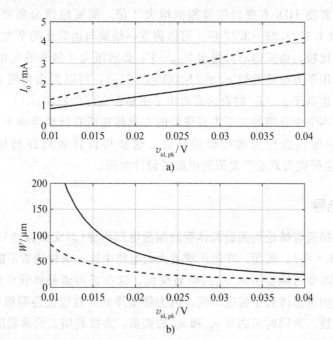

图 4.21　两种特定失真规格：$HD_3=-60$ dB(实线)和 $HD_3=-70$ dB(虚线)下关于差分
　　　　输入峰值的函数示意图
　　　　　　　a)放大器尾电流(I_0)　b)晶体管宽度(W)

为验证这些结果，对图 4.21 中的极值点使用 SPICE 仿真。仿真使用的是固定的 1 V 共模输入电压。结果总结在表 4.1 中。

表 4.1　结果比较

I_0 /mA	W /μm	$v_{id,pk}$ /mV	理论 g_m/I_D/(S/A)	SPICE g_m/I_D/(S/A)	理论 HD_3/dB	SPICE HD_3/dB
0.826	321	10	24.2	25.7	-60	-61.0
2.51	25.7	40	8.0	8.7	-60	-60.4
1.26	82.7	10	15.8	17.2	-70	-70.6
4.25	16.1	40	4.7	5.53	-70	-67.5

可以看到，即使在分析与计算大小的过程中有着大量的近似，预测与仿真的失真性能间有着紧密的吻合。最大的出入出现在最高的反型等级（最小的 g_m/I_D）时。在此处，漏极波动对失真不产生影响的假设开始变得不成立。

从例 4.4 中得出的与设计相关的结论之一是提升失真性能或者处理大的信号通常需要消耗额外的电流。为实现较小的失真，必须增大 q[见式(4.31)]，而这导致 g_m/I_D 减小。当 g_m 固定时，这意味着必须投入更大的电流。

对于需要在保持失真水平不变时 q 减小的大信号，情况是类似的。从表 4.1 中的数据中可以看出，要使 HD_3 不变时信号振幅增大 4 倍，需要电流分别变为原来的 2.51/0.826＝3.0 倍和 4.25/1.26＝3.37 倍。可以将这一结果与由简化的平方律表达式(4.32)得出的预测进行比较。由式(4.32)得出 $V_{GS}-V_T$ 必须增大 4 倍来适应增大 4 倍的信号。进一步，同样利用平方律的近似 $g_m=2I_D/(V_{GS}-V_T)$，可以得出为使 g_m 不变 I_D 需增大 4 倍。可以看出基于 g_m/I_D 的表达式得出了更贴合实际的数字。

总的来说，本节中介绍的关于失真强度的方程都在所有反型等级下有效，并能产生与 SPICE 仿真中得到的行为很相似的估计。这使得设计者可以利用简单但准确的 MATLAB 脚本去研究失真水平受限的电路的设计空间。

4.2.3　输出电导

到目前为止的所有结论均假设晶体管的漏极电压不变（即交流接地）或者至少不会显著变化（如在例 4.4 中）。然而，在电压增益大的电路中这一条件通常不能满足，且由 v_{gs} 引起的漏极电压改变可能会引起 v_{ds} 的明显变化。这在长沟道晶体管中对失真的影响很小。然而，在短沟道晶体管中情况不同，因为势垒降低等效应使得漏极电压与漏极电流间有着强的相关性。为同时考虑与 v_{gs} 和 v_{ds} 的关系，需要利用二元泰勒展开：

$$i_d = g_{m1}v_{gs} + g_{ds1}v_{ds} + \frac{1}{2}g_{m2}v_{gs}^2 + x_{11}v_{gs}v_{ds} + \frac{1}{2}g_{ds2}v_{ds}^2 + \frac{1}{6}g_{m3}v_{gs}^3 + \cdots \quad (4.34)$$

其中，

$$g_{mk} = \frac{d^k i_d}{dv_{gs}^k}$$

$$x_{pq} = \frac{d^{p+q} i_d}{dv_{gs}^p dv_{ds}^q} \tag{4.35}$$

$$g_{dsk} = \frac{d^k i_d}{dv_{ds}^k}$$

在 4.2.2 节中，只考虑了 i_d 关于栅极电压的导数（g_{m1}、g_{m2} 等）。这些项在上面的二元表达式中又出现了，由于必须加入关于漏极电压的导数（引出了 g_{ds1}，g_{ds2}，…）以及交叉导数（x_{11}，…）。

为了解这些导数的情况，可以使用这个函数⊖（blkm. m）来从查询表数据计算导数。一阶导数的结果绘制在图 4.22a 和 c 中，考虑了 V_{DS} 的 3 个值（0.3 V、0.6 V 和 0.9 V）。

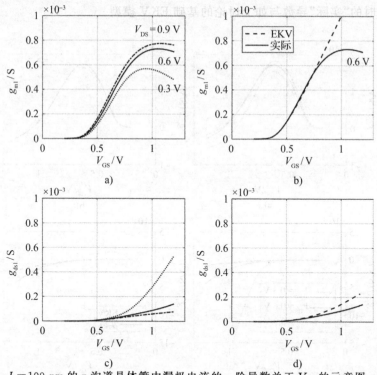

图 4.22 $L=100$ nm 的 n 沟道晶体管中漏极电流的一阶导数关于 V_{GS} 的示意图。图 4.22a
绘制了 g_{m1}，图 4.22c 绘制了 g_{ds1} 与 V_{DS} 的相关性。图 4.22b 和 d 展示了与 $V_{DS} =$
0.6 V 时的基础 EKV 模型的比较

⊖ blkm. m 函数在已知晶体管类型、L、V_{GS} 和 V_{DS} 的情况下计算漏极电流的一、二阶导数。一阶导数与关于 GM 和 GDS 的查询表数据相同。二阶导数是通过数值上微分查询表中的数据得到的（得出 g_{m2} 和 g_{ds2}，以及交叉项 x_{11}）。

在图 4.22b 和 d 中对 $V_{DS}=0.6$ V 比较了"实际的"导数与基础 EKV 模型的结果[g_{m1} 由式(4.21)得到，g_{ds1} 由式(2.42)给出]。在这些图中，可以清楚地看到在 V_{GS} 较大时迁移率下降产生的影响。在图 4.22b 和 d 中，可以看到一旦 V_{GS} 超过 0.7 V，"实际的" g_{m1} 和 g_{ds1} 与 EKV 预测迅速偏离开来。此时归一化的可动电荷密度大约为 3，g_m/I_D 大约为 7 S/A。

为了对二阶导数建立类似的比较，使用式(4.21)中的 g_{m2} 以及以下的 g_{ds2} 和 x_{11} 的解析表达式：

$$x_{11} = g_{m1} S_{IS} - g_{m2} S_{VT} \tag{4.36}$$

$$g_{ds2} = g_{ds1} S_{IS} - x_{11} S_{VT} + I_D dS_{IS} - g_{m1} dS_{VT} \tag{4.37}$$

式中，dS_{IS} 和 dS_{VT} 是式(2.37)中定义的 S_{IS} 与 S_{VT} 关于漏极电压的导数。

结果被绘制在图 4.23 中，仍然是关于 V_{DS} 的 3 种取值（0.3 V、0.6 V 和 0.9 V）并有 $V_{DS}=0.6$ V 时的"实际"导数与如上讨论的基础 EKV 模型。

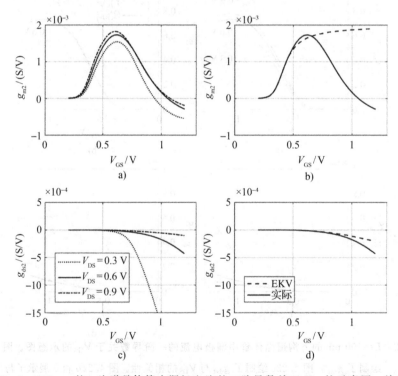

图 4.23　$L=100$ nm 的 n 沟道晶体管中漏极电流的二阶导数关于 V_{GS} 的示意图。绘制了 a) g_{m2}、c) g_{ds2} 和 e) 交叉项 x_{11} 与 V_{DS} 的相关性。图 b)、d) 和 f) 展示了各自与 $V_{DS}=$ 0.6 V 时的基础 EKV 模型的比较

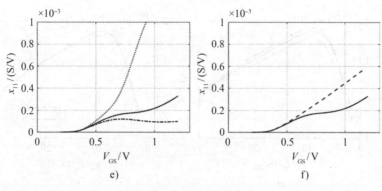

图 4.23 （续）

观察到迁移率下降对二阶导数的影响甚至强于图 4.22 中对一阶导数的影响。它的影响在 $V_{GS}=0.5\ \text{V}(q=1$ 或者 g_m/I_D 略小于 15 S/A)时就已可见。由于 EKV 模型的更高阶导数变得相当复杂（并且由于对 I_S 和 V_T 求多次导数可能也变得不准确），因此仅将比较进行到二阶导数。

作为与 g_m/I_D 建立直接联系的最后一步，将图 4.23 中的数据重新绘制在图 4.24 中，但现在以跨导效率为 x 轴。此时一个有趣的观察结果是 4.24d 中实际晶体管与基础 EKV 表达式的 g_ds2 曲线几乎完全符合。而在关于 V_{GS} 绘制的图 4.23d 中并不是这样。对此现象的解释与对图 4.19 的相同。迁移率下降对 g_ds2 数值的影响被限制在了一阶，因为 g_m/I_D 也在相应地减小，这使得 x 轴被移动，减小了在关于 V_{GS} 的数据图中见到的差异。

有了对二元泰勒展开式的处理，就可以重新分析谐振失真了。考虑一个载有电阻 R（电导 $Y=1/R$）的共源极。现在的目标是建立一个幂级数，使得 v_gs 和 v_ds 能通过下面的方程直接相关联：

$$v_\text{ds} = a_1 v_\text{gs} + a_2 v_\text{gs}^2 + a_3 v_\text{gs}^3 + \cdots \tag{4.38}$$

为确定系数，首先注意到漏极电流增量 i_d 一定等于 $-Yv_\text{ds}$。令它等于式(4.34)右端的项，并比较一次项系数就可得出

$$a_1 = -\frac{g_\text{m1}}{Y + g_\text{ds1}} \tag{4.39}$$

注意，a_1 就是电路的低频电压增益。高阶的项也可通过如下对应阶的系数对比得出：

$$a_2 = -\frac{\frac{1}{2}g_\text{m2} + x_{11}a_1 + \frac{1}{2}g_\text{ds2}a_1^2}{Y + g_\text{ds1}} \tag{4.40}$$

$$a_3 = -\frac{\frac{1}{6}g_\text{m3} + \cdots}{Y + g_\text{ds1}}$$

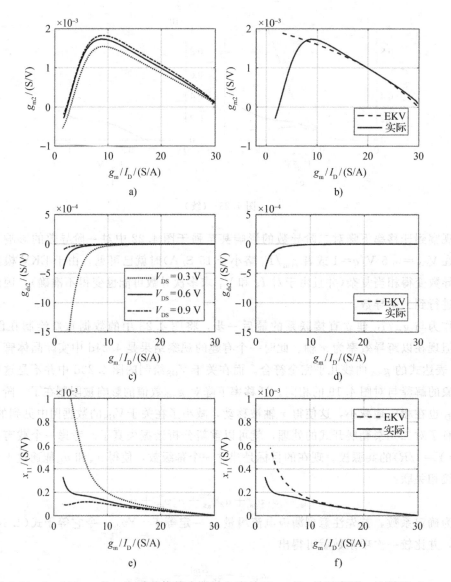

图 4.24 $L=100$ nm 的 n 沟道晶体管中漏极电流关于 g_m/I_D 的示意图。绘制了 a)g_{m2}、c)g_{ds2} 和e)交叉项 x_{11} 与 g_m/I_D 的相关性。图 b)、d) 和 f) 展示了各自与 $V_{DS}=$ 0.6 V 时的基础 EKV 模型的比较

   注意，a_2 的分子中除 g_{m2} 还出现了 g_{ds2} 和 x_{11}。这些项控制了漏极电压对二阶失真的影响，以及漏极与栅极的相互作用。从图 4.23 与图 4.24 中的数据可以预见到，不能忽略交叉导数 x_{11}，尽管它的系数仅仅为 a_1，而 g_{ds2} 为 a_1 的平方。

   因为 a_2 分子中某些项的符号是相反的(注意，a_1 为负)且 Y 控制了每一项的大小，

所以有可能找到方案使得 a_2 为零进而使 HD_2 为零。在图 4.25 中浏览这一想法，图 4.25 中展示了 R 取 100 Ω～1 MΩ 的值时 HD_2 与 g_m/I_D 的关系。以 $R=100$ kΩ 时的曲线为例。可以看到在 g_m/I_D 接近 15 S/A 时，HD_2 减小至 -90 dB 以下，这远好于图 4.17 中交流接地漏极的 -40 dB。不幸的是，在 HD_2 的波谷处工作需要对 R 做严格限制。不过，减小 20 dB 已经非常理想了，并且可能不需要必要的严格控制。接下来的例子中将会继续研究这一点。

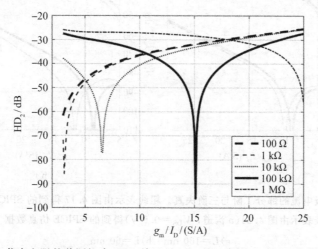

图 4.25　一个载有电阻的共源极中 HD_2 关于 g_m/I_D 的示意图。不同的曲线对应图例中所列的 R 的取值（$V_{GS}=0.6$ V，$v_{id,pk}=10$ mV，$W=1$ μm，$L=100$ nm）

注意，对于 $R=100$ Ω，HD_2 曲线的形状接近图 4.16 中的曲线（交流接地漏极）。这是因为由漏极引起的效应在 R（以及电压增益）较小时不可忽视。考察一个常见的此类特殊情形会很有趣。图 4.26 展示了一个共源极电路上堆叠了一个等体积的级联晶体管的简化模型。这使得共源极晶体管上出现了一个有限但较小的波动。

图 4.27 比较了此电路中以及漏极为交流接地时（粗线）漏极电流的 HD_2 与 HD_3。在图 4.27a 中可以看出，对于 $L=100$ nm，小幅度的漏极波动对 HD_2 和 HD_3 没有显著的影响。然而，当图 4.27b 中 $L=60$ nm 时，由于漏致势垒降低效应的影响增加［式(4.36)和式(4.37)中更大的 S_{IS} 和 S_{VT}］，差距变得显著。因此可以得出结论：在 L 不太小

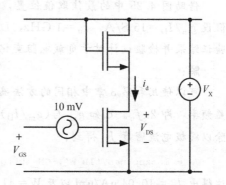

图 4.26　用来测试（小幅的）漏极波动对漏极电流（i_d）的谐波失真的影响的仿真电路。电压 V_X 被调整以使电路的工作点处 $V_{DS}=$ 0.6 V（用来与图 4.17 所示的仿真结果直接进行比较）

的电路中，漏极波动与栅极波动相差不大时，将失真模型假设为交流接地的漏极是合理的。然而，对长度很小的电路，即使漏极波动与栅极波动一样小，漏极的影响也大到无法忽略。

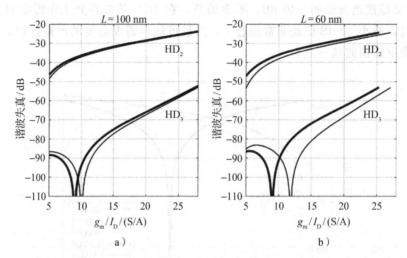

图 4.27　漏极电流的部分二阶与三阶失真。粗线表示由图 4.17 得到的 SPICE 仿真数据；
细线表示由图 4.31(n 沟道，$V_{DS}=0.6$ V)得到的 SPICE 仿真数据

a)$L=100$ nm　b)$L=60$ nm

例 4.5 确定一个低 HD_2 的载有电阻的共源极电路大小

借助图 4.25 中的最佳取值位置，设计使得 HD_2 最小的载有电阻的 n 沟道晶体管。假设 $g_m/I_D=15$ S/A，$f_u=1$ GHz，$L=60$ nm，$C_L=1$ pF，$V_{DS}=0.6$ V。在 SPICE 中验证结果并检验设计对于负载电阻变化的敏感性。

解：

可以使用和第 3 章中相同的方法确定晶体管的尺寸。跨导 g_{m1} 等于 C_L 乘以角统一增益频率，即 $2\pi f_u$。已知 g_{m1} 与 $(g_m/I_D)_1$ 后，找出漏极电流 I_D(419 μA)。宽度 W 通过 I_D 除以漏极电流密度 J_D 得到：

```
JD = lookup(nch,'ID_W','GM_ID',gm_ID,'L',L);
```

这得出 $J_D=10.04$ μA/μm 以及 $W=41.72$ μm。

输入栅极电压 V_{GS} 等于 0.4683 V，可以通过：

```
VGS = lookupVGS(nch,'GM_ID',gm_ID,'L',L);
```

计算得出。这里做了负载的电阻是完全线性的隐含假设(如果它为非线性器件，例如一个 p 沟道晶体管，那么需考虑额外的非线性项)。由于式(4.40)中 a_2 的分子是关于 a_1 的二次函数，能使 HD_2 为零的增益为

$$a_1 = \frac{-x_{11} + \sqrt{x_{11}^2 - g_{m2}\,g_{ds2}}}{g_{ds2}} \qquad (4.41)$$

已知增量 a_1 后，只需翻转式(4.39)来得到使 HD_2 为零的负载电导：

$$Y = 1/R = -\frac{g_{m1}}{a_1} - g_{ds1} \qquad (4.42)$$

为继续计算这些表达式，必须知道 g_{m1}、g_{ds1}、g_{m2}、g_{ds2} 以及 x_{11} 的值，而这 5 个参数可以通过前面介绍的 blkm.m 函数得到。得出的数值 $a_1 = -6.024$，$1/Y = 2.321$ kΩ。由于 R 为线性电阻且已经知道漏极电流，因此就知道了电压降 $I_D R$ 的值为 0.972 V。因为 V_{DS} 为定值 0.6 V，供电电压一定为 1.57 V。

为了得知对于负载电流的准确需求，将 Y 在很大的范围内变动，将其他所有参数固定，并重新计算 a_1、a_2 和部分二阶谐波失真。结果展示在图 4.28 中并与 $v_{gs,pk} = 10$ mV 时的 SPICE 仿真结果作对比。可以看出，使 HD_2 小于 -80 dB 是可能的，但需要对负载电阻有相当强的限制。

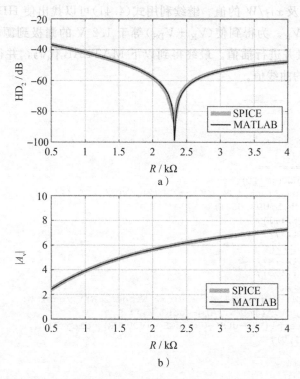

图 4.28　实际负载电阻对 a) HD_2 和 b) 电压增益的影响。实线对应由查询数据得到的二
　　　　元泰勒展开，交点代表 SPICE 仿真数据

在上面的例子中，采用第 3 章中的方法确定了晶体管的尺寸，不考虑 HD_2 为零。然

而，由于级联增益与通过负载电阻的电压降直接相关（见 3.2.2 节），它为零的情况（通过增益 a_1）会导致供电电压任意地大于 1.2 V 的额定电压 V_{DD}。由于这并不非常现实，现在考虑另一种先考虑 HD_2 为零情形的确定大小的方法。

令 $V_R = V_{DD} - V_{DS}$ 为通过负载电阻的电压降，a_1 为电压增益，以使记号与泰勒级数展开中已知。对于一个 1 μm 宽的晶体管，可以写出：

$$a_1 = -\frac{\dfrac{g_{m1}}{W}}{\dfrac{g_{ds1}}{W} + \dfrac{J_D}{V_R}} \tag{4.43}$$

虽然现在仍不知道确定泰勒级数的漏极与栅极电压，但可以对于已知的 g_m/I_D 和 L 检验任何 V_{DS} 的值的结果。对应的栅极到源极的电压为

```
VGS = lookupVGS(nch,'GM_ID',gm_ID, 'L',L);
```

利用这些 V_{GS} 和 V_{DS} 的值，可以运行 blkm.m 函数，找到 g_{m1}/W、g_{ds1}/W、J_D 以及 g_{m2}/W、g_{ds2}/W 以及 x_{11}/W 的值。继续利用式(4.41)可以找出使 HD_2 为零的 a_1。接下来从式(4.43)计算 V_R。为得到使 $(V_R + V_{DS})$ 等于 1.2 V 的漏极到源极的电压，可以将 V_{DS} 转化为一个矢量并进行插值。最终得到以下 MATLAB 代码，并得到绘制在图 4.29 中的 $L = 60$ nm 时的曲线值。

```
% 数据 ==================
VDD = 1.2;
L   = .06;
UDS = .2: .02: .64;
gm_ID = (5:20);
% 计算 ================
for k = 1:length(gm_ID),
  UGS = lookupVGS(nch,'GM_ID',gm_ID(k),'VDS',UDS,'L',L);
  y = blkm(nch,L,UDS,UGS);
  gm1_W  = y(:,:,1);
  gds1_W = y(:,:,2);
  Jd1    = y(:,:,3);
  gm2_W  = y(:,:,4);
  gds2_W = y(:,:,5);
  x11_W  = y(:,:,6);
  A1  = (x11_W - sqrt(x11_W.^2 - gm2_W.*gds2_W))./gds2_W;
  UR  = diag(Jd1./(gm1_W./A1 - gds1_W));
  z(k,:) = interp1(VDD-UDS'-UR,[UGS (VDD-UR) diag(A1)...
  diag(gm1_W)],0);
end
VDS = z(:,2);
VGS = z(:,1);
a1  = z(:,3);
```

有趣的是，图 4.29 中绘制的参数的取值适用于具有给定栅极长度的任何载有电阻的共源极。接下来的例子中将会解释如何利用这些数据来确定器件尺寸。

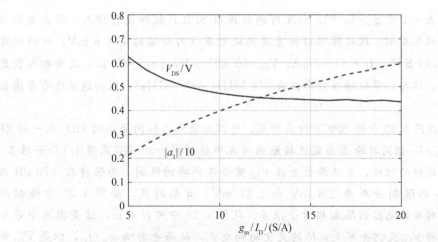

图 4.29　在一个载有电阻的共源极中使得 HD_2 为零的电压增益（除以 10）与漏极到源极电压。参数：$V_{DD}=1.2$ V，$L=60$ nm

例 4.6 **确定一个低 HD_2 且 $V_{DD}=1.2$ V 的载有电阻的共源极电路大小**

利用图 4.29 中 $V_{DD}=1.2$ V，$L=60$ nm 时的数据，重新计算例 4.5。在 g_m/I_D 的取值 5～20 S/A 时估计大小。在 SPICE 软件中验证 $g_m/I_D=15$ S/A 时的设计并寻找使得 HD_2 限制在 -70～-60 dB 的 V_{DS} 与 R。

解：

为获得 I_D，与以前一样用所需的跨导（$2\pi f_u C_L$）除以 g_m/I_D，为获得 W，则需要用 I_D 除以 J_D。得到的漏极电流、宽度和负载电阻被列在表 4.2 中。

表 4.2　使得 HD_2 为零的尺寸参数

$g_m/I_D/(S/A)$	V_{GS}/V	V_{DS}/V	$|a_1|$	$I_D/\mu A$	$W/\mu m$	$R/k\Omega$
5	0.7726	0.6233	2.13	1257	8.14	459
6	0.7218	0.5682	2.59	1047	9.30	603
7	0.6794	0.5302	3.00	898	10.81	746
8	0.6431	0.5034	3.36	785	12.71	887
9	0.6114	0.4850	3.68	698	15.06	1024
10	0.5836	0.4714	3.98	628	17.91	1160
11	0.5588	0.4615	4.24	571	21.36	1293
12	0.5366	0.4547	4.49	524	25.49	1424
13	0.5165	0.4499	4.72	483	30.43	1552
14	0.4981	0.4484	4.94	449	36.35	1675
15	**0.4813**	**0.4446**	**5.13**	**419**	**43.51**	**1803**
16	0.4656	0.4424	5.31	397	52.18	1929
17	0.4505	0.4453	5.51	370	62.73	2042
18	0.4368	0.4396	5.65	349	76.05	2178
19	0.4228	0.4430	5.84	331	92.78	2289
20	0.4099	0.4365	5.96	314	114.9	2430

现在利用表 4.2 中 $g_m/I_D=15$ S/A 时的数据用 SPICE 软件进行仿真。仿真电流与图 3.5 所示的结果类似，这使得可以将直流漏极电压设为所需的 444.6 mV。可以观察到 $g_m/I_D=14.99$ S/A，$I_D=419.7$ μA，$V_{GS}=0.481\,5$ V，$|a_1|=5.15$，这些都与预先计算的值接近。然而，单位增益频率仅为 978 MHz(而非 1 GHz)，因为这里没有考虑自负载的影响。

通过绘制在图 4.30 中的 SPICE 仿真结果，可以知道能达到的最小的 HD_2 在 −78 dB 附近，这比 g_m/I_D 相同时输出为交流接地的情况下达到的 −33 dB(见图 4.17)好很多。然而，为达到这样的性能，直流漏极电压 V_{DS} 需要很严格的限制。为保持在 −70 dB 与 −60 dB，V_{DS} 的限制分别为 ±8 mV 和 ±27 mV。有趣的是，如图 4.30 中绘制的 ±10% 曲线，对负载电阻的限制相对小很多。从图 4.29 中可以看出，这是因为中等与弱反型下最优的 V_{DS} 变化并不大。R 的变化影响电流，从而也影响 g_m/I_D，但是 V_{DS} 曲线较为平缓，因此并不需要 V_{DS} 的变化来保持低失真。

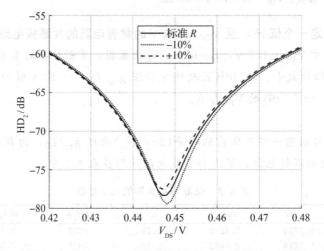

图 4.30 输入振幅为 10 mV 时 HD_2 关于 V_{DS} 的 SPICE 仿真结果，参数在表 4.2 的最后一行中($g_m/I_D=15$ S/A)。3 条曲线中一个为标准电阻值，另两个为 R 变化 ±10% 的情况

4.3　随机失配

集成电路技术最重要的特点之一在于同样地绘制(并且相近地放置)的器件匹配得很好。这启发了利用这一特性的"比例式"与对称电路设计。例子包括全差分放大器电路、电流镜以及各种用于反馈和分流或分压的电阻与电容网络。

不幸的是，虽然集成的器件匹配很好，但这绝不是完美的，而且很多情况下集成电路设计者必须关注失配导致的非理想状况。因此，有大量的文献关注这一话题（参见参考文献[16-18]及其包含的参考列表）。本节的目的是综述失配会如何影响 g_m/I_D 的选择。

当讲到失配时，很重要的一点是区分系统的与随机的影响。两个晶体管间的系统失配可能是由非对称布局或者所讨论器件周围的不同层密度造成的。这样的问题通常容易理解并且可以通过恰当的布局技术得到缓解[18]。一旦所有明显的系统失配源都已被清除，剩下的就是由线边缘粗糙和随机掺杂波动等引起的随机失配。

本节关注的是随机失配。首先回顾随机失配的模型，然后从以 g_m/I_D 为中心的角度考虑在几个通常关注的电路中随机失配的影响。

4.3.1 随机失配建模

目前为止最常见的量化随机失配的方法是通过晶体管的阈值电压（V_T）与电流放大倍数（β）的偏差。这些参数的选择最初是受平方律模型（$\beta = \mu C_{ox} W/L$）影响，但无论晶体管的电流-电压关系如何，均适用。

相对电流放大倍数失配 $\Delta\beta/\beta$ 衡量两个 MOSFET 在 V_T 和其他端电压完美匹配时漏极电流的差异程度。因此，$\Delta\beta$ 可以同化为晶体管沟道长度间的失配，因它直接线性地影响电流。相反，ΔV_T 衡量晶体管间阈值电压的差异，这通常假设为与 $\Delta\beta$ 无关。尽管 ΔV_T 在现代晶体管中是一个有些定义不明确的量，这对于失配建模来说无关紧要。可以简单地认为 ΔV_T 是电流-电压转移特性沿 V_{GS} 轴的偏移。

1989 年，Pelgrom 等人[19]证明了 $\Delta\beta/\beta$ 和 ΔV_T 的方差与器件面积成反比：

$$\sigma^2_{\Delta\beta/\beta} = \frac{A_\beta^2}{WL} \tag{4.44}$$

$$\sigma^2_{\Delta V_T} = \frac{A_{VT}^2}{WL} \tag{4.45}$$

注意，在以上表达式中，忽略了与器件间距有关的二阶项。匹配系数 A_β 和 A_{VT} 与工艺有关。65 nm 工艺中 A_{VT} 与 A_β 典型的值分别为 3.5 mV-μm 和 1%-μm。例如，对于一个栅极面积为 1 μm^2 的 n 沟道晶体管，阈值电压的标准差为 3.5 mV。随着技术的发展，A_{VT} 倾向于与有效栅极氧化层厚度成比例地改善[20]，而 A_β 几乎不受尺寸的影响，对于近期很多代都在 1%～2% 的变化范围内[17]。

近些年来，提出了对 Pelgrom 的基本失配模型的几个改进，主要是为了包括制造短沟道器件中的二阶效应。近期出现的最显著问题是阈值方差不再与 $1/L$ 成正比[21]。这是由于漏极和源极附近的微量掺杂使得支撑式(4.45)的均匀掺杂假设不再有效。在一个有微量掺杂的晶体管中，沟道的中心区域不是决定阈值的主要因素，因此延展它对阈值

的可变性没有影响。为解决这一问题,一个新的模型被提出[17]:

$$\widetilde{A}_{\Delta V_T}^2 = \frac{A_{VT}^2}{WL} + \frac{B_{VT}^2}{f(WL)} \tag{4.46}$$

其中,$f(WL)$ 仍然待确定,但有可能接近于 W 本身而与 L 无关。给模拟电路设计者的启示是他们不再应该认为长沟道的晶体管中理应有更好的匹配。一个保守的做法是在使用式(4.44)和式(4.45)时取 $L=L_{\min}$,无论使用的沟道长度如何。

4.3.2 失配在电流镜中的影响

考虑图 4.31a 中的基本电流镜电路。如果两个晶体管完全相同且 $V_{DS1}=V_{DS2}$,那么漏极电流也必然相等($I_{D1}=I_{D2}$)。任何与此不同的行为一定是由于晶体管的电路参数间的失配。

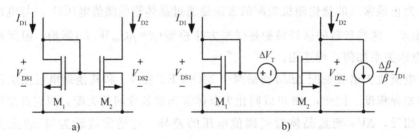

图 4.31 电流镜

a)具有匹配的晶体管的理想电路   b)考虑失配的电路模型

图 4.31b 展示了一个同时考虑了阈值电压与电流放大倍数失配的电流镜电路。输入电流 I_{D1} 假定为常数,由失配引起的误差包含在差 $I_{D2}-I_{D1}$ 中。假设漏极到源极的电压相同,那么这一差为

$$\Delta I_D = I_{D2} - I_{D1} \approx g_{m2}\Delta V_T + \frac{\Delta \beta}{\beta}I_{D1} \tag{4.47}$$

这里假设 ΔV_T 很小,从而它可以使用晶体管的小信号跨导(g_{m2})从栅极转化到漏极。因此输出电流 I_{D2} 中的误差,相对于固定的输入电流 I_{D1} 为

$$\frac{\Delta I_D}{I_{D1}} \approx \frac{g_{m2}}{I_{D1}}\Delta V_T + \frac{\Delta \beta}{\beta} \approx \frac{g_{m1}}{I_{D1}}\Delta V_T + \frac{\Delta \beta}{\beta} \tag{4.48}$$

其中最后一个近似是合理的,因为两个器件间跨导的差异较小。作为最后一步是以方差的形式表示失配,假设阈值和电流放大倍数在统计上独立:

$$\sigma_{\Delta I_D/I_{D1}}^2 \approx \left(\frac{g_{m1}}{I_{D1}}\right)^2 \sigma_{\Delta V_T}^2 + \sigma_{\Delta \beta/\beta}^2 \tag{4.49}$$

从这一结果中可以看出,g_m/I_D 在匹配性能中发挥了作用,这值得进一步研究。另

一个重要的事实是 $\Delta\beta/\beta$ 项通常可以忽略。下面通过一个例子说明这一点。

例 4.7　电流镜中的随机失配

考虑一个使用 $W/L = 50\ \mu m/60\ nm$，偏置在 $g_m/I_D = 10\ S/A$ 的 n 沟道器件的电流镜。计算由 $\Delta\beta$ 和 ΔV_T 单独引起的漏极电流失配的标准差，以及总的失配。假设 $A_{VT} = 3.5\ mV\text{-}\mu m$，$A_\beta = 1\%\text{-}\mu m$。

解：

由 ΔV_T 引起的第一个失配成分可以通过计算式(4.49)的第一项，并对所给数值使用式(4.45)得到：

$$\sigma_1 \approx 10\ \frac{S}{A} \cdot \frac{3.5\ mV}{\sqrt{50 \cdot 0.06}} = 2.02\%$$

类似地，由 $\Delta\beta$ 引起的第二个失配成分是[使用式(4.44)]

$$\sigma_2 \approx \frac{1\%}{\sqrt{50 \cdot 0.06}} = 0.58\%$$

总的失配为

$$\sigma_{\Delta I_D/I_{D1}} \approx \sqrt{\sigma_1^2 + \sigma_2^2} = 2.10\%$$

由此得出 $\Delta\beta$ 的失配在典型的电流镜中不起主要作用的结论。从上面的例子可以看出，只有在 g_m/I_D 显著降低时 $\Delta\beta$ 失配才能和 ΔV_T 的成分相当。根据上面的数值，可以看出失配分量在 $g_m/I_D = 2.5\ S/A$ 时是相当的，而这已经小到不切实际。

根据从前面的例子获得的见解，可以采用式(4.50)的方法估计电流失配的标准差，这里忽略了 $\Delta\beta$ 失配：

$$\sigma_{\Delta I_D/I_{D1}} \approx \frac{g_{m1}}{I_{D1}} \frac{A_{VT}}{\sqrt{WL}} \tag{4.50}$$

这时要问的一个自然的问题是在实际电流镜的实现中应该使用什么样的 g_m/I_D 的值。某些情况下，这一问题的回答来自与匹配无关的约束。例如，在例 4.2 中，存在使得有活跃负载器件(通常是电流镜的输出器件)的共源极的动态范围最大的 g_m/I_D 的最优值。对于失配比噪声性能更重要的情形，可以区分两种情形：①电流镜有固定的可用面积(WL)；②面积没有限制，但电流固定。首先研究前一种情况。

当器件面积固定时，从式(4.50)可以看出必须使 g_m/I_D 尽可能小。由于假定 WL 固定且 A_{VT} 为恒定的过程参数，这就是唯一可做的了。最终的 g_m/I_D 的下界通常由电压裕度限制确定，因为 V_{Dsat} 随 g_m/I_D 的减小而增大[见第 2 章，式(2.34)]。例如，图 4.32a 绘制了两种器件面积下[使用式(4.50)]电流失配的标准差关于 g_m/I_D 的示意图。在图 4.32b 中，x 轴的变量换成了 V_{GS}，这是相关文献中常见的表示[22]。完全和预期一样，从图 4.32 中看出失配关于 V_{GS} 的曲线与之前的内容中见到的 g_m/I_D 关于 V_{GS} 的曲线形状几乎一样。

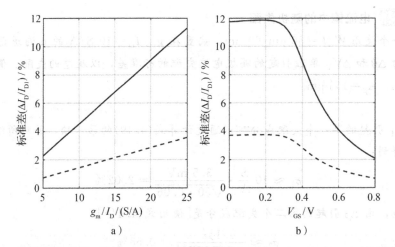

图 4.32 两种器件面积：$W/L = 10\ \mu m/60\ nm$(实线)和 $W/L = 100\ \mu m/60\ nm$(虚线)下电流

失配的标准差，假设 $A_{VT} = 3.5\ mV\text{-}\mu m$

a)失配关于 g_m/I_D 的函数　b)失配关于 V_{GS} 的函数$(V_{DS} = 0.6\ V)$

从图 4.32 中得出的结论是为实现好的匹配，电流镜中的晶体管应该在尽可能大的 V_{GS}，换言之，尽可能小的 g_m/I_D 下工作。虽然这一结论在大多数集成电路设计者心中已经根深蒂固，但重要的一点是记住这一结论是在假定器件面积一定的条件下得出的。现在考虑第二种情形，即电流一定，这对应更典型的情况。经常需要对于给定的电流设计电流镜，而不考虑器件面积(在合理的范围内)。

可以通过用式(2.32)表示 g_m/I_D 获得对恒定电流情况的一些认识，为方便起见在此处重复式(2.32)：

$$\frac{g_m}{I_D} = \frac{1}{nU_T} \frac{2}{\sqrt{1 + 4\dfrac{I_D}{I_{Ssq}}\dfrac{L}{W}} + 1} \tag{4.51}$$

现在将这一表达式代入式(4.50)，得到

$$\sigma_{\Delta I_D/I_{D1}} \approx \frac{1}{nU_T} \frac{2}{\sqrt{1 + 4\dfrac{I_D}{I_{Ssq}}\dfrac{L}{W}} + 1} \frac{A_{VT}}{\sqrt{WL}} \tag{4.52}$$

采用这个解析表达式可以在任意反型等级估算失配。为获得进一步的认识，研究强反型和弱反型的特殊情况。在弱反型下，$I_D \ll I_{Ssq}W/L$，式(4.52)化简为

$$\sigma_{\Delta I_D/I_{D1}} \approx \frac{1}{nU_T} \frac{A_{VT}}{\sqrt{WL}} \tag{4.53}$$

另外，在强反型下，$I_D \gg I_{Ssq}W/L$，又可以得到

$$\sigma_{\Delta I_D / I_{D1}} \approx \frac{1}{nU_T} \sqrt{\frac{I_D}{I_{Ssq}}} \frac{A_{VT}}{L} \tag{4.54}$$

从式(4.54)中得出的惊人结论是强反型下失配与晶体管宽度无关。改善匹配的唯一方法是使用更长的沟道。然而,由于前面讨论的微量掺杂的影响,这一方法在现代技术中也有些不奏效了。根据 4.3.1 节中提出的保守近似,可以将以上的结果细化如下:

$$\sigma_{\Delta I_D / I_{D1}} \approx \frac{1}{nU_T} \sqrt{\frac{I_D}{I_{Ssq}}} \frac{A_{VT}}{\sqrt{L \cdot L_{min}}} \tag{4.55}$$

式中,L_{min} 为最小沟道长度,并且是测量 A_{VT} 时的沟道长度。

图 4.33a 绘制了沟道长度最小且 $I_D = 100\ \mu A$ 时电流镜的失配(虚线)。虚线对应式(4.52)而实线代表实际晶体管数据。后一条曲线是通过式(4.50)生成的,g_m / I_D 的值是对 W 的每个值使用查找函数计算出的。作为参考,图 4.33b 展示了对应的 g_m / I_D[虚线为从式(4.50)得出的 EKV 预测,实线为实际晶体管数据]。

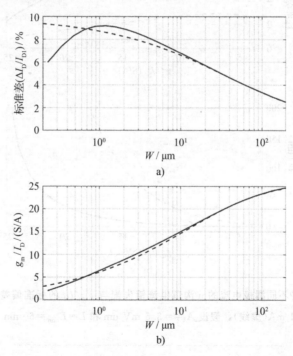

图 4.33 a) $I_D = 100\ \mu A$、$A_{VT} = 3.5\ mV\text{-}\mu m$ 和 $L = L_{min} = 60\ nm$ 条件下,n 沟道电流镜失配与器件宽度的标准偏差 b) 相应的 g_m / I_D。实线为实际晶体管,虚线为基本 EKV 模型

可以看出图 4.33a 所示的曲线在弱反型下(W 较大)符合较好,表明匹配随着 W 增加而改善,这可从式(4.53)中看出。在强反型下(W 较小),虚线趋近于一个定值[如式

(4.54)所预测]。然而,实线(实际晶体管)却在强反型下向下弯曲。这可通过迁移率下降来解释,因这可等效于式(4.52)中 I_{Ssq} 的下降。

将图 4.33 中的晶体管数据重新绘制在图 4.34 中,但以 g_m/I_D 为 x 轴,可以更直接地作为 g_m/I_D 的函数进行权衡。从图 4.34 可以看出,与面积受约束的情形(见图 4.32)不同,如果设计者可以接受额外的器件面积,那么使电流镜在中等或弱反型下工作也是可接受的。无论哪种情况,在现代的低电压设计中处理电压裕度(较小的 V_{Dsat} 要求较大的 g_m/I_D)往往是必要的。另外,与大宽度相关联的大的结电容可能成为问题,设计者需要根据具体情况进行权衡。

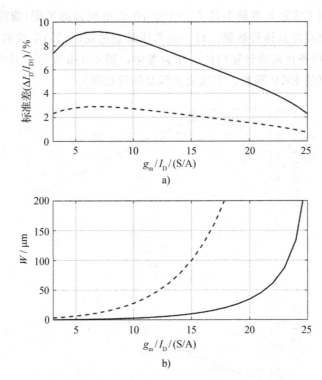

图 4.34　a) 两种不同漏极电流的 n 沟道电流镜失配与 g_m/I_D 的标准偏差——100 μA(实线)和 1 mA(虚线),假设 $A_{VT}=3.5$ mV-μm 和 $L=L_{min}=60$ nm　b)相应的器件宽度

作为最后一点,值得注意的还有一个对强反型有利的因素。如图 4.35a 所示,不仔细的布局会使得镜像器件的源极端之间出现明显的电压降(ΔV)。电流 I_{WIRE} 并不一定就是镜像电流,而可能还包含其他区块的电流。图 4.35b 展示了这一情形的一个等效模型,清楚地表明电压降通过 g_{m2} 与镜像输出相关(正如上面分析过的阈值电压失配)。为减小由 ΔV 引起的误差,应使 g_{m2} 尽可能地小。对于电流固定的情况,这意味着 g_m/I_D

也应尽可能地变小，从而要求强的反型等级。使晶体管在弱或中等反型下工作也是可能的，但这要求设计者仔细考虑潜在的 IR 降低问题。

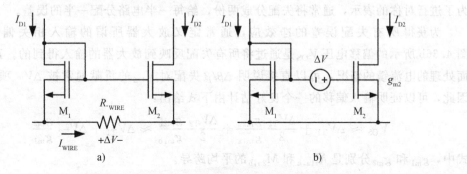

图 4.35 电流镜

a)在源极连接中存在 IR 降低的电路　b)等效的模型

4.3.3 失配在差分放大器中的影响

在一个差分放大器中，与失配相关的最重要问题是与输入相关的(随机)偏移及其温度依赖性。为分析这些影响，考虑图 4.36a 所示的基本的全差分增益级。所提出的分析可以被扩展到更复杂的结构(例如折叠式共源共栅放大器，双级放大器等)。所讨论的原理是相同的。

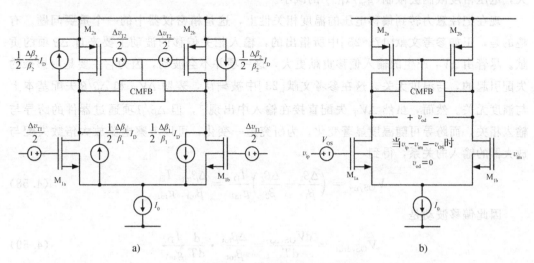

图 4.36 具有活跃负载的差分放大器

a)具有全部失配源的电路　b)具有一个输入相关的偏移电压源(V_{OS})的等效电路

电路有一个差分输入和输出，由一个共模反馈电路（CMFB）确定共模节点的输出工作点。此电路中的 n 沟道与 p 沟道对都将表现为失配，在示意图中显示为 $\Delta\beta/\beta$ 和 ΔV_{T}。为了进行对称的表示，通常将失配分成两份，给每一半电路分配一半的误差。

为获得所有失配误差的净效应，通常定义放大器所谓的输入相关偏移电压。图 4.36b 所示的偏移电压 V_{OS} 是通过将所有失配反映到放大器的输入得到的。正如在上面处理的电流镜的情况，可以直接说明 $\Delta\beta/\beta$ 失配对 V_{OS} 的贡献通常被 ΔV_{T} 项所掩盖。因此，可以证明输入偏移的一个良好估计由下式给出：

$$V_{\mathrm{OS}} \approx \Delta V_{\mathrm{T1}} + \frac{\Delta V_{\mathrm{T2}}}{2}\frac{g_{\mathrm{m2a}}}{g_{\mathrm{m1a}}} + \frac{\Delta V_{\mathrm{T2}}}{2}\frac{g_{\mathrm{m2b}}}{g_{\mathrm{m1b}}} \approx \Delta V_{\mathrm{T1}} + \Delta V_{\mathrm{T2}}\frac{g_{\mathrm{m2}}}{g_{\mathrm{m1}}} \tag{4.56}$$

式中，g_{m1} 和 g_{m2} 分别是 $M_{1\mathrm{a,b}}$ 和 $M_{2\mathrm{a,b}}$ 的平均跨导。

由于（平均的）漏极电流 I_{D1} 和 I_{D2} 相等，可以重写这一结果如下：

$$V_{\mathrm{OS}} \approx \Delta V_{\mathrm{T1}} + \Delta V_{\mathrm{T2}}\frac{\left(\frac{g_{\mathrm{m}}}{I_{\mathrm{D}}}\right)_2}{\left(\frac{g_{\mathrm{m}}}{I_{\mathrm{D}}}\right)_1} \tag{4.57}$$

和预期一样，这里看到了输入对的阈值失配直接导致了等效输入偏移。更重要的是，看到了可以通过改变 $M_{2\mathrm{a,b}}$ 和 $M_{1\mathrm{a,b}}$ 的跨导效率之比来使活跃负载器件（$M_{2\mathrm{a,b}}$）的失配贡献最小。在典型的实现中，设计者会试图使这一比率尽可能小，这通常要求 $(g_{\mathrm{m}}/I_{\mathrm{D}})_2$ 较小。这又是一个 $g_{\mathrm{m}}/I_{\mathrm{D}}$ 较小时有益的情形。然而在实际中，由于相关联的 V_{Dsat2} 的增大，电压裕度限制会限制 $(g_{\mathrm{m}}/I_{\mathrm{D}})_2$ 的减小。

现在把注意力转到偏移电压的温度相关性上，这是精密仪器中的一个重要问题。有趣的是，正如参考文献[17，23]中所指出的，输入相关偏移的波动主要来自 $\Delta\beta$ 项的贡献。尽管由 ΔV_{T} 产生的输入偏移贡献更大，这一项并不会波动，因为它主要是由掺杂的失配引起的，与温度无关。这在参考文献[23]中被确认，表明 ΔV_{T} 和 $\Delta\beta/\beta$ 失配基本上与温度无关。然而，虽然 ΔV_{T} 失配直接在输入中出现$^{\ominus}$，但 $\Delta\beta/\beta$ 项通过器件的跨导与输入相关，而跨导可随温度显著变化。为研究这一变化，可以考察电流放大倍数失配与放大器的输入的关系，得到

$$V_{\mathrm{OS},\Delta\beta} = \left(\frac{\Delta\beta_1}{\beta_1} + \frac{\Delta\beta_2}{\beta_2}\right)\frac{I_{\mathrm{D}}}{g_{\mathrm{m1}}} = \frac{\Delta\beta_{\mathrm{tot}}}{\beta_{\mathrm{tot}}}\frac{I_{\mathrm{D}}}{g_{\mathrm{m1}}} \tag{4.58}$$

因此偏移波动是

$$V_{\mathrm{OS,drift}} = \frac{\mathrm{d}V_{\mathrm{OS},\Delta\beta}}{\mathrm{d}T} = \frac{\Delta\beta_{\mathrm{tot}}}{\beta_{\mathrm{tot}}} \cdot \frac{\mathrm{d}}{\mathrm{d}T}\frac{I_{\mathrm{D}}}{g_{\mathrm{m1}}} \tag{4.59}$$

$\ominus$　严格来说，这只对输入对成立。$M_{2\mathrm{a,b}}$ 的阈值失配通过 $g_{\mathrm{m}}/I_{\mathrm{D}}$ 项的比值与输入相关[见式(4.57)]。如果输入对与负载器件在不同的反型等级下工作，$g_{\mathrm{m}}/I_{\mathrm{D}}$ 项的温度系数可能不同并导致额外的波动分量。

也就是说，波动被输入器件的 $(g_m/I_D)^{-1}$ 的温度依赖性支配。图 4.37 展示了 d/dT $(I_D/g_m)_1$ 的 SPICE 仿真，假设差分放大器使用与温度无关的偏置电流 (I_0) 工作，可以观察到温度相关性在弱反型下降低并趋向于一个定值。弱反型下的这个渐近线可以很容易地计算出来：

$$V_{OS,drift,W.I.} = \frac{\Delta\beta_{tot}}{\beta_{tot}} \cdot \frac{d}{dT}nU_T = \frac{\Delta\beta_{tot}}{\beta_{tot}}n\frac{k}{q_e} \tag{4.60}$$

式中，k 为玻耳兹曼常数；q_e 代表电子电荷量。

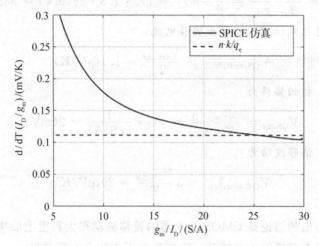

图 4.37　在 $L=100$ nm 和 $T=300$ K 条件下，恒定偏置电流的 n 沟道器件 $(g_m/I_D)^{-1}$ 的温度系数

进一步地提请注意，可以利用式(4.58)将这一结果用初始偏移表示：

$$V_{OS,drift,W.I.} = \frac{\Delta\beta_{tot}}{\beta_{tot}} \cdot \frac{nU_T}{T} = \frac{V_{OS,\Delta\beta}}{T} \tag{4.61}$$

这是一个对双级放大器的偏移波动也成立的著名结果。波动等于由 $\Delta\beta$ 产生的初始偏移除以绝对温度。

现在分析 $(g_m/I_D)^{-1}$ 的温度因数为什么在强反型下增大。在电流恒定的假设下，波动是由 g_m 的变化产生的。跨导与迁移率的 $1/b$ 次方成正比，其中对于平方律 $b=2$，对速度饱和的短沟道晶体管 $b \to 1$。迁移率本身与 T^a 成正比，其中 $a = -3 \cdots -2$。利用这一信息，可以得到

$$V_{OS,drift,S.I.} = \frac{a}{b}\frac{V_{OS,\Delta\beta}}{T} \tag{4.62}$$

与式(4.61)比较，这一结果解释了图 4.37 中观察到的导数的增加，因为 a/b 在强反型下很容易达到 3。

例 4.8　**偏移波动估计**

考虑一个 $\Delta\beta_{tot}/\beta_{tot}=1\%$ 的差分对，在 300 K 下工作。估计两种情形的预期偏移波动：①晶体管被偏置在弱反型（假设 $n=1.3$）；②晶体管被偏置在强反型（假设 $g_m/I_D=5$ S/A 且 $a/b=3$）。

解：

在弱反型下，由电流放大倍数失配引起的初始偏移由式(4.58)得出

$$V_{OS,\Delta\beta} = \frac{\Delta\beta_{tot}}{\beta_{tot}} \frac{I_D}{g_{m1}} = \frac{\Delta\beta_{tot}}{\beta_{tot}} nU_T = 1\% \cdot 1.3 \cdot 26(mV) = 338\ (\mu V)$$

现在很容易通过式(4.61)计算出偏移电流：

$$V_{OS,drift,W.I.} = \frac{V_{OS,\Delta\beta}}{T} = 1.1(\mu V/K)$$

在强反型下，初始偏移为

$$V_{OS,\Delta\beta} = \frac{\Delta\beta_{tot}}{\beta_{tot}} \frac{I_D}{g_{m1}} = 1\% \cdot \frac{1}{5(S/A)} = 2(mV)$$

由式(4.62)，偏移波动为

$$V_{OS,drift,S.I.} = 3\frac{V_{OS,\Delta\beta}}{T} = 20(\mu V/K)$$

从例 4.8 中得出的结论是 CMOS 放大器的偏移波动很大程度上取决于包含的晶体管的反型等级。如果需要低的偏移波动，在弱反型下工作会有所帮助。

4.4　本章小结

本章使用以 g_m/I_D 为中心的框架回顾了噪声、失真和失配分析的基础知识，说明了在电路设计工作中以 g_m/I_D 为变量的反型等级在量化与减小这些非理想因素中起关键作用。

在对热噪声的讨论中，说明了 g_m/I_D 与特征频率的乘积是一个有用的指标参数，它在同时重视低噪声和宽带宽的电路中决定了最优的反型等级。此外，知道了源于偏置器件的额外噪声可以通过选取恰当的 g_m/I_D 达到最小。在闪烁噪声的建模中，g_m/I_D 被用于量化闪烁噪声漏极电流功率谱密度的偏置依赖性，尽管这一影响对典型的 CMOS 工艺来说是微弱的。

对非线性失真的处理使用了第 2 章中定义的基础 EKV 方程来得到对所有反型等级成立的失真度量。这些表达式包括了归一化的反转电荷 q 和阈值斜率因数 n，而这与 g_m/I_D 直接相关。通过数值例子说明了使用提出的框架可以准确地预测共源级和差分对的谐波失真。因此，设计者可以使用 MATLAB 脚本而非全面的 SPICE 级别的仿真来在

所有反型等级中探索失真的权衡。

在对失配分析的回顾中，本章说明了 g_m/I_D 直接在量化失配的设计表达式中作为重要的参数出现。研究了电流镜和差分放大器，并给出了在这些电路中选取合适的反型等级来使失配的影响最小的方针。还说明了差分放大器中输入相关偏移的温度波动直接与 $(g_m/I_D)^{-1}$ 的温度特性相关。

4.5 参考文献

[1]   P. R. Gray, P. Hurst, S. H. Lewis, and R. G. Meyer, *Analysis and Design of Analog Integrated Circuits*, 5th ed. Wiley, 2009.

[2]   A. J. Scholten, L. F. Tiemeijer, R. van Langevelde, R. J. Havens, A. T. A. Zegers-van Duijnhoven, and V. C. Venezia, "Noise Modeling for RF CMOS Circuit Simulation," *IEEE Trans. Electron Devices*, vol. 50, no. 3, pp. 618–632, Mar. 2003.

[3]   G. D. J. Smit, A. J. Scholten, R. M. T. Pijper, R. van Langevelde, L. F. Tiemeijer, and D. B. M. Klaassen, "Experimental Demonstration and Modeling of Excess RF Noise in Sub-100-nm CMOS Technologies," *IEEE Electron Device Lett.*, vol. 31, no. 8, pp. 884–886, Aug. 2010.

[4]   A. Shameli and P. Heydari, "A Novel Power Optimization Technique for Ultra-Low Power RFICs," *Proc. International Symposium on Low Power Electronics and Desgin (ISLPED)*, 2006, pp. 274-279.

[5]   A. Mangla, C. C. Enz, and J.-M. Sallese, "Figure-of-Merit for Optimizing the Current-Efficiency of Low-Power RF Circuits," Proc. International Conference on Mixed Design of Integrated Circuits and Systems (MIXDES), 2011, pp.85-89.

[6]   G. Gildenblat, X. Li, W. Wu, H. Wang, A. Jha, R. Van Langevelde, G. D. J. Smit, A. J. Scholten, and D. B. M. Klaassen, "PSP: An Advanced Surface-Potential-Based MOSFET Model for Circuit Simulation," *IEEE Trans. Electron Devices*, vol. 53, no. 9, pp. 1979–1993, Sep. 2006.

[7]   T. Boutchacha, G. Ghibaudo, and B. Belmekki, "Study of Low Frequency Noise in the 0.18 μm Silicon CMOS Transistors," in *Proc. International Conference on Microelectronic Test Structures*, 1999, pp. 84–88.

[8]   C. C. Enz and E. A. Vittoz, *Charge-Based MOS Transistor Modeling: The EKV Model for Low-Power and RF IC Design*. John Wiley & Sons, 2006.

[9]   K. K. Hung, P. K. Ko, C. Hu, and Y. C. Cheng, "A Unified Model for the Flicker Noise in Metal-Oxide-Semiconductor Field-Effect Transistors," *IEEE Trans. Electron Devices*, vol. 37, no. 3, pp. 654–665, Mar. 1990.

[10] C. C. Enz and G. C. Temes, "Circuit Techniques for Reducing the Effects of Op-amp Imperfections: Autozeroing, Correlated Double Sampling, and Chopper Stabilization," *Proc. IEEE*, vol. 84, no. 11, pp. 1584–1614, 1996.

[11] R. H. Dennard, F. H. Gaensslen, V. L. Rideout, E. Bassous, and A. R. LeBlanc, "Design of Ion-Implanted MOSFET's with Very Small Physical Dimensions," *IEEE J. Solid-State Circuits*, vol. 9, no. 5, pp. 256–268, Oct. 1974.

[12] M. J. Knitel, P. H. Woerlee, A. J. Scholten, and A. Zegers-Van Duijnhoven, "Impact of Process Scaling on 1/f Noise in Advanced CMOS Technologies," in *Proc. IEDM*, 2000, pp. 463–466.

[13] W. Sansen, "Distortion in Elementary Transistor Circuits," *IEEE Trans. Circuits Syst. II*, vol. 46, no. 3, pp. 315–325, Mar. 1999.

[14] B. Toole, C. Plett, and M. Cloutier, "RF Circuit Implications of Moderate Inversion Enhanced Linear Region in MOSFETs," *IEEE Trans. Circuits Syst. I*, vol. 51, no. 2, pp. 319–328, Feb. 2004.

[15] S. C. Blaakmeer, E. A. Klumpetink, D. M. W. Leenaerts, and B. Nauta, "Wideband Balun-LNA with Simultaneous Output Balancing, Noise-Cancelating and Distortion-Canceling," *IEEE J. Solid-State Circuits*, vol. 43, no. 6, pp. 1341–1350, 2008.

[16] P. R. Kinget, "Device Mismatch and Tradeoffs in the Design of Analog Circuits," *IEEE J. Solid-State Circuits*, vol. 40, no. 6, pp. 1212–1224, June 2005.

[17] M. Pelgrom, H. Tuinhout, and M. Vertregt, "A Designer's View on Mismatch," in *Nyquist AD Converters, Sensor Interfaces, and Robustness*, A. H. M. van Roermund, A. Baschirotto, and M. Steyaert, Eds. Springer, 2013, pp. 245–267.

[18] A. Hastings, *The Art of Analog Layout*, 2nd ed. Prentice Hall, 2005.

[19] M. J. M. Pelgrom, A. C. J. Duinmaijer, and A. P. G. Welbers, "Matching properties of MOS transistors," *IEEE J. Solid-State Circuits*, vol. 24, no. 5, pp. 1433–1439, Oct. 1989.

[20] M. J. M. Pelgrom, H. P. Tuinhout, and M. Vertregt, "Transistor Matching in Analog CMOS Applications," in *IEDM Tech. Digest*, 1998, pp. 915–918.

[21] C. M. Mezzomo, A. Bajolet, A. Cathignol, R. Di Frenza, and G. Ghibaudo, "Characterization and Modeling of Transistor Variability in Advanced CMOS Technologies," *IEEE Trans. Electron Devices*, vol. 58, no. 8, pp. 2235–2248, Aug. 2011.

[22] Tony Chan Carusone, D. A. Johns, and K. W. Martin, *Analog Integrated Circuit Design*, 2nd ed. Wiley, 2011.

[23] P. Andricciola and H. P. Tuinhout, "The Temperature Dependence of Mismatch in Deep-Submicrometer Bulk MOSFETs," *IEEE Electron Device Lett.*, vol. 30, no. 6, pp. 690–692, June 2009.

电路应用实例 I

本章内容应用前面的各章中介绍的概念,采用系统化的方式设计实际电路。本章从用于偏置电流的产生和分配的基本辅助电路的设计开始,然后转向涉及 A 类放大器级的更复杂的例子。本章还特别介绍低压降稳压器(LDO)、射频低噪声放大器和电荷放大器的设计。本章介绍工艺角感知设计的考虑因素和可能的设计流程,以及重新研究电荷放大器的例子来说明所建议的方法。

5.1　恒定跨导偏置电路

图 5.1 中展示的电路被普遍用于一种偏置电流发生器[1]。这种电路的最重要的优点是不论工艺和温度,M_2 的跨导都近似保持恒定。这个电路通常用于偏置放大器电路,例如图 5.1 的右侧部分的差分级。如果 $M_{6a,b}$ 遵循和 M_2 同样的"物理"(相似的反型等级和沟道长度),那么它们的跨导在不同温度和工艺下也将保持稳定。

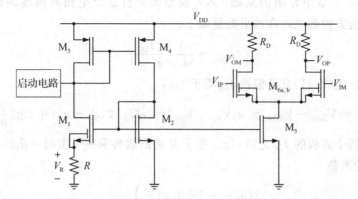

图 5.1　自偏置恒定 g_m 的电流发生器($M_1 \sim M_4$)。作为例子,这个电路被用于偏置一个差分对放大器($M_5 \sim M_{6a,b}$)。为简单起见,所需的启动电路的细节已经被省略

这个电路的核心部分由两个自偏置电流镜 $M_1 \sim M_2$ 和 $M_3 \sim M_4$ 组成。尽管上电流镜

的输入和输出电流是线性相关的,但下电流镜并非如此(见图 5.2)。在电路的启动阶段(小电流),下电流镜的输出电流(I_{D1})大于输入电流,因为 R 上的电压降仍然可以忽略,且 W_1 大于 W_2。因此上电流镜使更多的电流进入下电流镜,这反过来又增加了输出电流,以此类推。与此同时,由于 R 上的电压降在逐渐变大,下电流镜的电流增益开始下降,直到 I_{D1} 和 I_{D2} 达到平衡(见图 5.2 中的圆)。我们需要参考文献[2]中讨论的启动电路来启动这个机制。

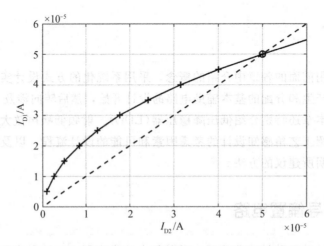

图 5.2　下电流镜的输入电流和输出电流之间的非线性关系

接下来将讲到,电流平衡点由 R 与 M_1 和 M_2 的宽度比决定。一旦自偏置完成,除了漏极-源极电压的变化会引起的微小变化,电流基本上是恒定的。

现在使用第 2 章中介绍的基础 EKV 模型来分析这个电路对温度的依赖性。从式(2.29)开始,为方便起见,在这里重复如下:

$$g_{m2} = \frac{1}{nU_T} \frac{I_{D2}}{q_2 + 1} \tag{5.1}$$

根据式(2.23)、式(2.21)并且假设 I_{D2} 等于 I_{D1}:

$$RI_{D2} = V_{GS2} - V_{GS1} = n(V_{p2} - V_{p1}) = nU_T\left[2(q_2 - q_1) + \log\left(\frac{q_2}{q_1}\right)\right] \tag{5.2}$$

消掉上面两个方程的 I_{D2} 之后,g_{m2} 等于 R 的倒数再乘一个由归一化的移动电荷密度 q_1 和 q_2 决定的因数:

$$g_{m2} = \frac{1}{R} \frac{2(q_2 - q_1) + \log\left(\frac{q_2}{q_1}\right)}{1 + q_2} = \frac{1}{R}F(q_1, q_2) \tag{5.3}$$

因此,g_{m2} 对温度的依赖性由 R 和晶体管的反型等级共同决定。R 可以是外部的精密电阻,在这种情况下,g_{m2} 会非常稳定,在下面看到稳定性这个特点。如果 R 是片上电阻,那么变化量仍可能是十分微小的,尤其是当使用掺杂多晶硅电阻时。

为了更进一步地了解因数 F 对于温度的依赖性,首先设定当 I_{D1} 等于 I_{D2},可以写出:

$$\frac{W_1}{W_2} = \frac{q_2^2 + q_2}{q_1^2 + q_1} \tag{5.4}$$

式(5.4)由式(2.22)式(2.16)得到,且假设器件的阈值电压相等。在电路中,这种相等是通过把 M_2 放置在一个单独的阱中($V_{SB2}=0$)来实现的。现在考虑两种极限情况:弱反型和强反型。在深度弱反型中,q_1 和 q_2 是非常小的,因此由式(5.3)和式(5.4)可以导出:

$$g_{m2} = \frac{1}{R} \log\left(\frac{q_2}{q_1}\right) = \frac{1}{R} \log\left(\frac{W_1}{W_2}\right) \tag{5.5}$$

另外,q_1 和 q_2 在强反型中很大,因此可以发现:

$$g_{m2} = \frac{1}{R} \frac{2(q_2 - q_1)}{q_2} = \frac{2}{R}\left(1 - \sqrt{\frac{W_2}{W_1}}\right) \tag{5.6}$$

不管晶体管是弱反型还是强反型,都可以发现这两个表达式仅取决于 M_1 和 M_2 的宽度比以及 R 的值。在这两种极限情况之间,行为是由因数 F 来控制的。消掉式(5.3)和式(5.4)中的 q_1,并通过式(5.1)将 F 与 M_2 的跨导效率联系起来之后,可以构建出图 5.3 中的曲线。这些曲线显示了不同宽度比下这一趋势与归一化跨导效率 ρ 的关系。曲线左侧的星号对应于式(5.6),而曲线右侧的圆对应式(5.5)的情况。

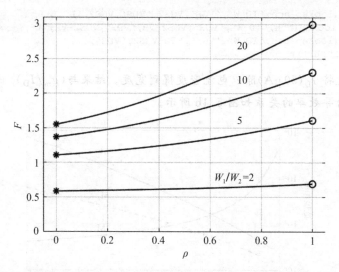

图 5.3　式(5.3)中因数 F 关于归一化的跨导效率 ρ 的变化。如标注,W_1/W_2 分别对应于 2、5、10 和 20。星号和圆圈分别对应于式(5.6)和式(5.5)的情况

如果图 5.1 中的差分对的负载电阻 R_D 由和 R 相同的材料制成，那么即使 R 和 R_D 的大小变化，放大器的电压增益也会稳定。在弱反型条件下有：

$$g_{m6}R_D = \frac{W_5}{W_2}\frac{R_D}{R}\ln\left(\frac{W_1}{W_2}\right) \tag{5.7}$$

在强反型中，会有一个类似的结果。需要注意的是，$M_{6a,b}$ 和 M_2 需要在相似的条件下工作，这就意味着 $M_{6a,b}$ 和 M_2 的沟道长度必须相同才能使这一结果成立。另外，由于 M_5 和 M_2 形成一个电流镜，因此 M_5 的栅极长度也必须和 M_2 的栅极长度相等。

例 5.1 **恒定跨导偏置电路的尺寸**

设计一个恒定 g_m 偏置电路，其中电流 I_{D1} 和 I_{D2} 等于 50 μA。假设 $V_{DD} = 1.2\,V$、$V_R = 0.1\,V$ 且所有的 $L = 0.5\,\mu m$。计算（通过 SPICE 仿真）该设计对于温度和 V_{DD} 变化的敏感度。注意，栅极长度的选择对应于一个低速的设计。

解：

为了使电路尽可能地平衡，假设 p 沟道电流镜晶体管不仅有相同的宽度 $W_3 = W_4$，而且有相同的漏极-源极电压。因此，二极管连接的晶体管 M_2 和 M_3 的电压降之和等于电源电压。这个结果是可以被接受的，在设计中设定 V_{DD} 等于 1.2 V。

首先考虑 n 沟道电流镜，将二极管连接的晶体管 M_2 的跨导效率从强反型扫描到弱反型中。然后计算相应的栅极-源极电压 V_{GS2}，并计算 M_2、M_1 和 M_3 的电流密度 J_{D2}、J_{D1} 和 J_{D3}：

```
JD2 = diag(lookup(nch,'ID_W','VGS',VGS2,'VDS',VGS2,'L',L));
JD1 = diag(lookup(nch,'ID_W','VGS',VGS2-VR,'VDS',VGS2-VR,'L',L));
JD3 = diag(lookup(pch,'ID_W','VGS',VDD-VGS2,'VDS',...
VDD-VGS2,'L',L));
```

接下来通过将 I_D（50 μA）除以电流密度得到宽度。结果与 $(g_m/I_D)_2$ 的关系如图 5.4a 所示，与其他跨导效率的关系如图 5.4b 所示。

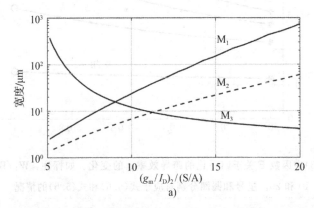

图 5.4　电流参考电路的宽度和跨导效率关于 M_2 的 g_m/I_D 的示意图。额定电流设置为 50 μA

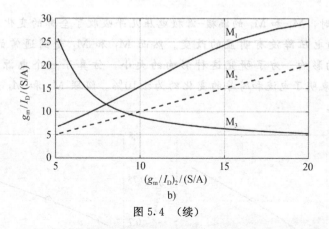

b)

图 5.4 （续）

可以看出，尽管电流大小几乎没有发生改变，宽度和跨导效率的变化范围相对较大。以 $W_2 = 15\ \mu\mathrm{m}$ 为例，可以看到，$W_1 = 82.59\ \mu\mathrm{m}$ 而 $W_3 = 6.99\ \mu\mathrm{m}$。当 M_2 处于中等反型时(13.29 S/A)，M_1 接近弱反型(21.59 S/A)，而 M_3 接近强反型(6.86 S/A)。

用 SPICE 仿真结果显示了当温度从 -40℃ 到 125℃ 扫描时 I_{D2} 和 g_{m2} 的变化，如图 5.5 所示。额定温度下仿真的电流 I_{D2} 是 50.6 μA，与设计值很接近。当温度变化时，跨导 g_{m2} 保持 $+0.5\% \sim -0.8\%$ 的严格限度内。这和电流形成了鲜明的对比，电流大约从 -20% 变化到 30%。

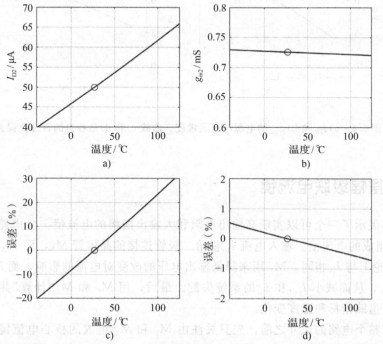

图 5.5 仿真得到的 a) I_{D2} 和 b) g_{m2} 的温度灵敏度，曲线 c)和 d)显示各自的百分比误差

当 V_{DD} 改变时，M_1 和 M_4 的漏极-源极电压几乎吸收了全部的变化，因为二极管连接的晶体管上的电压降没有明显的改变。然而 M_1 和 M_4 受到通常的漏极诱导效应（DIBL，CLM）的影响。为了研究这种影响的大小，仿真了一个电源变化下的电路。图 5.6 中的结果表明了电流和跨导的变化约为 $\pm 10\%$。级联 M_1 和 M_4 是降低对 V_{DD} 依赖性的一种方法。

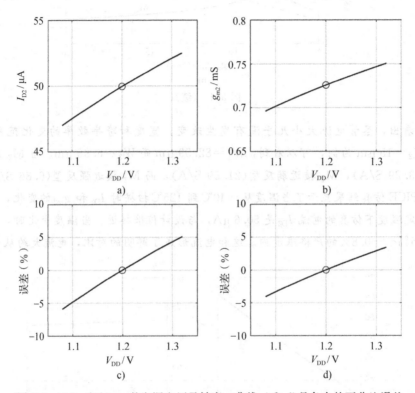

图 5.6　a) I_{D2} 和 b) g_{m2} 的电源电压灵敏度。曲线 c) 和 d) 是各自的百分比误差

5.2　高摆幅级联电流镜

图 5.7 展示了一个可以实现高输出电阻和大输出摆幅的电流镜[3]。电路的核心是由 M_1 和 M_3 组成的电流镜。输入电流 I_{in} 供给二极管连接的晶体管 M_1，而 M_3 提供输出电流 I_{out}，理论上与 I_{in} 相同。M_4 用来降低输出电压的改变对电流的影响，而 M_2 用于均衡 V_{DS3} 和 V_{DS4}，从而减小 I_{out} 和 I_{in} 的系统失配。最后，用 M_6 和 M_7 "计算" 共源共栅偏置电压，以便追踪指标和温度变化。

在研究整个电路的尺寸之前，先只关注由 M_1 和 M_3 组成的核心电流镜。如果没有 M_4，输出电流将随着输出电压的变化有显著的变化。为感受一下，假设 M_1 和 M_3 是在

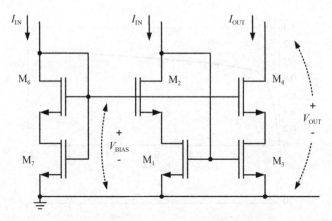

图 5.7　共源共栅电流镜($M_1 \sim M_4$)与高摆幅偏置电路($M_6 \sim M_7$)

中等反型，其中$(g_m/I_D)_1 = 20 \text{ S/A}$，且栅极长度等于 0.5 μm。二极管连接的晶体管 M_1 的栅极-源极电压可以通过如下得到：

```
VGS1 = lookupVGS(nch,'GM_ID',gmID1,'L',L);
VGS1 = lookupVGS(nch,'GM_ID',gmID1,'VDS',VGS1,'L',L);
```

注意，V_{GS1} 的计算分两步完成，因为预先并不知道漏极电压。从默认值 0.6 V 开始，然后利用所获得的估计值进行一次迭代。整个过程不需要进行额外的迭代，因为栅极-源极电压仅仅是 V_{DS} 的一个弱函数。可以得到 M_1 的栅极-源极电压等于 0.4380 V，下面计算漏极电流密度 J_{D1}：

```
JD1 = lookup(nch,'ID_W','VGS',VGS1,'VDS',VDS1,'L',L);
```

假设输入电流 I_{in} 等于 100 μA。将 I_{in} 除以 J_{D1}，可以得到 $W_1 = 121 \text{ μm}$。对 M_3 使用相同的器件宽度，并且把 I_{D3} 看作输出电压 $V_{OUT} = V_{DS3}$ 的一个函数：

```
ID3 = W1*lookup(nch,'ID_W','VGS',VGS1,'VDS',VDS3,'L',L);
```

图 5.8a 显示了输出电压从 0 V 变化到 1.2 V 时的电流。可以看到在漏极饱和电压 V_{Dsat1}［由式(2.34)可知，等于 0.1 V］以下，电流下降很快。而在超过此电压后，电流关于参考值的变化大约 $\pm 10\%$。当输出电压等于 V_{GS1} 时，输出电流等于 I_{in}（用一个圆圈标记）。

在图 5.8b 中，可以看到当电压从 0.2 V 变化到 1.2 V 时，输出电阻从 $20 \text{ k}\Omega$ 增长到了 $80 \text{ k}\Omega$。如果把电流密度 J_{D1} 除以归一化输出电导 g_{ds1}/W，就会得到欧拉电压 V_{EA1}，如 2.3.6 节中所定义：

```
gds1 = lookup(nch,'GDS_W','VGS',VGS1,'VDS',VDS1,'L',L);
VEA1 = JD1./gds1
```

于是就可以得到 $V_{EA1} = 4.19 \text{ V}$。对于许多实际电路来说，这个值并不够大。添加共源共栅器件 M_4，如图 5.7 所示，是增大输出电阻的最有效方法。然而，由于 M_3 和 M_4

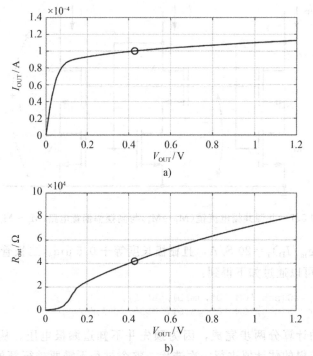

图 5.8　在没有级联的情况下，输出电阻的示意图。当 V_{OUT} 和 V_{GS1} 相等时（在圆圈处），
输入和输出电流等于 100 μA

a)漏极电流　b)双晶体管电流镜 M_1 与 M_3

的串联堆叠，付出的代价是顺从电压[⊖]的增加。为了实现尽可能大的输出摆幅（尽可能小的顺从电压），必须减小 M_3 和 M_4 上的电压降。因此需要尽可能地降低 M_4 的栅极电压，同时保证 M_3 保持饱和。现在由 V_{OUT} 引起的 M_3 的漏极电压偏移量远小于非级联电流镜中的漏极电压偏移。

为了完成这个电路，引入 M_2 来平衡 M_1 和 M_3 的漏极-源极电压。像之前提到的那样，这样做减小了电流镜比值的系统误差。有了这个辅助电路之后，可以建立 $M_1 \sim M_4$ 的尺寸的调整过程，以同时达到两个目标：高输出电阻和尽可能小的顺从电压。

5.2.1　调整电流镜器件的大小

在接下来的尺寸调整中，为了简单起见，假设沟道较长，对所有的器件都有 $L =$ 500 nm。需要注意的是，可用的栅极长度有时候会受到频率响应考虑因素的限制，如同第 3 章中讨论的那样。此外，采用和上面相同的输出电流（100 μA）并保持 M_1 和 M_3 的

⊖　顺从电压是在电流镜的输出电阻开始急剧下降之前输出端可以接受的最低电压。

跨导效率相同(20 S/A)。

为了实现尽可能小的顺从电压，V_{DS3} 和 V_{DS1} 必须接近漏极饱和电压。在被选定的 g_m/I_D(20 S/A)的情况下，V_{DS1} 等于 100 mV。然而，实际中，最好将 M_1 的漏极电压设置成稍大于这个值。这样做的原因可以从图 5.8b 中找到，它表明了 M_3 的输出电阻在它的 V_{Dsat} 附近急剧变化。因此，在下面的研究中，认为 V_{DS1} 等于 V_{Dsat} 加上一个小的边际值 V_X：

```
VDS1 = 2./gmID1 + Vx;
```

假设 V_X 等于 0 mV、50 mV 和 100 mV，现在研究对应的电流镜核心(M_1 和 M_3)的输出电阻和整个电路的总输出电阻。首先计算电流镜核心的欧拉电压(V_{EA1})：

```
VGS1 = lookupVGS(nch,'GM_ID',gmID1,'VDS',VDS1,'L',L);
VEA1 = lookup(nch,'ID_GDS','VGS',VGS1,'VDS',VDS1,'L',L);
```

当 V_X 等于 0 时，欧拉电压仅为 0.556 V，输出电阻为 0.556 V/100 μA=5.56 kΩ。当 V_X 被设为 50 mV 或 100 mV 时，欧拉电压分别提升至 1.733 V 或 2.285 V。尽管 V_X 等于 100 mV 时较大的欧拉电压似乎很有吸引力，但这里得出的结论是 V_X=50 mV 时更好，因为此时 M_3 的电压降仅仅有 150 mV。

所需的栅极偏置电压 V_{BIAS}(见图 5.7)是 V_{GS2} 和 V_{DS1} 之和。为了得到 V_{GS2}，可以进行插值来找到使得 J_{D1} 等于 J_{D2} 的设计点(因为 $I_{D1}=I_{D2}$，且希望保持 $W_1=W_2$)。插值是在增加到 V_{GS1} 上的一个较小搜索范围(S)内完成的，并且已知 V_{GS1} 稍小于 V_{GS2}。

```
JD1  = lookup(nch,'ID_W','VGS',VGS1,'VDS',VDS1,'L',L);
S    = .001*(0:50);
JD2  = lookup(nch,'ID_W','VGS',UGS1+S,'VDS',...
VGS1-VDS1,'VSB',VDS1,'L',L);
VGS2 = interp1(JD2/JD1,VGS1+S,1);
VBIAS = VDS1 + VGS2;
```

最后，将 I_{in} 除以 J_{D1} 来得到 4 个晶体管的宽度：

```
W = Iin/JD1;
```

表 5.1 总结了设计参数的结果，同时考虑 3 种可能的边际值。

表 5.1 电流镜的参数作为边际值 V_X 的函数

V_X/mV	0	50	100
V_{DS1}/mV	100	150	200
V_{GS1}/mV	427	430	430
V_{BIAS}/mV	538	602	662
W/μm	146.2	131.4	128.0

现在计算 4 个晶体管电路的欧拉电压 V_{EA}。当电流镜的输入电压和输出电压相等时，只需要将电流镜核心的欧拉电压(V_{EA1})和共源共栅级增益(A_4)相乘：

$$A_4 = \frac{\dfrac{g_{m4}}{I_D} + \dfrac{g_{mb4}}{I_D} + \dfrac{g_{ds4}}{I_D} + \dfrac{1}{V_{EA1}}}{\dfrac{g_{ds4}}{I_D}} \tag{5.8}$$

从这里开始，可通过将全局欧拉电压(V_{EA})除以电流来得到总输出电阻 R_{out}，从而得到表 5.2 中的数据。考虑到电流镜核心的微小的输出电阻，边际值为 0 显然代表了最差的选择。$V_X = 50$ mV 的选择代表了在顺从电压和输出电阻之间的一个较好的折中方案。

表 5.2　3 个考虑的边际值 V_X 下双晶体管核心(V_{EA1})和四晶体管电路(V_{EA})的欧拉电压

V_X/mV	0	50	100
V_{EA1}/V	0.5559	1.7286	2.2846
A_4	87.25	71.31	59.95
V_{EA}/V	48.51	123.26	136.97
R_{out}/MΩ	0.49	1.23	1.37

5.2.2　对共源共栅偏置电路进行尺寸设计

确定 M_2 和 M_4 的栅极电位的偏置电压 V_{BIAS} 是由 M_6 和 M_7 形成的二极管连接堆栈所确定的(见图 5.7)。尽管单个晶体管可以实现这一功能，但由于当 M_6 是 M_2 的复制品时的匹配更好[2]，因此分割成两个串联的器件更可取。M_6 和 M_2 的漏极电压不同的情况导致了较小(且可以忽略)的源极电压差。这里要计算的最后一个参数是 M_7 的宽度，它在三极管区域中运行。为了得到 W_7，可以计算电流密度：

```
JD7 = lookup(nch,'ID_W','VGS',Vbias,'VDS',VDS1,'L',L);
```

接下来可以通过比值 I_{IN}/J_{D7} 计算宽度。表 5.3 列出了考虑的 3 种边际值下的 W_7。

表 5.3　M_7 的宽度和边际值 V_X 之间的关系

V_X/V	0	50	100
W_7/μm	29.02	13.78	8.13

图 5.9a 中的实线显示了 SPICE 仿真的输出电流与 V_{OUT} 之间的关系。电流已关于 0.6 V 输出电压时的值进行了归一化。当边际值 V_X 为 50 mV 或更大时，输出电流在 V_{OUT} 处于 0.3~1.2 V 范围内时的变化小于 0.2%。边际值为零的曲线和其他两条曲线相差很多的事实证实了 V_{DS1} 不应该小于 $V_{Dsat1} + 50$ mV 的典型准则[3]。100 mV 的边际值所提供的改进并不值得追求，因为顺从电压也会相应增加。

图 5.9b 展示了仿真得到的输出电阻值，并显示出所有的裕度下的类似趋势。当 V_X 为 50 mV 或更大时，和边际值为零的情况相比，R_{OUT} 增加了 3 倍到接近 4 倍。当 V_{OUT} 等于 V_{GS1}(0.43 V)时，结果和表 5.2 中预测的电阻一致。

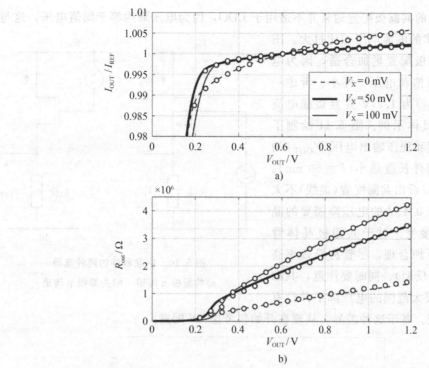

图 5.9　边际值分别为 0 mV、50 mV 和 100 mV 的情况下，输出电阻的示意图。输出电流
关于 $V_{OUT} = 0.6$ V 时的值（I_{REF}）进行归一化。圆圈代表分析预测值，实线来自
SPICE 仿真

a）漏极电流　b）四晶体管电流镜

图 5.9 中的圆圈表示的是分析得到的电流和输出电阻。为得到这些点，可以计算输出电压 V_{OUT} 对于 M_3 的漏极电压的影响，并计算输出电流的实际变化量。和之前一样，通过进行插值使 M_3 和 M_4 的电流密度相等的方法来进行计算。

上述例子的一个关键点是跨导效率加上边际值（V_X）控制了整个尺寸设计过程。无论电流如何，顺从电压通过选择 g_m/I_D 来确定。宽度由目标电流和选定的 g_m/I_D 条件下的器件电流密度决定。

5.3　低压降稳压器

无论何时，当一个器件或子电路需要一个主电源且是被良好控制的电源时，应该使用稳压器。通过将器件串联或将负载与一个分流晶体管并联，可以降低电压。稳压器的目标不仅是将输出电压保持在一个明确的值附近，还要保护输出不被主电源上的任何噪声所影响。这里面临的挑战是使电压降（串联晶体管上的电压降）尽可能小，从而产生了低压降稳压器（LDO）的概念。

图 5.10a 中的共漏极配置通常并不适用于 LDO，因为电压降约等于阈值电压，这与现代 CMOS 技术的电源电压相比过大。图 5.10b 中的共源极配置更加合适，因为电压降可以和漏极饱和电压一样小。考虑一个电源电压(V_{DD})为 1.2 V 并且负载电流 $I_D=10$ mA 的具体示例。图 5.11 绘制了所需的器件宽度和稳压输出电压(V_{OUT})的关系，并假设器件长度最小($L=60$ nm)。从图 5.11 中可以看出共漏配置(虚线)不太实用，因为低于 0.4 V 的电压降需要的晶体管大小难以接受。对于共源极晶体管(实线)，宽度更加合理，尽管跨导效率高达 15 S/A(中等反型)。同时要注意，共源器件的宽度在较大范围的电压降下并没有

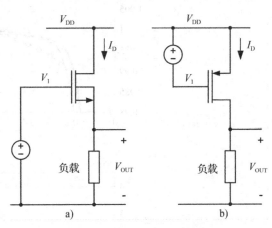

图 5.10 串联器件的两种选择
a)共漏极 n 沟道　b)共源极 p 沟道

发生较大的改变。基于这种差异，从现在开始仅考虑 CS 配置。

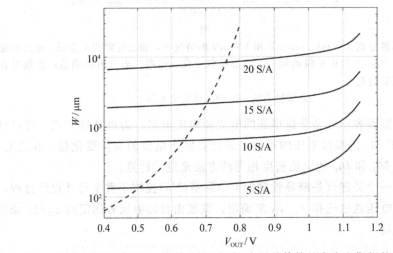

图 5.11 n 沟道共漏(虚线)和 p 沟道共源(实线)串联晶体管的宽度和期望的稳压的关系。
电源电压为 1.2 V，输出电流为 10 mA，$L=60$ nm。共源晶体管的 g_m/I_D 在 5～20 S/A 变化，共漏器件的栅极电压(V_1)设置为 1.2 V

LDO 的另一个重要的指标是对电源噪声干扰的抑制，通过切换周围数字电路的暂态等方式来实现。串联晶体管和 LDO 的输出负载形成一个分压器，将一小部分噪声传送到输出端。如图 5.12 所示，共源串联晶体管的电阻可以相当小，且与负载电阻 R_L(在这个例子中等于 0.9 V/10 mA＝90 Ω)处于同一数量级。对于 0.3 V 的电压降，图 5.12 中

显示了串联电阻在 $40 \sim 70\ \Omega$，取决于 g_m/I_D。

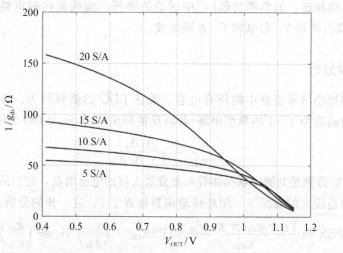

图 5.12　p 沟道串联晶体管电阻关于稳压输出电压的示意图，g_m/I_D 在 $5 \sim 20$ S/A 变化

为了量化对电源噪声的抑制效果，引入电源抑制（PSR）的概念[3]。PSR 由电源变化量和输出变化量的比值来定义。对于图 5.10b 中的电路，可以得到

$$\mathrm{PSR_{OL}} = \frac{v_{dd}}{v_{out}} = \frac{Y_L + g_{ds}}{g_{ds}} \tag{5.9}$$

式中，下角"OL"代表开环，即串联器件并没有被施加稳压。

从上面的数值中可以得出，一个未稳压电路的 PSR 为 $2 \sim 3$。为了改善电路的性能，需要引入反馈回路。

图 5.13a 展示了一个常用的 LDO 的结构，它包含一个反馈回路和一个差分放大器，用于检测目标输出电压（V_{REF}）与实际的 V_{OUT} 之差。图 5.13b 展示了相应的小信号模型。

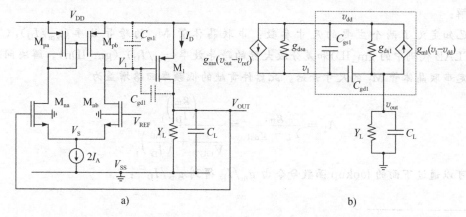

图 5.13　a）完整的 LDO 电路　b）相应的小信号模型

差分放大器简化为输出电导为 g_{dsa} 的一个压控流源 $g_{ma}(v_{out}-v_{ref})$。反馈回路和差分放大器都与电源线相连，如参考文献[4]中讨论的那样。虚线框内的电路代表串联晶体管 M_1。输出负载由电导 Y_L 和电容 C_L 并联组成。

5.3.1 低频分析

首先忽略掉小信号模型中的所有电容，关注 LDO 的低频行为。此时可以将稳压器作为反馈传输函数为 $f=1$ 的典型串联-并联反馈回路[3]分析。LDO 的闭环传输函数为

$$\frac{v_{out}}{v_{ref}} = \frac{A_1 A_a}{1+A_1 A_a} \tag{5.10}$$

式中，A_1 和 A_a 分别是共源串联晶体管和差分放大器的电压增益，它们的乘积是回路增益。

在回路增益较大的情况下，闭环传输函数接近于 1。进一步的分析表明低频 PSR 为

$$PSR = \frac{Y_L + g_{ds1} + g_{m1}A_a}{g_{ds1}} = PSR_{OL} + \left(\frac{g_m}{g_{ds}}\right)_1 A_a \approx \left(\frac{g_m}{g_{ds}}\right)_1 A_a \tag{5.11}$$

接下来要考虑的是稳压器的输出电阻，它由下式给出：

$$R_{out} = \frac{v_{out}}{i_{load}} \approx \frac{1}{g_{m1}A_a} \tag{5.12}$$

输出电阻还确定了所谓的"负载调整率"，它表征了 LDO 的负载电流变化时输出电压的改变情况（$\Delta V_{OUT}/\Delta I_{LOAD}$，通常指定为百分比）。有了这些预备知识，现在可以解决一个器件尺寸设计实例。

例 5.2 **LDO 的基本尺寸设计**

考虑图 5.13 所示的 LDO，其中直流负载电流为 10 mA，$V_{OUT}=0.9$ V，$V_{DD}=1.2$ V。设计串联晶体管和差分放大器的尺寸，使电路的回路增益最大。计算 LDO 的 PSR 和输出电阻，并在 SPICE 软件中验证设计。

解：

已知定义了两个主要的尺寸参数：串联晶体管 M_1 的跨导效率 $(g_m/I_D)_1$（下面 MATLAB 代码中的 gm_ID）和差分放大器的跨导效率 $(g_m/I_D)_n$（gm_IDn）。解决问题是从确定串联晶体管 M_1 的尺寸开始。此器件贡献的低频率回路增益为

$$A_1 = \frac{g_{m1}}{Y_L + g_{ds1}} = \frac{\left(\dfrac{g_m}{I_D}\right)_1}{\dfrac{1}{V_{OUT}} + \left(\dfrac{g_{ds}}{I_D}\right)_1}$$

可以通过下面的 lookup 函数命令由 g_m/I_D 得到 g_{ds}/I_D[⊖]：

⊖ 整个确定尺寸的过程（包括例 5.3 中的代码）都可以在 MATLAB 文件 Sizing_LDO1. m 中找到。

```
gds_ID = lookup(pch,'GDS_ID','GM_ID',gm_ID,'VDS',VDD-V,'L',L);
```

根据式 (2.34)，$(g_m/I_D)_1$ 必须大于 6.6 S/A 以保证 M_1 的 V_{Dsat} 小于电压降 (0.3 V)。为了得到宽度 W_1，将漏极电流除以对应的电流密度：

```
JD  = lookup(pch,'ID_W','GM_ID',gm_ID,'VDS',VDD-V,'L',L);
```

表 5.4 列举了 $(g_m/I_D)_1$ 在 7~12 S/A 时能达到的增益。这里不考虑更大的跨导效率，因为那时的宽度变得不切实际。每个格子的上方是 $L_1 = 100$ nm 时的情况，下方是 $L_1 = 200$ nm 时的情况。表 5.4 中还列出了栅极–源极电压 V_{GS1}、栅极–源极电容 C_{gs1} 和栅极–漏极电容 C_{gd1}，因为稍后的设计会用到这些值。当 $L_1 = 100$ nm 时，$W \approx 1000$ μm 的增益大约为 5。将 L_1 增大到 200 nm 提升的增益非常小，并且对布局面积消耗太大。

表 5.4　共源串联晶体管 M_1 的尺寸数据。每个格子的上方是 $L_1 = 100$ nm 时的情况，下方是 $L_1 = 200$ nm 时的情况

$(g_m/I_D)_1/$(S/A)	7	8	9	10	11	12
A_1	3.37	3.86	4.33	4.78	5.20	5.61
	3.75	4.31	4.84	5.36	5.88	6.39
$W_1/$μm	419	544	700	890	1122	1402
	721	943	1216	1543	1934	2396
$V_{GS1}/$V	0.7266	0.6916	0.6620	0.6366	0.6146	0.5952
	0.6978	0.6619	0.6320	0.6069	0.5853	0.5667
$C_{gs1}/$pF	0.393	0.497	0.622	0.770	0.942	1.143
	1.190	1.514	1.896	2.337	2.841	3.411
$C_{gd1}/$pF	0.170	0.213	0.267	0.334	0.415	0.513
	0.330	0.408	0.506	0.625	0.768	0.938

现在研究差分放大器，它的电压增益由下式给出：

$$A_a = \frac{\left(\dfrac{g_m}{I_D}\right)_n}{\left(\dfrac{g_{ds}}{I_D}\right)_n + \left(\dfrac{g_{ds}}{I_D}\right)_p}$$

p 沟道电流镜器件的漏极–源极电压和栅极–源极电压由 V_{GS1} 确定，因此栅极长度是确定尺寸的唯一自由度。由于在这个子电路中增益比起带宽更重要，先选择 0.5 μm 的沟道长度。由此可以得到 $(g_{ds}/I_D)_p$：

```
gds_IDp = diag(lookup(pch,'GDS_ID','VGS',VGS,'VDS',VGS,'L',Lp));
```

现在考虑差分对。由于较低的 V_{DD}，该差分对将有一个相当小的漏极–源极电压，介于 0.1~0.3 V。源极电压 V_S（见图 5.13）等于 $(V_{OUT} - V_{GSn})$ 且漏极电压 V_D 为 $(V_{DD} - V_{GS1})$。将源极电压 V_S 转换为一个变量并且运行下面的 MATLAB 代码来计算 $(g_m/I_D)_n$ 和 $(g_{ds}/I_D)_n$（分别为 gm_IDn 和 gds_IDn）。为了高增益，在这些计算中假设 $L_n = 0.5$ μm：

```
VS = .2: .02: .5;
for k = 1: length(VS),
    US = VS(k);
    gm_IDn(:,k) = lookup(nch,'GM_ID','VGS',V-US, ...
    'VDS',VD-US,'VSB',US,'L',Ln);
    gds_IDn(:,k) = lookup(nch,'GDS_ID','VGS',V-US, ...
    'VDS',VD-US,'VSB',US,'L',Ln);
end
```

然后获得差分对级的电压增益 A_a：

```
Aa = gm_IDn./(gds_IDn + gds_IDp(:,ones(1,length(VS))))
```

这里，A_a 是一个矩阵，它的列由 V_D 确定，它的行由 V_S 确定。V_D 是 V_{GS1} 的函数，因此是 $(g_m/I_D)_1$ 的函数，而 V_S 由 $(g_m/I_D)_n$ 控制。最后，将 A_1 和 A_a 相乘可以得到总的回路增益：

```
gain = Aa.*A1(:,ones(1,length(gm_ID)));
```

结果绘制在图 5.14 中，其中 x 轴是 $(g_m/I_D)_n$，而 $(g_m/I_D)_1$ 作为曲线的一个参数，并考虑了 L_1 的两种选择。正如预料的那样，回路增益随着跨导效率的增大而增大。然而，当 $(g_m/I_D)_n$ 较大且 V_S 增加，使 V_{DSn} 接近饱和电压时，回路增益下降得非常快。因此，对于每一个 $(g_m/I_D)_1$，都存在一个最合适的 $(g_m/I_D)_n$。$L_1 = 100$ nm 时，这些值被总结在了表 5.5 中。

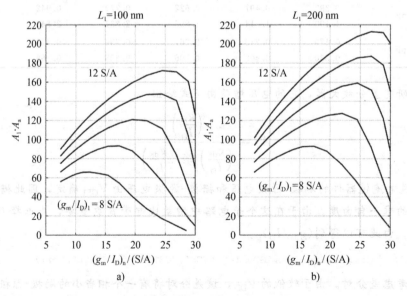

图 5.14 LDO 的回路增益与差分对跨导效率的示意图

a)$L = 100$ nm b)$L = 200$ nm

表 5.5 图 5.14a 所示的最大值处的跨导效率和回路增益总结

$(g_m/I_D)_1/(S/A)$	8	9	10	11	12
$(g_m/I_D)_n/(S/A)$	12	16	20	22	25
$A_1 A_a$	65	90	120	145	170

基于表 5.4 和表 5.5 中的数据，做出了如下的设计选择：

- 串联晶体管：$L_1 = 100$ nm，$(g_m/I_D)_1 = 10$ S/A。
- 差分放大器：$L_p = L_n = 500$ nm，同时 $(g_m/I_D)_n = 20$ S/A。

回路增益为 $120(A_1 = 4.78$ 且 $A_a = 25.2)$，而 V_S（由插值方法得到的数据）等于 0.4040 V。对于电源抑制，可以得到

$$PSR = PSR_{OL} + \left(\frac{g_m}{g_{ds}}\right)_1 A_a = 259$$

注意，这个数字比没有稳压的串联器件的 PSR［由式(5.9)可知，仅为 2.13］大了约 48 dB。输出电阻为

$$R_{out} = \frac{v_{out}}{i_{load}} \approx \frac{1}{\left(\frac{g_m}{I_D}\right)_1 I_{LOAD} A_a} = 0.4(\Omega)$$

为了进一步改善性能，需要一个更精密的差分放大器。

注意，此处还没有确定这个级的差分对的尾电流。放大器偏置电流通常只是 LDO 的输出电流的一小部分。在例 5.2 中，选择 2%，这得到 $2I_{Dn} = 0.2$ mA。有了这个选择就可以完成尺寸设计，并用 SPICE 软件进行仿真验证：

```
JDp = lookup(pch,'ID_W','VGS',VGS,'VDS',VGS,'L',Lp);
Wp  = IDn/JDp;
JDn = lookup(nch,'ID_W','VGS',V-VS,'VDS',VD-VS,'VSB',VS,'L',Ln);
Wn  = IDn/JDn;
```

得到的宽度为 $W_p = 20.43$ μm 和 $W_n = 127.1$ μm。差分对的跨导 g_{ma} 和输出电导 g_{dsa} 可以通过如下找到：

```
gma = gm_ID_n*IDn
gdsa = (gds_IDp + gds_IDn)*IDn
```

这样就得到了 $g_{ma} = 2$ mS 和 $g_{dsa} = 79.2$ μS$(12.6$ kΩ$)$。表 5.6 将得到的参数和 SPICE 仿真结果进行了比较。预测结果和仿真数值高度一致。

表 5.6 SPICE 软件验证数据

	V_S/mV	V_{DS}/mV	A_1	A_a	PSR	R_{out}/Ω
分析	404	159.4	4.78	25.25	259	0.40
SPICE	403.4	159.4	4.78	25.7	257	0.39

5.3.2 高频分析

现在研究 LDO 的频率行为。LDO 的回路放大器与二级米勒拓扑类似,有一个主极点 p_1,一个非主极点 p_2,并由于串联晶体管的栅极-漏极电容 C_{gd1} 有一个右半平面零点 z。详细地分析得到了如下开环放大器的极点和零点表达式:

$$p_1 \approx -\frac{1}{R_1 (C_{gs1} + C_{gd1} (1 + A_1)) + R_2 (C_{gd1} + C_L)}$$

$$p_2 \approx -\frac{R_1 (C_{gs1} + C_{gd1} (1 + A_1)) + R_2 (C_{gd1} + C_L)}{R_1 R_2 (C_{gs1} C_{gd1} + C_L (C_{gs1} + C_{gd1}))} \tag{5.13}$$

$$z = +\frac{g_{m1}}{C_{gd1}}$$

在这些表达式中,R_1 为差分放大器的输出电阻 $1 g_{dsa}$,R_2 是输出节点的电阻 $1/(Y_L + g_{ds1})$。零点可以被忽略,因为它远超出了这里所研究的频率范围。主极点 p_1 在分母中包含两个时间常数:第一个时间常数由 M_1 的 C_{gs} 和 C_{gd} 产生,其中后者被米勒放大;第二个时间常数由 R_2 和负载电容 C_L 产生,而负载电容可能是很大的。

通过改变 C_L 的大小,可以改变第二个时间常数并使它比第一个时间常数更大或更小。假设电路如例 5.2 中设计,这对频率响应的影响如图 5.15 所示。图 5.15a 显示了当 C_L 从 1 pF 增加到 1 μF 时的两个极点的变化。当 C_L 小于 0.1 nF 时,主极点的改变并不是很大,因为主时间常数由放大器的内部节点确定。然而,非主极点随着负载电容稳步

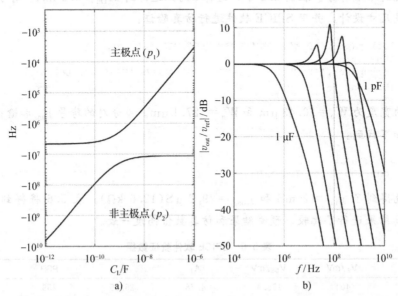

图 5.15 a)C_L 在 1 pF~1 μF 变化时 LDO 的主极点和非主极点的频率 b)同样的 C_L 范围内 (步长为 10 倍)的闭环频率响应

增长。当 C_L 大于 10 nF 时，这个趋势交换。现在输出节点确定主极点，而非主极点由内部节点确定。因此，当 C_L 非常小或者非常大时，LDO 的行为类似于一阶电路，但是当两个极点十分接近时，放大器的行为类似于一个有着较差的相位裕度的二阶系统。在图 5.15b 中看到了改变 C_L 对闭环频率响应（从 v_{ref} 到 v_{out} 的传输函数）的影响。当两个极点接近时，峰值出现。

在此基础上考虑从电源（v_{dd}）到稳压输出（v_{out}）之间的传输函数的频率响应。这个度量指标类似于所谓的线性调整率（$\Delta V_{OUT}/\Delta V_{DD}$，通常指定为百分比）。注意到，这是之前介绍过的 PSR 的逆。当考虑频率依赖性时，使用传输函数比插入损耗更直观。详细的分析得到

$$\frac{v_{out}}{v_{dd}} = \frac{N_2 s^2 + N_1 s + N_0}{D_2 s^2 + D_1 s + D_0}$$

式中，

$$N_2 = C_{gs1} C_{gd1}$$
$$N_1 = C_{gs1} g_{ds1} + C_{gd1}(g_{m1} + g_{ds1} + g_{dsa})$$
$$N_0 = g_{ds1} g_{dsa}$$
$$D_2 = C_L(C_{gs1} + C_{gd1}) + C_{gs1} C_{gd1} \tag{5.14}$$
$$D_1 = C_L g_{dsa} + \left[(Y_L + g_{ds1})(C_{gs1} + C_{gd1}) + C_{gd1}(g_{m1} + g_{dsa} - g_{ma})\right]$$
$$D_0 = (Y_L + g_{ds1}) g_{dsa} + g_{m1} g_{ma}$$

图 5.16 绘制了不同的 C_L 的值下上述传输函数的幅度和相位，假设了例 5.2 中的尺寸参数。在低频阶段（反馈放大器的带宽之内），幅值等于 -48 dB，即例 5.2 中计算的 PSR 的倒数。对于 $C_L = 10$ fF（可以忽略的小负载电容），幅值在放大器的转角频率附近开始上升，并且由于 C_{gs1} 和 C_{gd1} 的馈通，它最终达到一个接近于 1 的值。增加 C_L 有助于抵消这个馈通并导致一个高频滚降和中频峰值。在 $C_L = 1$ μF 的极限情况下，大小单调减小并且没有峰值，然而 $C_L = 10$ nF 时峰值仍然存在。一个具有吸引力的设计点是 C_L 的最小值，它产生平缓的响应（没有峰值）。

为了找到 C_L 的最佳取值，可以考察式（5.14）的极点和零点。两个极点依赖于 C_L。随着电容的增加，它们会先从实共轭极点变为复共轭极点（这导致峰值产生），然后再次变为实共轭极点。另外，零点并不依赖于 C_L。如前面所提到的，可以忽略和栅极-漏极电容馈通有关的零点。然后，在式（5.14）的分子中提取出另一个零点是很简单的：

$$|z| \approx \frac{g_{da}}{C_{gs1} + C_{gd1}\left(1 + \frac{g_{m1}}{g_{ds1}}\right)} \tag{5.15}$$

一种合适的策略是针对实极点设计，并将一个极点放置在零点之上。于是剩下的极点确定了 LDO 的截止频率。接下来的例子中将说明此方法。

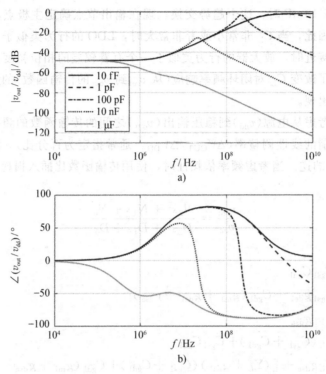

a)

b)

图 5.16 C_L 不同取值下的 a)大小和 b)相位

<hr>

例 5.3 **设计 LDO 负载电容的尺寸**

找到负载电容，使它像之前描述的那样消掉 LDO 调节因数电路的重要零点。把预测的传输函数和 SPICE 仿真比较。检查差分放大器输出电导 g_{dsa} 的微小变化对频率响应的影响。

解：

图 5.17 绘制了式(5.14)中的两个极点(用"+"号标记)作为 C_L 的函数的示意图。同时还显示了重要的零点(被"o"符号标记)的位置。在极点进入实轴的点，电容值 $C_L = 140$ nF。将 C_L 进一步增加到 191 nF 时，其中一个极点位于零点之上。另一个极点确定了 LDO 的截止频率，经计算知道为 9.6 MHz。

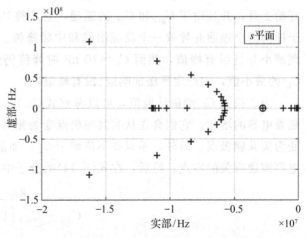

图 5.17 当 C_L 变化时调节极点的轨迹。同时标记了由式(5.15)给出的相关零点(用"o"标记)

图 5.18 展示了当 $C_L = 191$ nF 时计算的和 SPICE 仿真的频率响应。SPICE 仿真的 3 dB 转角频率的大小为 8.76 MHz，这很接近以上的分析预测。另外两条曲线显示了当 g_{dsa} 远离其额定值 ±20% 时发生的情况。当 g_{dsa} 小于额定值时，会出现一个有趣的情况。由于稳压器的低频回路增益的增加，低频调节因数稍稍增大。因为负载电容保持恒定，截止频率的附近会出现一个小的振荡。

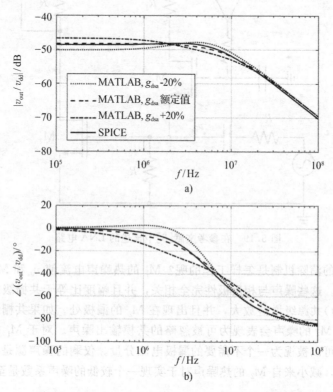

图 5.18 $C_L = 191$ nF 时式(5.14)的 a)大小和 b)相位

5.4 射频低噪声放大器

图 5.19 展示了一个在参考文献[5]中描述的射频(RF)低噪声放大器(LNA)的简化版本。这个电路不仅能够放大，还能够进行单端输入到差分输出的转换(有源巴伦)。为了实现这个功能，电路通过一个共栅级和一个共源级将两个具有相反极性的信号路径组合在一起。有趣的是，这种布局同时也消除了来自 M_1 的热噪声和失真。因此，接下来要讨论的设计的流程包含多个目标：

1)实现对称(平衡)输出；

2)匹配输入阻抗；

　　3)减小 M_2 的热噪声贡献；

　　4)减小 M_2 引起的失真。

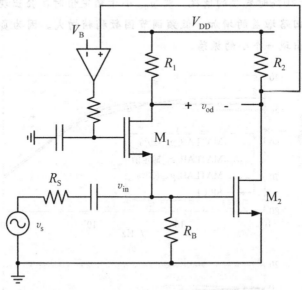

图 5.19　在参考文献[5]中描述的 LNA 电路

　　噪声和失真的消除机制是怎样工作的呢？M_1 的热噪声电流使 v_{in} 和 M_1 的漏极节点处产生了电压噪声。这些噪声与相反极性完全相关，并且幅度比等于共栅级的电压增益。v_{in} 处的噪声也被(负)共源级增益放大，并且出现在 M_2 的漏极处。如果共栅级和共源级电压增益相同，那么 M_1 的噪声会表现为可被忽略的共模输出噪声。对于 M_1 的失真来说也是这样，因为失真可以被视为一个不需要的漏极电流分量。仅剩的噪声源是共源级和电阻引起的噪声。因此，减小来自 M_2 的热噪声对于实现一个较低的噪声系数是至关重要的。

5.4.1　为低噪声系数设计尺寸

　　首先关注这个电路的噪声系数，并且对于最初的设计做出如下假设。首先为两个晶体管选择相同的栅极长度，即 $L_1 = L_2 = 100$ nm。接下来假设 R_1 和 R_2 上的电压降(V_{R1} 和 V_{R2})相等，这使得静态点的差分输出为零。此外，再将这些电压降设为 0.4 V，这给 M_1 提供了一个合理的漏极-源极电压。注意，$V_{DS1} = V_{DD} - V_{R1} - V_{GS2}$ 必须大于 V_{Dsat1}，这个问题稍后再考虑。

　　共源级的电压增益由下式给出：

$$A_{v2} = -\frac{g_{m2}}{g_{ds2} + \dfrac{1}{R_2}} = -\frac{\left(\dfrac{g_m}{I_D}\right)_2}{\left(\dfrac{g_{ds}}{I_D}\right)_2 + \dfrac{1}{V_{R2}}} \tag{5.16}$$

式中，$(g_{m}/I_{D})_2$ 是主要的尺寸设计参数；$(g_{ds}/I_{D})_2$ 由这个反型等级的选择得到：

```
gds_ID2 = lookup(nch,'GDS_ID','GM_ID',gm_ID2,'VDS',VDS2,'L',L);
```

在上面命令中 V_{DS2} 被设置为 $V_{DD}-V_{R2}$。这时还可以计算相应的栅极-源极电压 V_{GS2}、漏极电流密度 J_{D2} 和归一化栅极电容 C_{gg}/W_2，因为之后的计算需要用到这些数据：

```
VGS2  = lookupVGS(nch,'GM_ID',gm_ID2,'VDS',VDS2,'L',L);
JD2   = lookup(nch,'ID_W','GM_ID',gm_ID2,'VDS',VDS2,'L',L);
Cgg_W2 = lookup(nch,'CGG_W','GM_ID',gm_ID2,'VDS',VDS2,'L',L);
```

现在考虑共栅级结构，它的电压增益为

$$A_{v1} = \frac{\left(\dfrac{g_{ms}}{I_D}\right)_1 + \left(\dfrac{g_{ds}}{I_D}\right)_1}{\left(\dfrac{g_{ds}}{I_D}\right)_1 + \dfrac{1}{V_{R1}}} \tag{5.17}$$

式中，g_{ms} 为源跨导，等于 $g_m + g_{mb}$。

翻译为 MATLAB 代码，这给出：

```
VDS1 = VDD - VR - VGS2;
for k = 1:length(gm_ID2),
    gm_W1(:,k)  = lookup(nch,'GM_W','VDS',VDS1(k),...
    'VSB',VGS2(k),'L',L);
    gmb_W1(:,k)  = lookup(nch,'GMB_W','VDS',VDS1(k),...
    'VSB',VGS2(k),'L',L);
    gds_W1(:,k)  = lookup(nch,'GDS_W','VDS', VDS1(k),...
    'VSB',VGS2(k),'L',L);
    JD1(:,k) = lookup(nch,'ID_W','VDS',VDS1(k),...
    'VSB',VGS2(k),'L',L);
end
A1  = (gm_W1 + gmb_W1+ gds_W1)./(gds_W1 + JD1/VR);
```

由于 LNA 的输入电阻必须和 R_S（假设为 50 Ω）相匹配，因此还可以得到

$$\frac{1}{R_S} = \frac{1}{R_B} + \frac{A_{v1}}{R_1} = I_{D1}\left(\frac{1}{V_{GS2}} + \frac{|A_{v2}|}{V_{R1}}\right) \tag{5.18}$$

其中，用 $|A_{v2}|$ 替代 A_{v1} 是合理的，因为现在设计的是一个平衡输出。这样就可以得到 I_{D1}，因为式(5.18)中所有其他的参数都是固定的。有了 I_{D1}，就能够计算 R_1 和 R_B 以及 M_1 的所有相关参数：

```
R1  = VR./ID1;
RB  = R1./(R1/RS - A2);
W1  = ID1./JD1
Css1 = W1.*Css1_W;
gm1  = W1.*gm1_W;
```

利用 $A_{v1}=|A_{v2}|$，可以通过进行插值得到 V_{GS1}：

```
for k = 1:length(gm_ID2)
  VGS1(k,1) = interp1(A1(:,k), nch.VGS, A2(k));
end
```

通过类似的插值可以得到 J_{D1} 和 C_{ss1}/W 等。表 5.7 中列出了 $(g_m/I_D)_2$ 在一定范围内时目前所有确定的变量。

表 5.7　LNA 的参数与 M_2 的跨导效率的关系

$(g_m/I_D)_2$/(S/A)	10	12	14	16	18	20
V_{GS2}/V	0.5810	0.5370	0.5028	0.4752	0.4518	0.4311
$\lvert A_{v2} \rvert$	5.30	6.27	7.21	8.13	9.04	9.93
I_{D1}/mA	1.895	1.625	1.428	1.277	1.158	1.060
R_1/Ω	158.3	184.6	210.1	234.9	259.2	283.0
R_B/Ω	306.5	330.4	352.1	372.1	390.3	406.7
V_{GS1}/V	0.6899	0.6387	0.5984	0.5658	0.5383	0.5145
W_1/μm	63.6	83.2	109.8	141.5	183.2	237.2
C_{ss1}/pF	0.0659	0.0841	0.1082	0.1357	0.1704	0.2136

LNA 的噪声系数由 I_{D2} 和 W_2 确定，现在它们的值还没有确定。为了计算噪声系数，为所有噪声源添加噪声系数。在接下来的 MATLAB 代码中，F1 是共栅级的（理想情况下为 0），F2 是共源级的，而 F3 和 F4 对应电阻 R_1、R_2 和 R_B。变量 A_v 代表从 v_{in} 到 v_{od} 的电压增益，即 $(A_{v1} + \lvert A_{v2} \rvert)$：

```
Denom = RS/4 * Av^2;
F1 = gam*gm1*(R1 - Av*RS/2)^2/Denom;
F2 = gam*gm2*(R2/(1 + gds2*R2))^2/Denom;
F3 = (R1 + R2)/Denom;
F4 = RS/RB;
F  = 1 + F1 + F2 + F3;
NF = 10*log10(F)
```

变量 gam 获取了 MOSFET 的热噪声系数（参见 4.1.1 节）：

```
kB = 1.3806488e-23;
gam = lookup(nch, 'STH_GM', 'VGS', VGS2, 'L',L)/4/kB/nch.TEMP;
```

在下面的例子中将说明接下来的晶体管 M_2 的尺寸设计过程。

例 5.4　对于给定的噪声系数确定 LNA 的尺寸

确定图 5.19 中的电路尺寸，以使噪声系数不超过 2.5 dB。两个晶体管均是输入电阻为 50 Ω，$V_{DD} = 1.2$ V，$V_{R1} = V_{R2} = V_R = 0.4$ V 且 $L = 100$ nm。使用表 5.7 中的数据并使用 SPICE 仿真验证设计。

解：

设置一组 I_{D2} 的不同数值，将其与 I_{D1} 相比，得到噪声系数与 I_{D2}/I_{D1} 的关系绘制在了图 5.20 中，这里考虑和表 5.7 中相同的 $(g_m/I_D)_2$ 取值。可以看到无论跨导效率为多少，增大 I_{D2} 都会改善噪声系数。

有很多方式可以实现 $\mathrm{NF} \leqslant 2.5\ \mathrm{dB}$。为了进一步的研究，考虑噪声系数为 2.5 dB 到 1.8 dB 的情况，并得到相应的 $(g_m/I_D)_2$ 和 I_{D2}/I_{D1} 对。由于已知 I_{D1}，因此可以计算并绘制这些点处的绝对漏极电流 I_{D2} 和宽度 W_2（见图 5.21）。注意，对于每一个 NF，总能找到一个 $(g_m/I_D)_2$ 使器件宽度最小。

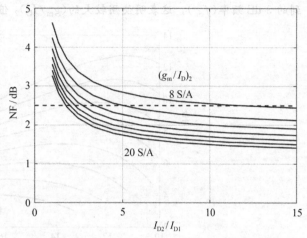

图 5.20　对于不同的 $(g_m/I_D)_2$，LNA 的噪声系数与 I_{D2}/I_{D1} 的关系

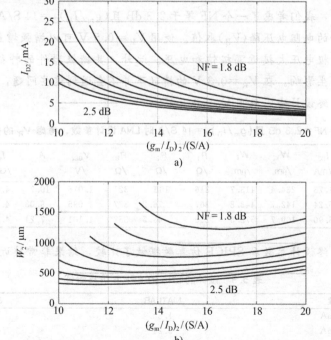

a)

b)

图 5.21　与 $(g_m/I_D)_2$ 的关系，其中噪声系数为 2.5 ～1.8 dB（步长为 0.1 dB）

a) I_{D2}　b) W_2

　　选择最终设计点的一个重要的方面是 LNA 的带宽。为了确定输入点处的 RC 乘积，可以考虑 $R_{in}=R_S/2$ 以及 C_{ss1} 与 C_{gg2} 的和 C_{in}（为简单起见，忽略米勒效应）。图 5.22 绘制了得到的 3 dB 频率 (f_{cin})，这表明使用较大的 $(g_m/I_D)_2$ 值，会对 LNA 的带宽产生不利影响。

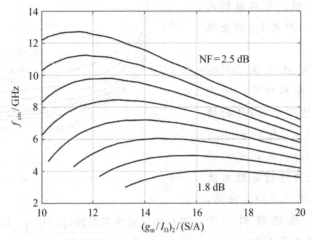

图 5.22　近似的由 LNA 的输入电容引起的截止频率

　　在表 5.8 中，我们考虑了一个 NF 等于 2.3 dB 且 $(g_m/I_D)_2=14$ S/A 的例子。表 5.8 考虑了两个额外的电阻电压降 (V_R) 取值。使用 $V_R=0.5$ V 可以增强增益，但并不推荐，因为共栅级的漏极电压太接近漏极饱和电压。此外，共栅级器件的特征频率 (f_{T1}) 降低将开始对带宽产生影响。在 $V_R=0.3$ V 的情况下并不会遇到这些问题，但是增益会明显降低。这里的最终设计决定采用 $V_R=0.4$ V。

表 5.8　NF=2.3 dB 且 $(g_m/I_D)_2=14$ S/A 时 LNA 设计参数，考虑 V_R 的多种选择

V_R /V	I_{D1} /mA	I_{D2} /mA	W_1 /μm	W_2 /μm	R_1 /Ω	R_2 /Ω	R_B /Ω	V_{GS2} /V	A_v	f_{cin} /GHZ	f_{T1} /GHZ	f_{T2} /GHZ
0.5	1.58	4.73	234.4	413.7	316	106	321	1.076	10.7	4.42	14.6	21.2
0.4	1.50	5.24	142.7	448.8	267	76.2	337	1.095	9.08	4.72	22.0	21.9
0.3	1.43	6.90	109.7	578.5	210	43.5	352	1.101	7.21	4.02	25.9	22.5

　　表 5.9 将最终设计参数和 SPICE 仿真数据做了比较，结果非常接近。

表 5.9　设计的 LNA 的 SPICE 仿真验证

参数	MATLAB	SPICE
I_{D1}/mA	1.50	1.50
I_{D2}/mA	5.24	5.25
$(g_m/I_D)_1$/(S/A)	13.49	13.55
$(g_m/I_D)_2$/(S/A)	14	14
A_v	9.08	8.94
NF/dB	2.30	2.31(在 0.9 GHz 时)

图 5.23 显示了 SPICE 仿真的 NF 与频率的关系。2.5 dB 的设计目标在 10 MHz～2 GHz 满足。在 10 MHz 以下，$1/f$ 噪声占主导，而在 2 GHz 以上，电容效应会使噪声系数显著恶化。通过减小器件电容可以增大观测到的上边界角频率。在例 5.5 中将继续说明这一结论。

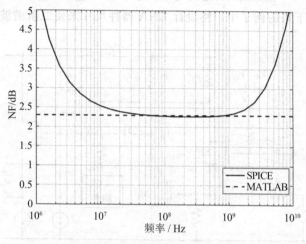

图 5.23　噪声系数的 SPICE 仿真

5.4.2　为低噪声系数和低失真设计尺寸

到目前为止，研究了消除由共栅级引起的热噪声和非线性失真的机制，并尝试使共源级产生的噪声最小。共源级的失真情况是什么样的呢？在 4.2.2 节中已经讨论过这个问题并且指出：对于短沟道器件，由于 DIBL 的影响很大，栅极和漏极的非线性贡献都必须被考虑。那里还指出了在明确定义的偏置条件下消除部分谐波失真分量是可能的。尽管消除失真需要严格控制器件容差（见图 4.19），设计时仍然能够充分利用在零点附近的部分消除失真。在接下来的讨论中，设计的目的是最小化 LNA 的 HD_2 分量。

例 4.5 表明使 HD_2 归零会对共源级的泰勒展开的一阶系数 (a_1) 产生如下限制⊖：

$$a_1 = \frac{-x_{11} + \sqrt{x_{11}^2 - g_{m2} \cdot g_{ds2}}}{g_{ds2}} \tag{5.19}$$

而且此前证明了负载共源级的电阻上的直流电压降必须满足式（4.42）：

$$Y = 1/R = -\frac{g_{m1}}{a_1} - g_{ds1} \tag{5.20}$$

这些相同的表达式在这里也适用，但是注意到，在例 4.5 和例 4.6 中使失真归零需要 V_R 达到 0.5 V 甚至更高。大的电压降有助于增加电压增益，但是不能再使 V_{R1} 等于 V_{R2}，

⊖　式（5.19）和式（5.20）中的下角表示微分阶数，而不是晶体管序号。后者在需要时由括号外的下角指定。

因为 M₁ 的漏极-源极电压$(V_{DD}-V_{GS2}-V_{R1})$将会变得太小而无法使它达到饱和。为了与这种电压降的不平衡相适应，可以通过如图 5.24 所示修改设计[5]。这个电路在 LNA 内核与一组输出缓冲器之间使用了交流耦合电容(C_{AC})。标有"CG 副本"的方框是共源级标明了器件尺寸副本，它复制了 M₁ 漏极处的静态点电压。这样尽管 V_{R1} 与 V_{R2} 不同，但可以实现直流差分输出为零。在接下来的例子中，将设计 LNA 器件尺寸来使二阶谐波失真分量最小。

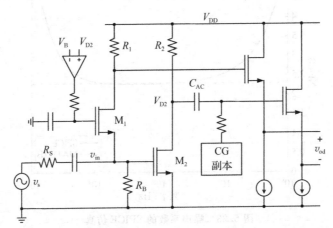

图 5.24　带有交流耦合器和输出缓冲器的 LNA 电路[5]

例 5.5　**设计 LNA 尺寸使 HD₂ 最小**

重新设计例 5.4 中的 LNA 从而使 HD_2 最小，同时在 2.4 GHz 内保持 2.4 dB 的噪声系数。

解：

为了将低噪声系数扩展到更高的频率，可以将沟道长度（从 100 nm）缩短为 80 nm。对于所有其他方面的设计，则遵循与例 5.4 中相同的步骤，并注意，现在 V_{R1} 和 V_{R2} 是不同的值。现在选择 $V_{R1}=0.3$ V，以使 M₁ 的漏极处可以容纳合适的信号摆幅，从而有较大的 1 dB 压缩点。V_{R2} 的选择确定了 V_{DS2}，而 V_{R2} 是由 HD_2 的归零条件确定的。使用类似于例 4.5 中的 MATLAB 代码来找到合适的值⊖：

```
Vds = .2: .02: .64;
for k = 1:length(gm_ID2),
  UGS = lookupVGS(nch,'GM_ID',gm_ID2(k),'VDS',Vds,'L',L);
  y = blkm(nch,L,Vds,UGS);
  A1  = (y(:,:,6)-sqrt(y(:,:,6).^2-y(:,:,4).*y(:,:,5)))./y(:,:,5);
  U = diag(y(:,:,3)./(y(:,:,1)./A1 - y(:,:,2)));
  z(k,:) = interp1(VDD-Vds'-U, [UGS (VDD-U) diag(A1)], for 0);
end
```

⊖　整个尺寸设计的过程可以在 MATLAB 文件 Sizing _ LNA1. m 中找到。

对于一个 $(g_\mathrm{m}/I_\mathrm{D})_2$ 值的矢量，这个代码确定了 V_DS2、V_GS2 和 A_v2。剩下的步骤和例 5.4 中的相同，并且考虑了输入匹配约束（确定了 I_D1）和使共栅级与共源级电压增益相等的需要。设计过程的最后是计算噪声系数和 $I_\mathrm{D2}/I_\mathrm{D1}$，而这导致了相互矛盾的要求。增加 I_D2 可以减小噪声系数，但是会造成功耗的增大和带宽的显著下降。使 $I_\mathrm{D2}/I_\mathrm{D1}=11$ 提供了一个合理的折中方案，引出了表 5.10 中总结的设计参数。注意到，V_G1 高于额定电压 1.2 V，因此需要单独的高压轨。

表 5.10　LNA 设计

W_1 /μm	W_2 /μm	R_1 /Ω	R_2 /Ω	R_B /Ω	V_G1 /V	V_GS2 /V	V_DS2 /V	f_cin /GHz	f_T1 /GHz	f_T2 /GHz
163.1	256.4	196.5	40.65	443.7	1.278	0.678	0.515	7.02	24.57	73.42

表 5.11 中将得到的漏极电流和跨导效率与 SPICE 仿真进行了比较，可以发现两者很接近。

表 5.11　设计的 LNA 的 SPICE 验证

参数	MATLAB	SPICE
I_D1/mA	1.53	1.53
I_D2/mA	16.8	16.8
$(g_\mathrm{m}/I_\mathrm{D})_1$/(S/A)	14.26	14.27
$(g_\mathrm{m}/I_\mathrm{D})_2$/(S/A)	7.38	7.34
A_v	6.98	6.96
NF/dB	2.29	2.14(在 1 GHz 时) 2.21(在 2.4 GHz 时)
IIP2/dBm	∞	37.7

用 SPICE 仿真得到的噪声系数作为频率的函数关系图绘制在图 5.25 中。在 2.4 GHz，NF 优于所需的 2.4 dB。

作为这个研究的最后一步，绘制出二阶失真作为输入幅度的函数关系图（见图 5.26）。在 −30 dBm（峰值为 10 mV）的输入，可以看到 $\mathrm{HD}_2=-90.8$ dB，这证实了电路在接近于 HD_2 的零点处工作。然而，更一般地说，这个示意图揭示了一个失真消除中普遍存在的实际问题：它仅仅对于小信号有效。对于大于 −15 dBm 的输入，没有被消除的高阶项会导致二次谐波的增加，因此失真消除实际上对于容纳大阻塞信号并没有太大帮助［尽管在图 5.26 中二阶截点（IIP2）非常大］。

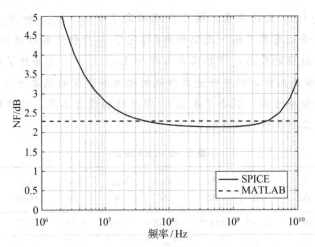

图 5.25　仿真的噪声系数（SPICE）

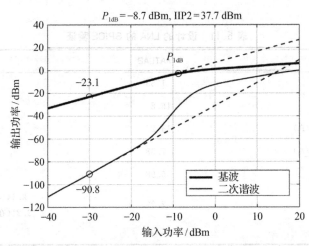

图 5.26　SPICE 仿真的 100 MHz 的单音输入失真（频率依赖性在感兴趣的区段较弱）

5.5　电荷放大器

5.3 节中的稳压器的例子说明了如何使用基于 $g_{\mathrm{m}}/I_{\mathrm{D}}$ 的尺寸设计来系统地放置复杂电路的极点。现在考虑一个存在噪声约束的情况下涉及电源电流最小化的实例。第 6 章将讨论的运算跨导放大器的设计实例将会基于本章的内容。

现在研究电荷放大器（也被称作电流积分器）的基本原理，如图 5.27 所示。这种类型的电路应用广泛，例如 MEMS 接口[6]、X 射线探测器、光子计数器和各种粒子探测器[7]。为简单起见，且不失一般性，这里忽视几个对于结果不重要的细节。例如，不考虑通常作为源跟随器的宽带缓冲器的实现细节。缓冲器在噪声性能（取决于前面的电压增益）和带宽性能（取决于跟随器的宽带性质）中不起关键性的作用。此外，假设偏置电流源（I_D）是理想的。事实上，这个电流源还有噪声和寄生电容，但这些可以很容易被包含在内，并且只会在这个介绍性讨论中使结果模糊。最后，不考虑栅极节点的电压偏置（v_G）。偏置这个节点的一个基本选择是在反馈电容上并联一个大电阻，如图 5.27 所示。

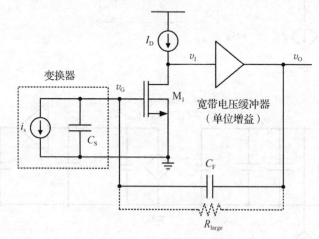

图 5.27 电荷放大器电路

5.5.1 电路分析

现在分析电路的频率响应和输入参考噪声。这里得到的表达式将在以后用于推动设计和优化过程。为了得到电路的频率响应，考虑图 5.28a 中放大器的小信号双端口模型，它是使用"并联–分流"反馈电路而近似获得的（见参考文献[3]）。在这里已经包括了 M_1 的小信号模型，以及缓冲器的输入电容（C_B）。为简单起见，忽视了 M_1 的输出电阻（r_{ds}），因为现在主要关注电路的高频特性。

为了简化，假定 C_{gd} 提供了并联分流反馈，就像图 5.27 中的 C_F 一样。由于 $v_0 = v_1$，可将反馈增益（f）修改为 C_F 和 C_{gd} 的和。此外为了包含适当的负载，C_{gd} 必须作为并联电容而被添加到节点 v_g 和 v_1 处。这样得到的模型如图 5.28b 所示。为了数学形式上的简便，定义：

$$C_{Ftot} = C_F + C_{gd}$$
$$C_1 = C_{dd} + C_B \tag{5.21}$$

上述电路模型的传输函数为

$$\frac{v_o}{i_s} = \frac{1}{sC_{Ftot}} \frac{1}{1 - \dfrac{s}{p}} \tag{5.22}$$

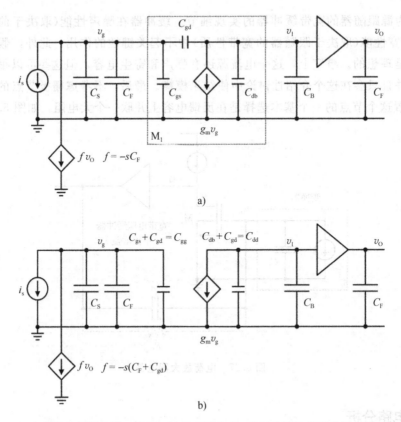

图 5.28 a)电荷放大器的双端口模型 b)考虑了由 C_{gd} 引起的额外并联分流反馈的简化电路

式中，极点 p 的大小由下式给出：

$$|p| = \omega_c = \frac{C_{Ftot}}{C_F + C_S + C_{gg}} \frac{g_m}{C_1} \tag{5.23}$$

这对应于反馈回路的增益带宽积。注意到，ω_c 确定了电路开始偏离理想积分器行为的频率（$1/sC_{Ftot}$）。在接下来的讨论中，将 ω_c（为简单起见）称为电路的"带宽"。

为了分析电路的噪声性能，图 5.29a 考虑了输入网络以及晶体管的输入参考电压噪声发生器。为了将噪声和整个电路输入相关联，可以通过戴维南到诺顿的转换并且得到如图 5.29b 所示的输入参考表示。等效输入电流噪声为

$$\frac{\overline{i_n^2}}{\Delta f} = \frac{\overline{v_n^2}}{\Delta f} \omega^2 (C_S + C_F + C_{gg})^2 = \frac{4kT\gamma_n}{g_m} \omega^2 (C_S + C_F + C_{gg})^2 \tag{5.24}$$

在这个结果中，忽略了晶体管的闪烁噪声，这在宽带电路中通常是合理的（见 4.1.4 节）。

在检测器应用中，电荷放大器的噪声性能通常根据输入端的有效噪声电荷（ENC）来决定。ENC 可通过测量输出端的方均根噪声得到，并通过将它除以测得的放大器的"电荷脉冲增益"而将该噪声关联到输入端。通过施加特定形状和长短的电流脉冲（一个电荷

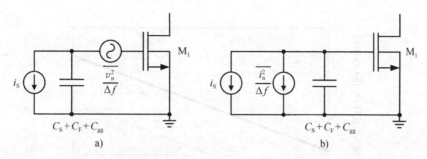

图 5.29 a)用于噪声分析的相关子电路 b)含输入电流噪声发生器的等效电路

包)并测量所得的输出电压(在滤波之后)可以得到电荷脉冲增益。然而,不论脉冲和滤波细节如何,电路的噪声性能基本上与输入参考噪声功率谱密度(PSD)相关,并且可以使用相关文献中提供的表格(见参考文献[8])将 PSD 转换为 ENC。因此,为简单起见,这里的讨论仅仅考虑 PSD。

为了获得一些关于可实现的噪声性能的基本了解,可以从增益-带宽表达式(5.23)中解出 g_m 并代入式(5.24)。这得出

$$\frac{\overline{i_n^2}}{\Delta f} = 4kT\gamma_n \frac{\omega^2}{\omega_c} (C_S + C_F + C_{gg}) \frac{C_{Ftot}}{C_1} \tag{5.25}$$

从式(5.25)可以看出,给定固定的 ω_c 的指标,输入噪声 PSD 完全由输入节点处的总电容和比率 C_{Ftot}/C_1 决定。解释式(5.25)的另一种方法是意识到右侧的表达式包含一个以库仑平方为单位的噪声电荷方差项 $kT(C_S + C_F + C_{gg})$。它前面的频率项将它从电荷转变为电流与 PSD。

此外,注意到,由于实际中 $C_{Ftot}/C_1 \approx C_F/C_B$,式(5.25)右侧的因数可以被当作缓冲器的扇出(FO),即它的负载与输入电容的比值(见图 5.28)。对于宽带的工作,缓冲器 FO 通常限定在 2～5 范围内,这意味着在这个参数中没有太多的设计自由度。

图 5.30 中绘制了在 $\omega = \omega_c$(一个方便的参考点)处输入噪声 PSD 作为 $C_S + C_F + C_{gg}$ 的函数的示意图。其中假设 $C_{Ftot}/C_1 = 3$,$\gamma_n = 0.8$ 并考虑了 $f_c = \omega_c/2\pi$ 的不同取值。可以看到,对于在高速电路中常见的实际电容值和带宽,输入噪声 PSD 的值介于 1～100 pA/rt-Hz。

在实际应用中,电荷放大器的设计通常被电容 C_S 由换能器固定的事实严重限制(例如,一个高速二极管和它的引线为几分之一皮法)。从上面的结果中可以看出,这直接限制了可实现的噪声性能。C_S 被固定后,设计任务归结为 C_F 和 C_{gg} 的适当尺寸设计。设计 C_{gg} 的尺寸意味着需要得到晶体管的宽度和它用以产生合适大小的 g_m 的偏置电流(为了满足带宽要求)。

初看上去,可能认为使 C_{gg} 尽可能小是最好的设计选择。但是因为较小的 C_{gg} 也意味着较小的 W,并因此意味着较小的 g_m,事实证明这种设计选择导致了不是最优的性能。为了定量分析这个权衡,有以下几个优化方案。

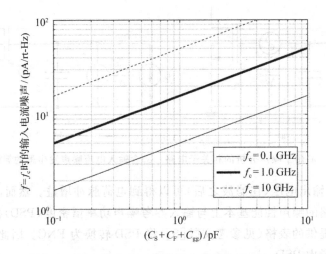

图 5.30　输入噪声 PSD 作为输入节点处总电容的函数

5.5.2　假定特征频率恒定的优化

首先考虑晶体管的特征频率（ω_T）恒定的情况。在实际中，这种情况可能来自使器件工作在它能提供的最大 ω_T（在强反型的峰值附近）下的需求。另外，这种约束也可能是由于需要非常低的 V_Dsat，从而必须使用较大的 $g_\mathrm{m}/I_\mathrm{D}$ 和一个相应的较低且有界的 ω_T 在弱反型下工作。从器件尺寸设计的角度来看，恒定的 ω_T 要求电流与宽度成比例，从而在整个优化过程中保持电流密度恒定。

为了量化在这个假设下的噪声性能，使用式（2.47）并将 $g_\mathrm{m} = \omega_\mathrm{T} C_\mathrm{gg}$ 代入式（5.24），得到

$$\frac{\overline{i_\mathrm{n}^2}}{\Delta f} = \frac{4kT\gamma_\mathrm{n}}{\omega_\mathrm{T} C_\mathrm{gg}}\omega^2 (C_\mathrm{S} + C_\mathrm{F} + C_\mathrm{gg})^2 \tag{5.26}$$

因此，在恒定 γ_n 和 ω_T 的假设下，比值 $(C_\mathrm{F} + C_\mathrm{S} + C_\mathrm{gg})^2/C_\mathrm{gg}$ 最小时噪声最小。令此项的一阶导数为零，得到 $C_\mathrm{gg} = C_\mathrm{F} + C_\mathrm{S}$。这种最优情况的存在在参考文献[6,9]中已提到。

这个设计优化的一个问题是它不能保证噪声、带宽和电流消耗之间的最优权衡。它仅仅确定了对固定的 ω_T 得到可能的最低噪声点。

5.5.3　假定漏极电流恒定的优化

现在考虑恒偏置电流 I_D 的约束。从尺寸设计的角度来看，恒定的 I_D 意味着当在优

化中改变器件宽度(并因此改变 C_{gg})时，电流密度(和反型等级)会发生变化。为了在式(5.24)中将 g_m 表达为 C_{gg} 的一个函数，可以使用式(4.8)，它指出：

$$\omega_T \frac{g_m}{I_D} = \frac{g_m}{C_{gg}} \cdot \frac{g_m}{I_D} \approx 3 \frac{\mu}{nL^2}(1-\rho) \tag{5.27}$$

因此有

$$g_m \approx \sqrt{3 \frac{\mu}{nL^2}(1-\rho)I_D C_{gg}} \tag{5.28}$$

式中，ρ 是归一化的跨导效率，由式(2.31)定义。

这个参数在弱反型中接近于 1，在强反型中接近于 0。现在将式(5.28)代入式(5.24)中得到

$$\frac{\overline{i_n^2}}{\Delta f} \approx \frac{4kT\gamma_n}{\sqrt{3 \frac{\mu}{nL^2}(1-\rho)I_D}} \omega^2 \frac{(C_S + C_F + C_{gg})^2}{\sqrt{C_{gg}}} \tag{5.29}$$

如果假设器件在强反型条件下工作，那么 ρ 将不会出现在等式中。现在如果进一步假设 γ_n 和迁移率 μ 是常数，那么令式(5.29)的一阶导数为零，得到 $C_{gg} = (C_F + C_S)/3$。这个最优值在参考文献[7]中被提到。然而，如参考文献[8]所述，由于现代器件中的迁移率降低，这个最优值在中等反型(其中 ρ 不为 0 且不为常数)和强反型中偏移显著。因此，最好使用数值数据来确定最优值，这可以使用本书中使用的查询表方便地完成。在接下来的例子中将会说明这一点。

例 5.6　电荷放大器优化(恒定 I_D)

考虑给定的电荷放大器，其中 $I_D = 1$ mA、$C_F + C_S = 1$ pF。在 $L = 60$ nm、100 nm、200 nm 和 400 nm 时绘制噪声等级关于 $C_{gg}/(C_F + C_S)$ 的函数关系示意图。在噪声最小的点处将 $C_{gg}/(C_F + C_S)$ 的值和晶体管的 g_m/I_D、f_T 和 W 制成表格。

解：

下面的代码扫描晶体管的宽度，并计算给定漏极电流的 g_m 和 C_{gg}。计算获得的值将用于计算 $(C_F + C_S + C_{gg})^2/g_m$，即对噪声进行缩放的因数[见式(5.24)]。每个栅极长度下的结果被绘制在图 5.31 中：

```
% 参数
Cf_plus_Cs = 1e-12;
ID = 1e-3;
W = 5:1000;
L = [0.06 0.1 0.2 0.4];
% 计算相关噪声级别
Cgg = [W; W; W; W].*lookup(nch,'CGG_W', 'ID_W', ID./W, 'L', L);
gm = [W; W; W; W].*lookup(nch,'GM_W', 'ID_W', ID./W, 'L', L);
Noise = (Cf_plus_Cs + Cgg).^2./gm;
```

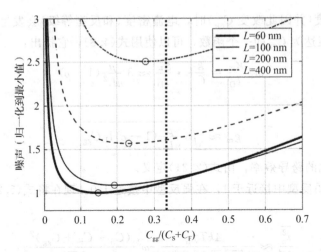

图 5.31　不同沟道长度下输入参考噪声作为 $C_{gg}/(C_S+C_F)$ 的函数的示意图。垂直线标记
　　　　着强反型中预计的最佳位置

图 5.31 所示的第一个观察结果是最优值所在的谷比较浅，即噪声性能对于 $C_{gg}/(C_F+C_S)$ 的精确值并不是很敏感。此外，知道 $L=60$ nm 时实际的最优值位于 $C_{gg}/(C_F+C_S)=0.14$ 处，这离(近似)分析预测的 1/3 相当远。按照平方律结果设计器件大小将导致 15% 的噪声损失和大于需求约 2.4 倍的器件尺寸(注意 C_{gg} 与器件宽度成正比)。

表 5.12 总结了绘制的曲线的最优值处的晶体管参数。随着沟道长度的增加，最优值的位置逐渐靠近平方律的预测，但始终没有精确地达到它，因为即使是 $L=400$ nm 的器件也并不准确地遵循平方律方程(尽管它在 $g_m/I_D=8.4$ S/A 的强反型中工作)。值得注意的是，较长沟道下的噪声损失并不像平方律预测的那么大。由式(5.28)可知，g_m 与 $1/L$ 成比例，因此最优值处的噪声应与 L 成比例，在例 5.6 中为 4 倍。然而，从图 5.31 中可以看出，噪声仅仅是它的 2.5 倍，这更清楚地说明，迁移率降低和中等反型等因素在被观测到的趋势中起着重要的作用。

表 5.12　最优值总结

L/nm	最优值			
	$C_{gg}/(C_S+C_F)$	$g_m/I_D/(\text{S/A})$	f_T/GHz	$W/\mu\text{m}$
60	0.14	17.1	18.5	169.1
100	0.19	17.0	14.0	168.7
200	0.23	12.6	8.6	117.4
400	0.28	8.4	4.8	73.0

随着沟道长度从 60 nm 增加到 400 nm，器件长度的最优值减小，电流密度增加，且反型级别从中等反型改变为强反型。然而，注意这些反型级别的绝对值取决于给定的参数(I_D 和 C_F+C_S)。

例 5.6 说明了使用基于查询表的方法的价值。然而固定的 I_D 的限制很少和现在实际应用中出现的情况相对应。相反，常见的优化问题是对给定的噪声和带宽指标使电流最小。因此在 5.5.4 节中将研究这一情况。

5.5.4　假定噪声和带宽恒定的优化

为了研究具有固定噪声和带宽指标的最优的设计点，首先将漏极电流分解为

$$I_D = g_m \cdot \frac{I_D}{g_m} \tag{5.30}$$

为了包含噪声约束，从式(5.24)解出 g_m 并代入，得到

$$I_D = \frac{4kT\gamma_n}{\frac{i_n^2}{\Delta f}} \omega^2 (C_F + C_S + C_{gg})^2 \cdot \frac{I_D}{g_m} \tag{5.31}$$

接下来，为了考虑带宽约束，将 $g_m = \omega_T C_{gg}$ 代入 ω_c 的表达式(5.23)，并解出 C_{gg}：

$$C_{gg} = \frac{C_S + C_F}{\dfrac{C_{Ftot}}{C_1} \dfrac{\omega_T}{\omega_c} - 1} \tag{5.32}$$

这个结果得出了重要的结论：当比值 ω_c/ω_T 靠近缓冲器的扇出（接近于 C_{Ftot}/C_1）时，由 C_{gg} 表示的器件的所需尺寸迅速增加。由式(5.31)可以看出，这对于电源电流有不利的影响。将式(5.32)代入式(5.31)之后，恰当的权衡选择变得很明显。可以导出：

$$I_D = \frac{4kT\gamma_n}{\frac{i_n^2}{\Delta f}} \omega^2 (C_S + C_F)^2 \left(\frac{1}{1 - \dfrac{C_1}{C_{Ftot}} \dfrac{\omega_c}{\omega_T}} \right)^2 \cdot \frac{I_D}{g_m} \tag{5.33}$$

对于给定的噪声参数，以及恒定的 γ_n、C_S 和 C_F[⊖]，当下式最小时，漏极电流达到最小：

$$K = \left(\frac{1}{1 - \dfrac{C_1}{C_{Ftot}} \dfrac{\omega_c}{\omega_T}} \right)^2 \cdot \frac{I_D}{g_m} \tag{5.34}$$

如果带宽(ω_c)和缓冲器扇出是固定的，那么使电流最小可以归结为找到在 ω_T 和 g_m/I_D 之间的最佳权衡。较大的 ω_T 会使式(5.34)中括号内的项的值减小，但是大的 ω_T 也意味着 g_m/I_D 较小，这增大了括号外的项。最优解在这两种趋势平衡处。

最优解的位置取决于晶体管如何消耗 ω_T 而得到 g_m/I_D。找到最优解的最佳策略是

⊖　将在例 5.7 和例 5.8 中看到，所需的 C_F 在某种程度上取决于所选择的反型等级，但将它近似为常数是合理的。

使用数值查找数据计算式(5.34)，如下面的例 5.6 中所做的。然而，作为一个简单的分析参考点，再次考虑式(5.27)是有用的，并进行近似得到

$$\omega_T \frac{g_m}{I_D} \approx 3 \frac{\mu}{nL^2}(1-\rho) \approx 常量 \tag{5.35}$$

再由式(5.35)求解 g_m/I_D，代入到式(5.34)中并令导数为零，可以得到以下的一阶最优解：

$$\omega_T = 3 \frac{C_1}{C_{Ftot}} \omega_c \tag{5.36}$$

这个结果证实了通常的直觉，即器件的 ω_T 总会和所需带宽及电路的负载成比例变化。也可以看出，能使缓冲器的扇出达到的值越大，输入器件所需的 ω_T 就越小。换句话说，缓冲器完成的工作越多，对输入器件的要求就越少。和输入器件一起最优化缓冲器扇出是一个有趣的优化问题，这已超出了本书讨论的范围。在任何情况下，就像已经讨论过的那样，实际高速缓冲器的扇出范围往往是有限的。

作为最后一步，将式(5.23)代入到式(5.36)中消去 ω_c 并求出 C_{gg}：

$$C_{gg} = \frac{C_S + C_F}{2} \tag{5.37}$$

因此，注意到在恒定噪声和带宽的假设下，最佳器件尺寸介于前面看到的值$(C_S + C_F)/3 \sim (C_S + C_F)$。

在下面的例子中，使用实际的器件数据来研究最优值的位置。像之前一样预测由于迁移率降低和中等反型的行为，情况会偏离上述最优结果。

例 5.7 优化电荷放大器(恒定噪声和带宽)

找到电荷放大器输入器件的最优反转电平。假设 $C_{Ftot}/C_1 = 3$、$f_c = 3$ GHz 且 $L = 60$ nm、100 nm、200 nm 和 400 nm。在最小电流点，将晶体管的 g_m/I_D、f_T 和比值 $C_{gg}/(C_S + C_F)$ 制成表格。

解：

为了解决这个问题，使用以下代码扫描 g_m/I_D 并计算相应的 ω_T 的值：

```
gm_ID = 5:0.1:25;
wT = lookup(nch,'GM_CGG', 'GM_ID', gm_ID, 'L', L);
```

然后使用这些数据和给定的参数计算式(5.34)，得到图 5.32 和表 5.13。表右侧的列由式(5.32)计算出。与第 3 章中的结论类似，从图 5.32 中看出使沟道长度尽可能短并不是有益的；$L = 60$ nm 和 $L = 100$ nm 的电流最小值基本是相同的。然而当进一步增加沟道长度时，器件必须被推入强反型以满足要求。这导致了 g_m/I_D 的减小和电流的增加。

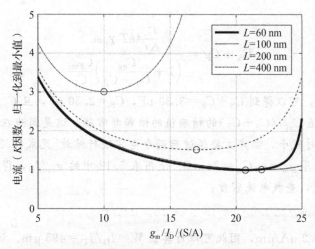

图 5.32 相对漏极电流作为 g_m/I_D 的函数的示意图

表 5.13 最优值的总结

L/nm	最优值		
	$g_m/I_D/(\mathrm{S/A})$	f_T/GHz	$C_{gg}/(C_S+C_F)$
60	20.7	9.6	0.116
100	21.9	7.5	0.155
200	17.0	5.1	0.247
400	10.0	3.9	0.345

就观测到的 f_T 和 $C_{gg}/(C_S+C_F)$ 的值而言，可以发现它的值与根据式(5.36)和式(5.37)得到的一阶预测(分别为 3 GHz 和 0.5 GHz)有较大的差异。这再一次被归因于迁移率降低和中等反型行为。如同预料的那样，结果是在 $L=400$ nm 时(在强反型状态)最接近。

上面讨论的优化方法允许设计者对于给定的一组电容器比值来判断晶体管的最佳反转电平。根据这些信息，可以直接根据绝对噪声和带宽指标设计输入晶体管尺寸。下面将使用另一个例子来说明这一点。

例 5.8 电荷放大器尺寸设计

设计电荷放大器尺寸以实现 $f_c=3$ GHz 且 f_c 处的输入噪声为 50 pA/rt-Hz，同时保持电流消耗尽可能小。假设 $C_S=1$ pF、$C_{Ftot}/C_1=3$ 且 $L=100$ nm。使用 SPICE 仿真验证设计。

解：

为了解决这个问题，可以再次使用表 5.12 中 $L=100$ nm 的数据。第一步由式(5.25)求解电容：

$$C_S + C_F = \frac{\dfrac{\overline{i_n^2}}{\Delta f} 4kT \gamma_n \omega_c}{\left(1 + \dfrac{C_{gg}}{C_S + C_F}\right) \dfrac{C_{Ftot}}{C_1}}$$

假设 $\gamma_n = 0.7$，可以得到 $C_S + C_F = 3.30$ pF，$C_F = 2.30$ pF，且 $C_{gg} = 511$ fF。注意，C_F 的计算值对比值 $C_{gg}/(C_S + C_F)$ 的精确值的依赖非常弱。这是因为在最优点处，C_{gg} 和 $C_S + C_F$ 比起来相对较小，噪声主要通过后两个电容进行缩放[见式(5.25)]。

现在也可以计算 $g_m = \omega_T C_{gg} = 24$ mS。使用表 5.12 中的 g_m/I_D，得到 $I_D = 1.09$ mA。为了确定器件宽度，查找电流密度：

```
JD = lookup(nch,'ID_W', 'GM_ID', gm_ID, 'L', L)
```

这里得到值 2.2 μA/μm，因此可以计算出 $W = I_D/J_D = 495$ μm。注意，在上面的查找函数调用中假设了默认的 V_{DS}(0.6 V)。实际的 V_{DS} 值会有所不同，但这并不会对结果产生很大的影响。

为了验证这个设计，设计了一个仿真原理图，如图 5.33 所示。仿真所需的另一个参数是 C_B 的值，这由下式给出：

$$C_B = C_1 - C_{gd} = C_{Ftot} \frac{C_1}{C_{Ftot}} - C_{gd} = (C_F + C_{gd}) \frac{C_1}{C_{Ftot}} - C_{gd}$$

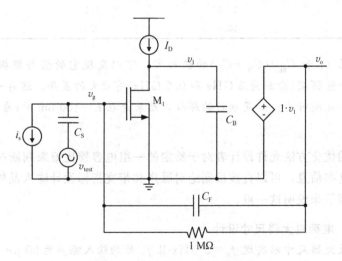

图 5.33　使用 SPICE 仿真的电路

为得到 C_{gd}，使用如下查找命令：

```
Cgd = W*lookup(nch,'CGD_W', 'GM_ID', gm_ID, 'L', L)
```

这给出 $C_{gd} = 164$ fF，因此 $C_B = 658$ fF。缓冲器的实际扇出为 $C_F/C_B = 3.5$。这个数

据现在可以被用来实现缓冲器，并且(如果需要)可以对 C_{Ftot}/C_1 的假设值进行微调以帮助优化它。

在 SPICE 软件中进行工作点分析后，得到 $g_m = 23.6$ mS。这与 24 mS 的预期值匹配得很好。微小的差异是由于仿真中 $V_{DS} = 427$ mV，而不是在尺寸设计中假设的 600 mV。

为了测量 f_c，通过图 5.33 中的 v_{test} 电压源输入信号并进行交流仿真。以这种方式设置输入优于激励 i_s，因为通过查看电压传输更容易找到和测量角频率。理想的中频电压增益为 $C_S/(C_F + C_{gd}) = 0.405 = -7.84$ dB。

图 5.34 中绘制出来的仿真结果显示了中频增益为 -8.47 dB，且 $f_c = 3.19$ GHz。这两个差异都是由于在所有的解析表达式中忽视了 M_1 的输出电阻。$f = 3$ GHz 时仿真的输入参考电流噪声为 49 pA/rt-Hz，这很接近设计目标。

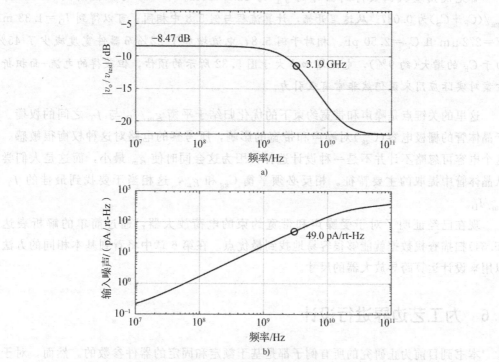

图 5.34 SPICE 仿真的结果
a)频率响应 b)输入噪声和频率的关系

例 5.8 中器件尺寸的调整是在达到尽可能小的电源电流的约束下完成的。这导致器件的尺寸相对较大，因为晶体管最终接近于弱反型。在这种情况下需要重新查看图 5.32($L = 100$ nm 的数据)才能确定数值。从曲线中可以看出，将 g_m/I_D 降低到 18 S/A 只会产生很小的电流损失。另外，电流密度和器件的宽度应该会有明显的改变。如果器件面积是重要的，那么这可能是一个很有趣的权衡。在下面的例子中将会研究这些权衡的因素。

作为最后的建议，还要注意探索电流与面积之间的权衡仅仅对短沟道来说有吸引力。例如，图 5.32 中 $L=400\ \text{nm}$ 的曲线并不粗浅，而且远离最优点的自由度很小。这种情况对应于将电路推向接近最大可实现带宽的情况，这缩小了可行的且有吸引力的设计点的范围。

> **例 5.9**　**为减小面积重新设计电荷放大器尺寸**

在相同指标下重新设计例 5.8 中给出的电荷放大器电路，但是选择 $g_\text{m}/I_\text{D}=18\ \text{S/A}$ 作为晶体管的反转电平。量化漏极电流和器件宽度的改变。

解：

首先使用查找函数得到器件的 f_T 为 $12.5\ \text{GHz}$。下一步可以使用式（5.32）得到 $C_\text{gg}/(C_\text{F}+C_\text{S})$ 为 0.087。从这里开始，计算流程与例 5.8 中相同。可以得到 $I_\text{D}=1.33\ \text{mA}$、$W=272\ \mu\text{m}$ 且 $C_\text{F}=2.50\ \text{pF}$。相对于例 5.8，电流增加了 22% 而器件宽度减少了 45%。由于 C_F 的增大（约 9%），电流增加略大于图 5.32 所示的预估，但获得的电流-面积折中方案对实际应用来说仍然非常有吸引力。

这里的关键点是噪声和带宽约束下的优化归结于平衡 g_m/I_D 与 f_T 之间的权衡。由于晶体管的栅极电容（C_gg）对噪声和带宽的影响，所考察的电路对这种权衡很敏感。使这个电容可忽略不计并不是一种设计选择，因为这会同时使 g_m 最小，而这是人们尝试从晶体管中提取的主要特征。相反必须平衡 C_gg 和 g_m，这相当于要找到最佳的 f_T 和 g_m/I_D。

现在已经证明了对于受噪声和带宽约束的电荷放大器，通过简单的解析表达式（5.34）扫描查找数据就能够很容易地找到最优点。在第 6 章中将看到基本相同的方法可以用来设计运算跨导放大器的尺寸。

5.6　为工艺边界进行设计

本书到目前为止研究的所有例子都是基于额定和固定的器件参数的。然而，对于一个实际的设计，设计者们必须考虑到制造工艺、电源电压和温度的波动（统称为"PVT"）。

虽然电源电压和温度变化的影响在仿真中相对较容易检验和量化，但掌握 MOSFET 的行为的变化是更加困难的，这是因为它由大量的参数所确定。传统的（简化的）处理工艺变化的方式是通过引入极限工艺边界（边界角），即代表着"慢速、额定和快速"的参数组[2]。此命名是基于每种情况下的数字反相器的速度来选取的。例如，一个有较大阈值电压和低迁移率的参数组被认为是一个"慢速"角。

边界角参数组通常由半导体代工厂生成，它反映了大规模生产中预期会出现的最坏变化。批量生产工艺变化的最基本和最常见的方法是考察晶体管的阈值电压(V_T)和电流因数($\beta=\mu C_{ox}W/L$)。本书中的工艺条件下，使用的这些参数的变化在附录 A.6 节中被量化。

以 V_T 和 β 的变化处理工艺变化对基于平方律模型的设计是最有用的。但是，在本书中使用了基于 g_m/I_D 的尺寸设计方法。因此本节将研究工艺边界角和温度变化对于设计方法的核心指标参数 g_m/I_D、f_T 和 g_m/g_{ds} 的影响。此外，本节还将讨论在基于 g_m/I_D 的尺寸设计中考虑工艺变化的选项，并且使用示例来说明所提出的流程。

5.6.1　偏置的考虑

电路对工艺和温度变化的敏感性的一个关键方面是偏置策略。这里的讨论将考虑两种极限情况：恒定电流偏置和恒定 g_m 偏置(见 5.1 节)。为了理解偏置的选择对电路行为的影响，考虑简单(但有代表性)的本征增益级例子(见图 5.35)。

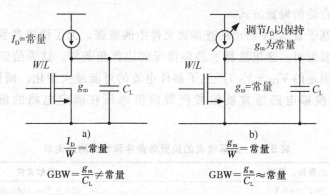

图 5.35　本征增益级。本节的讨论中假设 C_L 为常数(为简单起见)

a)恒定电流偏置　b)恒定 g_m 偏置

在恒定漏极电流的本征增益级(见图 5.35a)中，无论工艺和温度如何变化，电流密度(I_D/W)都保持不变。但是，增益带宽积(g_m/C_L)受工艺和温度变化的影响很大。在弱反型中，g_m 与 n 和 $U_T(kT/q)$ 成反比，其中 n 随工艺变化而变化，而 U_T 与绝对温度成正比。在强反型中，g_m(近似)与 μC_{ox} 的平方根成比例。C_{ox} 主要随工艺变化而变化，而迁移率 μ 随工艺和温度变化而变化(另见 4.3.3 节)。

在恒定 g_m 偏置(见图 5.35b)的本征增益级中，器件的电流密度随着工艺和温度的变化而调整，从而保持 g_m 的恒定，因此 g_m/W 也保持恒定。假设 C_L 恒定，这意味着电路的增益带宽积也几乎保持恒定。

考虑到以上的观测，为什么不总是使用恒定 g_m 偏置的方案呢？有两个基本问题需要考虑，下面将对此进行更详细的讨论：第一个问题是恒定 g_m 电路的电流消耗将随着工艺和温度的变化而有很大的改变；第二个问题是，由于电流密度的改变，V_{Dsat} 会发生明显的改变并且这可能会使某些器件不再处于饱和状态。后一个问题在低电压设计中显得尤为棘手。

总之，恒定电流与恒定 g_m 都不是最佳的选择。许多实际的设计在这两个极限情况之间运行。例如，可以设计偏置电流发生器来减少 g_m 随工艺和温度的变化，但是它并不能完全抵消这些变化。从某种意义上说，这种解决方案可以被视为"扩散"了所有维度的可变性，而不是试图保持某些参数严格不变。

5.6.2 对于工艺和温度的工艺评估

在本节中将研究工艺和温度变化对本书中使用的关键设计参数 g_m/I_D、f_T 和 g_m/g_{ds} 的影响。要做好这一点，必须做出器件是如何偏置的假设。如上所述，可以将恒定 I_D 与恒定 g_m 的情况视为极限情况，而大多数实际的设计都介于两者之间。因此，对于这两个极限情况的表征将提供设计者可预期的变化范围的一个全面视图。它也能帮助设计者们决定选择合适的偏置方式。

这里的计算基于表 5.14 给出的查询表文件中的数据。为了快速参数组与低温配对，慢速参数组与高温配对，这里选择了最坏情况的边界角条件。这为给定的反型等级（或者等效的，某个固定的 $V_{GS}-V_T$）产生了器件电流的可能最大变化。阈值电压也在边界角处变化，但是模拟电路通常被偏置使得阈值电压在确定电路的偏置电流时不起作用[2]。

表 5.14　最坏情况的边界角条件和相应的查询表

边界角，温度	参数文件
快，−40 ℃	65nch_fast_cold.mat
中等，27 ℃	65nch.mat
慢，125 ℃	65nch_slow_hot.mat

图 5.36 显示了 100 nm 的 n 沟道器件的 g_m/I_D 边界角变化。对于图 5.36a 中的恒定 I_D 偏置的情况，可以观察到大约 ±30％ 的变化，且这仅仅微弱地取决于电流密度（并因此取决于反型等级）。注意到，器件的跨导将以相同的百分比进行变化，因为 I_D 被假设为恒定。

对于恒定 g_m 偏置，单位宽度的跨导（g_m/W）保持恒定，因此确定了额定反转电平。于是该变量作为 x 轴（见图 5.36b），可以看到 g_m/I_D 随着工艺和温度有着高达 ±50％ 的变化。由于 g_m 保持恒定，这意味着 $I_D = g_m/(g_m/I_D)$ 将变化 −50％ ～ +100％，比率为 4！这个缺点之前已经提到过。此外在慢/热边界角中，g_m/I_D 的急剧下降是由于器件进入了三极管区域，即 $V_{Dsat} = 2/(g_m/I_D)$ 不再超过器件固定的 $V_{DS} = 0.6$ V。

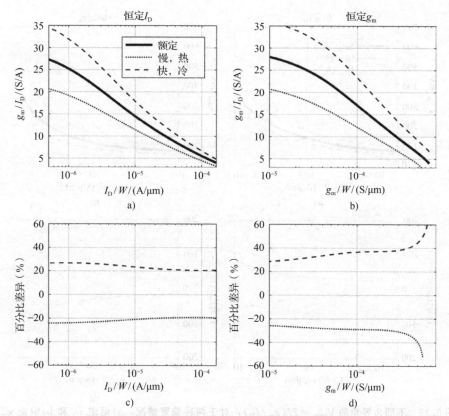

图 5.36　不同边界角的跨导效率（g_m/I_D），对于两种偏置情况：a)恒定 I_D 和 b)恒定 g_m。
曲线 c)和 d)显示了相对于额定角的百分比差异。所示数据适用于 $L=100$ nm 且
$V_{DS}=0.6$ V 的 n 沟道器件

为了进一步研究 V_{Dsat} 问题，图 5.37 绘制了它在相同边界角变化下的数值。对于低反型等级，即小 I_D/W 和小 g_m/W，V_{Dsat} 变化仅为 $10\sim30$ mV 的量级。然而，对于对应于强反型的区域，可以看到在慢/热边界角中恒定 g_m 偏置的 V_{Dsat} 增大高达 200 mV。这又一次证明了"严格"的恒定 g_m 偏置对于在强反型或附近工作的低压设计来说可能是不切实际的。这可以被视为中等反型设计的另一个动机。

接下来考察图 5.38 中特征频率的变化[$f_T=g_m/(2\pi C_{gg})$]。如同预料的那样，对于恒定 I_D 的情况，变化要大得多(约±25%)，因为在这种情况下 g_m 变化很大。对于恒定 g_m 的情况，它的变化很小，因为 C_{gg} 中没有太多的工艺和温度变化。

最后，在图 5.39 中为器件的本征增益创建了一个类似的示意图。可以发现在高反型等级的情况下又一次出现了最大的变化。对于恒定 g_m 偏置的情况，高 g_m/W 时的大部分变化是由于 V_{Dsat} 在增加，因此器件被推进至饱和与三极管之间的边界引起的。从这个角度又一次看到，在弱反型或中等反型下进行的工作是有利的。

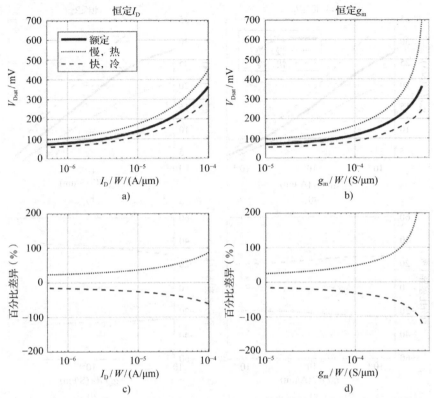

图 5.37　不同边界角的 $V_{Dsat} = 2/(g_m/I_D)$，对于两种偏置情况：a)恒定 I_D 和 b)恒定 g_m。
曲线 c)和 d)显示了相对于额定角的百分比差异。所示数据适用于 $L = 100$ nm 且
$V_{DS} = 0.6$ V 的 n 沟道器件

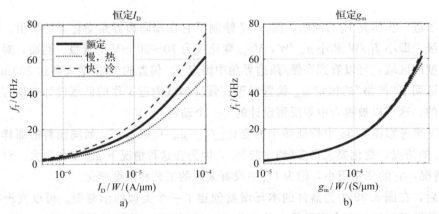

图 5.38　两种偏置情况下温度拐角处的特征频率(f_T)：图 5.38a 为恒定 I_D，图 5.38b 为恒
定 g_m。图 5.38c 和 d 显示了相对于标称角的百分比差异。图中所示数据针对 $L =$
100 nm 且 $V_{DS} = 0.6$ V 的 n 沟道晶体管

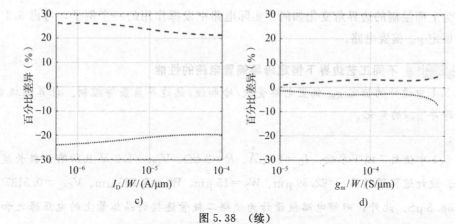

c) d)

图 5.38 （续）

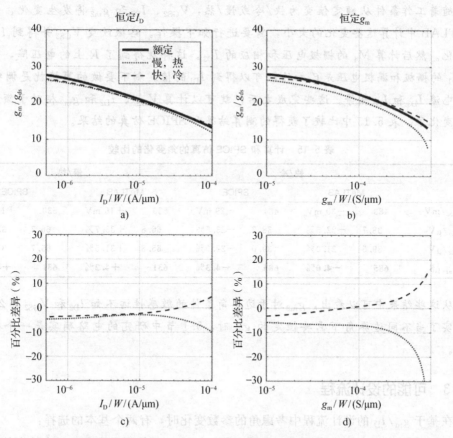

a) b)

c) d)

图 5.39 不同边界角的本征增益(g_m/g_{ds})，对于两种偏置情况：a)恒定 I_D 和 b)恒定 g_m。

曲线 c)和 d)显示了相对于额定角的百分比差异。所示数据适用于 $L=100$ nm 且

$V_{DS}=0.6$ V 的 n 沟道器件

作为上面绘制的边界角变化如何在实际电路中发挥作用的一个例子，考虑 5.1 节中研究的恒定 g_m 偏置电路。

例 5.10 不同工艺边界下恒定跨导偏置电路的性能

例 5.1 中设计的恒定 g_m 偏置电路受快/冷和慢/热边界角条件控制。计算栅极电压、电流和跨导 g_{m2} 的变化。

解：

例 5.1 中使用了以下参数：$I_D = 50\,\mu A$、$R = 2\,k\Omega$、$V_{DD} = 1.2\,V$ 且所有栅极长度等于 $0.5\,\mu m$。设计过程得到 $W_1 = 82.59\,\mu m$、$W_2 = 15\,\mu m$、$W_3 = 6.985\,\mu m$、$V_{GS2} = 0.5137\,V$ 且 $g_{m2} = 658.8\,\mu S$。此外，回顾电路被设计为使得二极管连接的晶体管上的电压降之和等于 V_{DD}。这确保了相同电流镜的晶体管有相同的漏极电压。

随着工作条件从额定值变为快/冷或慢/热，V_{GS2}、I_{D2} 和 g_{m2} 将发生变化。为了在 MATLAB 中计算这些变化的大小，需要进行如下操作。略微改变 V_{GS2} 并得到 I_{D2} 相应的变化。然后计算 M_4 的栅极电压和相应的 I_{D3}。这样就得到了 R 上的电压降，并且由于 M_1 的栅极和漏极电压是已知的，可以得到 I_{D1} 的值。剩下要做的事情就是调整 V_{GS2} 以使电流 I_{D3} 和 I_{D1} 相等。这些完成之后，就可以计算 V_{GS2}、I_{D2} 和 g_{m2} 相对于额定条件下的变化了。表 5.15 中比较了获得的测算结果和 SPICE 仿真的结果。

表 5.15 计算和 SPICE 仿真的角变化的比较

	快/冷				慢/热			
	MATLAB		SPICE		MATLAB		SPICE	
V_{GS2}/mV	483	$-30\,mV$	484	$-29\,mV$	530	$+16\,mV$	530	$+16\,mV$
$I_{D1}/\mu V$	38.7	-22.5%	38.2	-23.5%	66.8	$+33.7\%$	66.7	33.5%
$I_{D2}/\mu V$	39.5	-21.0%	39.0	-22.0%	65.8	$+31.5\%$	65.7	31.3%
$g_{m2}/\mu S$	**685**	**-4.0%**	**683**	**-4.3%**	**631**	**$+4.2\%$**	**631**	**$+4.2\%$**

从这些结果中可以看出，g_{m2} 对于边界角条件的敏感性远不如 I_{D2} 和 V_{GS2} 那么明显。这证实了当不同边界角下需要恒定的 g_m 时，5.1 节中研究的电路确实是一个很好的选择。

5.6.3 可能的设计流程

在基于 g_m/I_D 的设计流程中考虑角的参数变化时，有两个基本的选择：

1) 找到"最坏的情况"的参数组（通常是慢/热），并且使用 MATLAB 中特定的数据集来进行尺寸设计过程。由于调整是对最坏的情况进行的，因此其他所有的情况都应该自动满足设计要求（需要验证）。参考文献[10]中采用了这种方法。

2)使用额定参数组执行所有调整计算(在本书中使用),并"预失真"设计规范,从而使它在存在边界角变化时仍然被满足。

第二种方法的优点是不需要提取和维护多个 MATLAB 数据文件。此外,使用一组额定参数更加直观,并且这些参数也和实验室中最有可能测量出来的参数相对应。出于这些原因,通常推荐使用第二种方法。

剩下的关键问题是如何估计应用于最坏的情况的性能目标设计裕度。正如将在下面的例子中看到的那样,使用 5.6.2 节中的数值来估计所需的裕度通常很简单。例如已经看到,在恒定电流偏置设计中,g_m 将有 ±30% 的变化。由于带宽通常与 g_m 成比例,所以可以直接计算所需的裕度。下面的例子使用 5.5 节中的电荷放大器例子更加仔细地研究了这一点。

例 5.11　具有工艺边界感知的电荷放大器的设计

重复例 5.7 和例 5.8 中的操作,期望使整个工艺边界角都满足相同的指标。使用 $L = 100\ \text{nm}$ 的沟道长度。和之前一样,假设 $C_{\text{Ftot}}/C_1 = 3$(近似的缓冲器扇出),$f_c = 3\ \text{GHz}$,$C_S = 1\ \text{pF}$,f_c 处的输入噪声为 50 pA/rt-Hz。假设电路为恒定电流偏置。在 SPICE 软件中验证设计。

解:

在给定的这个电路中,带宽与 g_m 成正比[见式(5.23)]且噪声和 g_m 成反比[见式(5.24)]。在恒定电流偏置下,预计在慢/热边界角中 g_m 会减少约 30%(见图 5.36)。因此应该将电路(假设为标称参数)过度设计约 $1/0.7 \approx 1.4$。所以带宽目标是 4.2 GHz。

当这个目标被确定之后,其余问题归结于重复例 5.7 和例 5.8 中的步骤(使用通常的额定 MATLAB 参数组),然后检查性能是否在工艺边界角中保持不变(使用 SPICE 软件)。

作为第一步,先确定使电流最小的反转电平。可以发现,最优的 g_m/I_D 为 20.5 S/A。这个值略低于例 5.7 中的结果(21.9 S/A),因为现在的目标是更大的额定带宽。相应的器件的 f_T 是 9.08 GHz(例 5.7 中为 7.5 GHz)。有了这些数据之后,再重新进行例 5.8 中的计算,目的是使在 4.2 GHz 时的噪声性能为 50 pA/rt-Hz。得到的器件尺寸标注在图 5.40 所示的电路中。为了进行比较,例 5.8 中的值被添加到了括号中。

值得注意的是,即便将带宽增加了大约 40%,电流只比例 5.8 中增加了不到 10%。这又一次得到例 5.9 的结论。使用严格的偏置电流最小值作为例 5.8 中的设计点导致了器件尺寸大且自负载显著。在当前的例子中,目的是实现更大的带宽,这将导致更合理的权衡点,得到的电流增量不如预期那么大。

最后,使用 SPICE 软件仿真了这 3 个边界角的电路:慢/热(125 ℃)、额定(27 ℃)和快/冷(−40 ℃)。得到的曲线如图 5.41 所示。数据总结在表 5.16 中。

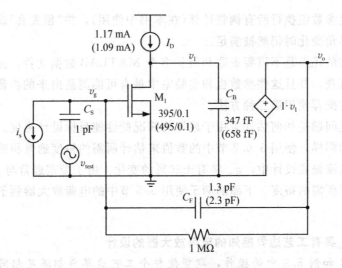

图 5.40 SPICE 电路原理图

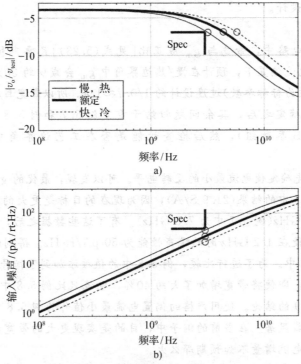

图 5.41 在 3 个角下的 SPICE 仿真结果

a)带宽 b)噪声

表 5.16　SPICE 仿真结果总结

	慢与热	额定	快与冷
f_c/GHz	3.19	4.37	5.74
偏差(%)	−27	0	+31
3 GHz 时的噪声/(pA/rt-Hz)	46.8	35.4	27.7
偏差(%)	+32	0	−21

因此，该设计满足了边界角处噪声和带宽的指标。额定带宽(4.37 GHz)略高于目标值(4.2 GHz)。正如在例 5.8 中已经解释的那样，这是因为解析表达式忽略了 M_1 的输出电导。

最后需要注意的是，不同边界角的噪声偏差比带宽偏差略微明显。这是因为由于 kT 项的存在[见式(5.24)]，温度对噪声有额外的影响(不仅是通过改变 g_m)。

从本节和例 5.11 得出的结论是，$g_\mathrm{m}/I_\mathrm{D}$ 设计方法可以帮助设计者以系统的方式思考工艺角变化。具体来说，一旦知道 $g_\mathrm{m}/I_\mathrm{D}$、$f_\mathrm{T}$ 和 $g_\mathrm{m}/g_\mathrm{ds}$ 的最坏情况角偏差，通常可以直接"预失真"设计规范，以便电路具有跨角所需的裕度。

最后要注意的是，提出的设计方法对于所有角的通常 SPICE 验证是无济于事的，因为这对于芯片流片是强制性的。无论用于创建设计的方法是什么，设计人员都必须花费时间来进行这些验证。关于这个是没有捷径的。

5.7　本章小结

本章提供了一些实例，用以说明使用指标参数，如 I_D/W、$g_\mathrm{m}/I_\mathrm{D}$、$g_\mathrm{m}/g_\mathrm{ds}$ 和 $g_\mathrm{m}/C_\mathrm{gg}$ 来设计实际电路的尺寸。设计每一个电路的第一步是收集相关的设计方程，并根据指标参数来进行构架设计。接下来通过直觉和指标参数之间的依赖关系来优化电路。最后一步是计算所需的设计点的电流和晶体管尺寸，并使用 SPICE 仿真进行验证。在本章看到的结果证实了第 1 章中一个重要的陈述，即基于预先计算的查找表得到的尺寸调整免去了在电路仿真阶段无数次调整和迭代的需要。

在本章的前两个例子中，考虑了直流偏置电路：自偏置恒定 g_m 发生器和高摆幅共源共栅电流镜。例 5.3 是具有较大的电源抑制和较小的输出电阻的反馈 LDO 的设计。本章分析了 LDO 的带宽并计算出了最优负载电容。

例 5.4 和例 5.5 涉及高频电路。设计了一个双晶体管 LNA，可以实现有源巴伦(balun)并实现了噪声消除。这两个例子中还有一个目标是使用第 4 章获得的结论来使失真最小化。在例 5.5 中，研究了具有高带宽和低噪声的电荷放大器，回顾了各种约束条件下的优化技术并根据给定的噪声和带宽规格确定了电流最小时的电路尺寸。优化曲线的一个重要的观察结果是最优值通常很粗浅，有时可以通过牺牲较小的电流消耗而获得面积的很大节省。

为小结本章，根据 g_m/I_D 的方法回顾了工艺角变化的意义，比较了恒定 I_D 偏置和恒定 g_m 偏置的优缺点，并提出了工艺角感知的设计流程。所提出的方法基于"预失真"的设计规范，以便使用额定工艺参数来执行 MATLAB 中的尺寸设计过程。

5.8　参考文献

[1] T. H. Lee, *The Design of CMOS Radio-Frequency Integrated Circuits*, 2nd ed. Cambridge University Press, 2004.

[2] B. Murmann, *Analysis and Design of Elementary MOS Amplifier Stages*. NTS Press, 2013.

[3] P. R. Gray, P. Hurst, S. H. Lewis, and R. G. Meyer, *Analysis and Design of Analog Integrated Circuits*, 5th ed. Wiley, 2009.

[4] V. Gupta, G. A. Rincon-Mora, and P. Raha, "Analysis and Design of Monolithic, High PSR, Linear Regulators for SoC Applications," in *Proc. IEEE International SOC Conference*, 2004, pp. 311–315.

[5] S. C. Blaakmeer, E. A. M. Klumperink, D. M. W. Leenaerts, and B. Nauta, "Wideband Balun-LNA with Simultaneous Output Balancing, Noise-Canceling and Distortion-Canceling," *IEEE J. Solid-State Circuits*, vol. 43, no. 6, pp. 1341–1350, June 2008.

[6] B. E. Boser and R. T. Howe, "Surface Micromachined Accelerometers," *IEEE J. Solid-State Circuits*, vol. 31, no. 3, pp. 366–375, Mar. 1996.

[7] W. M. C. Sansen and Z. Y. Chang, "Limits of Low Noise Performance of Detector Readout Front Ends in CMOS Technology," *IEEE Trans. Circuits Syst.*, vol. 37, no. 11, pp. 1375–1382, Nov. 1990.

[8] G. De Geronimo and P. O'Connor, "MOSFET Optimization in Deep Submicron Technology for Charge Amplifiers," in *IEEE Symposium on Nuclear Science*, 2004, vol. 1, pp. 25–33.

[9] T. Chan Caruosone, D.A. Johns, and K. Martin, *Analog Integrated Circuit Design*, 2nd ed. Wiley, 2011.

[10] T. Konishi, K. Inazu, J. G. Lee, M. Natsui, S. Masui, and B. Murmann, "Design Optimization of High-Speed and Low-Power Operational Transconductance Amplifier Using gm/ID Lookup Table Methodology," *IEICE Trans. Electron.*, vol. E94–C, no. 3, pp. 334–345, Mar. 2011.

电路应用实例II

开关电容(SC，Swiched-Capacitor)电路是模-数(A-D)转换器、滤波器、传感器接口和许多其他混合信号模块的重要组件。在本章中研究图 6.1 所示的通用开关电容增益级，并讨论它在电荷再分配相位(ϕ_2)时如何组成跨导放大器(OTA)设计的一部分。本章假设读者熟悉标准教科书[1]中所涵盖的 SC 电路设计的一般原理。

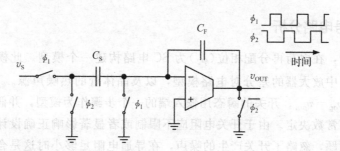

图 6.1　开关电容增益级的概念模型(实际中通常常用完全差分实现)。在时钟相位 ϕ_1 期间，对输入进行采样；在 ϕ_2 期间，在 C_S 采样的电荷被重新分配到反馈电容 C_F 上

本章的具体目标是展示如何使用基于 g_m/I_D 的设计在给定噪声和稳定速度限制下调整 OTA 的尺寸。从一个具有理想电流源的差分对——最简单的 OTA 开始研究，为建立读者对于基本权衡的直觉概念。接下来研究折叠共源共栅结构和两级拓扑。这些结构由于电压增益增加而更加常用。最后展示如何使用查询表来调整电路的尺寸。

6.1　开关电容电路的基本 OTA

首先考虑最简单的放大器，如图 6.2 所示且已在例 3.11 中介绍过。在 6.1.1 节中将使用该放大器的小信号模型分析图 6.1 中的(在电荷再分配期间的)SC 电路。在 6.1.2 节中，将表明在噪声和带宽约束下的最佳尺寸与 5.5 节中考虑的电荷放大器十分相似。最后，6.1.3 节考虑回转(slewing)的影响，并讨论如何将它纳入优化过程。

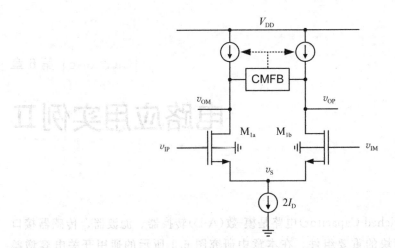

图 6.2　基本差分 OTA。共模反馈模块（Common Mode Feedback Block，CMFB)强制输出
　　　　共模电压达到所需值，通常接近中间电源

6.1.1　小信号电路分析

　　为开始分析，在电荷再分配相位（ϕ_2）为 SC 电路构建一个模型。此模型如图 6.3 所示，包含图 6.2 中放大器的差分对电路模型，以及晶体管的热噪声源。下角"d"表示差分量，即 $v_{od} = v_{op} - v_{om}$。开关的瞬态用输入端的一个步骤作为模型，并假设输出的稳定由放大器的时间常数决定。由于开关电阻应不限制或者显著影响正确设计的电路的稳定过程。为简化问题，忽略了开关产生的噪声，在导通电阻足够小时这是合理的[2]。考虑开关噪声的分析详见参考文献[3]。

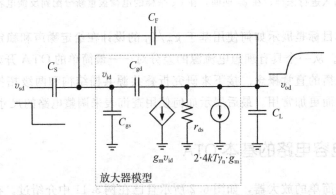

图 6.3　利用图 6.2 的基本 OTA 得到的 SC 电路的简化小信号模型。噪声项中的因子 2 包
　　　　含了 M_{1a} 和 M_{1b} 的贡献

　　为简化分析，先忽略晶体管的漏极–基极电容（C_{db}）。之后的示例中会评估这个简化

导致的差异。类似地，也忽略了偏置电流源的实现细节，并将它们用理想源模型替代。但请注意，栅极-漏极电容(C_{gd})和 C_F 并联必须包含在内。如 5.5.1 节中所述，定义下式：

$$C_{Ftot} = C_F + C_{gd} \tag{6.1}$$

晶体管的输出电阻(r_{ds})也需要包含在内，因为它决定了电路的静态增益误差(见下面的详细分析)。

通过这种设置，可以以各种方式分析电路。原则上可以使用 5.5 节中的并联-并联二端口模型，但使用反射比的方法分析此类电路更为普遍、准确和直观(详见参考文献[4])。电路的回路增益(用 L 表示)可以通过用测试电流源替代 g_m 并测量该受控源的返回电流得到。经过这样的分析，得到了以下闭环传输函数：

$$A_{CL}(s) = \frac{v_{od}(s)}{v_{sd}(s)} = -G \frac{L_0}{1+L_0} \frac{1-\dfrac{s}{z}}{1-\dfrac{s}{p}} \tag{6.2}$$

其中

$$G = \frac{C_S}{C_{Ftot}} \tag{6.3}$$

是电路的理想闭环增益幅度，而 L_0 是低频回路增益(理想情形下为无穷大)：

$$L_0 = \beta g_m r_{ds} \tag{6.4}$$

式中，变量 β 称为反馈因数，定义为由输出端通过电容分压器反馈到放大器输入端的信号：

$$\beta = \frac{v_{id}}{v_{od}} = \frac{C_{Ftot}}{C_{Ftot} + C_S + C_{gs}} \tag{6.5}$$

为将来使用，还定义 $C_{gs} = 0$(无输入电容时的理想放大器)时的最大可能反馈因数为

$$\beta_{max} = \frac{C_{Ftot}}{C_{Ftot} + C_S} = \frac{1}{1+G} \tag{6.6}$$

式(6.2)中的零点(z)位于 $+g_m/C_{Ftot}$(右半平面)，并因为远远超出电路的闭环带宽，通常可忽略。因此可以得到近似表达式：

$$A_{CL}(s) = \frac{v_{od}}{v_{sd}} \approx -G \frac{L_0}{1+L_0} \frac{1}{1-\dfrac{s}{p}} = \frac{A_{CL0}}{1-\dfrac{s}{p}} \tag{6.7}$$

该传输函数的大小与图 6.4 中的频率相对应，基本跟随电路的回路增益变化。由于这是一阶反馈系统，因此闭环转折频率 ω_c(等于 $|p|$)可以用回路增益的单位增益频率很好地近似。假设 $g_m r_{ds} \gg 1$，详细分析得到

$$|p| = \omega_c \approx \omega_u \approx \beta \frac{g_m}{C_{Ltot}} \tag{6.8}$$

式中，总负载电容 C_{Ltot} 由下式给出：

$$C_{Ltot} = C_L + (1-\beta)C_{Ftot} \tag{6.9}$$

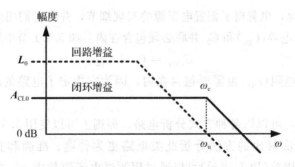

图 6.4 闭环增益与回路增益的曲线

式中，第二项是由反馈网络造成的；C_L 是连接到输出端的显式负载电容（见图 6.3）。

例如，C_L 可以是下一级的采样电容。考虑这种设置，将电路的扇出定义为显式负载电容与自身采样电容的比率：

$$FO = \frac{C_L}{C_S} \tag{6.10}$$

由于电路可以用单极传输函数很好地近似，对 $t=0$ 时的小差分输入阶跃（$v_{sd,step}$）的响应可以简单表示为

$$v_{od}(t) = v_{od,final}\left(1 - e^{-\frac{t}{\tau}}\right) \tag{6.11}$$

式中，$\tau = 1/\omega_u$；括号中的衰减指数称为动态稳定误差。

SC 电路通常根据期望的稳定时间 t_s 处的期望动态稳定误差（ε_d）进行描述。可以使用式（6.11）将这个式子化作对时间常数的表达式：

$$e^{-\frac{t_s}{\tau}} = \varepsilon_d \Rightarrow \tau = \frac{1}{\omega_u} = \frac{t_s}{\ln\left(\frac{1}{\varepsilon_d}\right)} \tag{6.12}$$

最终输出电压（在 $t \to \infty$）由下式给出：

$$v_{od,final} = -v_{sd,step} \cdot G\frac{L_0}{1+L_0} = -v_{sd,step} \cdot G(1+\varepsilon_s) \tag{6.13}$$

式中，参数 ε_s 被称为静态增益误差：

$$\varepsilon_s = \frac{L_0}{1+L_0} - 1 \approx -\frac{1}{L_0} \tag{6.14}$$

因此静态增益误差决定了放大器需要的低频回路增益。

与第 5 章中电荷放大器的一个重要区别是量化噪声的表达方式。由于 SC 电路在离散的时间样本上运行，必须考虑总积分噪声，而非噪声功率谱密度。参考文献[2]中提供的分析表明，电路输出端的采样噪声由下式给出：

$$\overline{v_{od}^2} = 2\frac{\gamma_n}{\beta}\frac{k_B T}{C_{Ltot}} \tag{6.15}$$

此处，因数 2 对应来自 M_{1a} 和 M_{1b} 的噪声。采样噪声可以通过将输入信号除以式 (6.2) 中的低频增益项的平方（在 L_0 很大时大约为 G^2）来进行描述。

6.1.2 假定噪声和带宽恒定的优化

使用上述方程组，可以研究带宽、噪声和电流消耗间的权衡。按照与 5.5 节相同的方法，先写出下式：

$$I_D = g_m \cdot \frac{I_D}{g_m} \tag{6.16}$$

和以前一样，需要进行两次替换用来组合带宽和噪声的约束条件。首先求解式 (6.8) 的跨导并进行替换，然后使用式 (6.15) 消除所得表达式中的 C_{Ltot}，这会得到

$$I_D = \frac{2k_B T \gamma_n}{v_{od}^2} \cdot \omega_u \cdot \frac{1}{\beta^2} \frac{I_D}{g_m} \tag{6.17}$$

从这个结果中可以看到，对给定的带宽和噪声标准（并假设 γ_n 为常数）最小化 I_D 可以归结为最小化：

$$K = \frac{1}{\beta^2} \frac{I_D}{g_m} \tag{6.18}$$

这个结果对于本章的其余部分非常重要，因此值得直观地解释。实质上式 (6.18) 描述的是期望尽可能大的反馈因数和 g_m/I_D。不幸的是这两个量相互影响，这就产生了一个特定的 g_m/I_D 的值，可以使式 (6.18) 最小化。首先要注意，使 g_m/I_D 更大会导致输入电流更有效地转换为 g_m，因此因数 K 与 g_m/I_D 成反比。然而，由第 3 章可以知道，较大的 g_m/I_D 意味着较低的 ω_T，因此给定 g_m 的栅极电容会更大。然而更大的栅极电容会降低反馈因数 β[见式 (6.5)]。这需要更高的 g_m 来维持带宽[见式 (6.8)]，因而降低并最终抵消了提升 g_m/I_D 带来的积极影响。

为了在 g_m/I_D 和 ω_T 间进行权衡，并分析对 β 的影响，先进行一些数学上的符号替换。从式 (6.5) 开始，将 β 表示为

$$\beta = \frac{1}{1 + G + \dfrac{C_{gs}}{C_{Ftot}}} \tag{6.19}$$

式中，电容之比为

$$\frac{C_{gs}}{C_{Ftot}} = \frac{\dfrac{g_m}{C_{Ftot}}}{\dfrac{g_m}{C_{gs}}} = \frac{\dfrac{g_m}{C_{Ftot}}}{\omega_{Ti}} \tag{6.20}$$

此处引入 $\omega_{Ti} = g_m/C_{gs}$，它类似于晶体管的传输角频率（$\omega_T = g_m/C_{gg}$），但仅包括所涉及的固有电容 C_{gs}。注意，由于 $C_{gs} < C_{gg}$，ω_{Ti} 总是略大于 ω_T。

式 (6.20) 中的分子为

$$\frac{g_{\mathrm{m}}}{C_{\mathrm{Ftot}}} = \frac{1}{\beta} \frac{\omega_{\mathrm{u}}}{\omega_{\mathrm{Ti}}}(\mathrm{FO} \cdot G + (1-\beta)) \tag{6.21}$$

式(6.21)由下式导出:

$$\omega_{\mathrm{u}} = \frac{\beta g_{\mathrm{m}}}{C_{\mathrm{Ltot}}} = \frac{\beta g_{\mathrm{m}}}{C_{\mathrm{L}} + C_{\mathrm{Ftot}}(1-\beta)} = \frac{\dfrac{\beta g_{\mathrm{m}}}{C_{\mathrm{Ftot}}}}{\dfrac{C_{\mathrm{L}}}{C_{\mathrm{Ftot}}} + (1-\beta)} \tag{6.22}$$

并且

$$\frac{C_{\mathrm{L}}}{C_{\mathrm{Ftot}}} = \frac{C_{\mathrm{L}}}{C_{\mathrm{S}}} \frac{C_{\mathrm{S}}}{C_{\mathrm{Ftot}}} = \mathrm{FO} \cdot G \tag{6.23}$$

使用这些表达式,将式(6.21)代入式(6.20)并随即求解 β 得到

$$\beta = \frac{1 - (1 + \mathrm{FO} \cdot G) \dfrac{\omega_{\mathrm{u}}}{\omega_{\mathrm{Ti}}}}{1 + G - \dfrac{\omega_{\mathrm{u}}}{\omega_{\mathrm{Ti}}}} \tag{6.24}$$

式(6.24)捕获并分析了 β 对晶体管特征频率的依赖性。将它代入式(6.18)给出下方的结果,为得到最小电流的结果还需要最小化:

$$K = \left(\frac{1 + G - \dfrac{\omega_{\mathrm{u}}}{\omega_{\mathrm{Ti}}}}{1 - (1 + \mathrm{FO} \cdot G) \dfrac{\omega_{\mathrm{u}}}{\omega_{\mathrm{Ti}}}} \right)^2 \frac{I_{\mathrm{D}}}{g_{\mathrm{m}}} \tag{6.25}$$

虽然式(6.25)中的闭环增益幅度 G 通常是先验已知的,但扇出项(FO)也需要进行优化。然而,在某些情况下,也存在已知的扇出的最佳优化。例如,已经表明对于级联的 SC 段,FO 的近似最佳值等于 $1/G^{[5]\ominus}$。因此,在这种情况下,式(6.25)中 FO 和 G 的乘积简单地变得等于一。如果电路用于不适用于该结果的应用中,FO 成为必须基于给定的应用约束条件进行优化和/或适当选择的设计参数。

式(6.25)和式(5.33)(关于电荷放大器)间的主要区别是由于式(6.9)中噪声表达式和反馈负载项的差异。然而这里再次看到,一旦电容比(闭环增益、扇出)和带宽固定,最小化漏极电流可归结为找到 ω_{Ti} 和 $g_{\mathrm{m}}/I_{\mathrm{D}}$ 间的最佳平衡。下面将使用数值示例来说明典型的权衡曲线和依赖关系。

例 6.1　基本 OTA 的优化

绘制基本 n 沟道 OTA 的式(6.24)和式(6.25)的示意图。其中 $L = 100$ nm, $f_{\mathrm{u}} = 1$ GHz, ①$G = 2$ 且 FO $= 0.5$、1、2、4,以及②$G = 1$、2、4、8 且 FO $\cdot G = 2 =$ 常数。

$\ominus$　导致该结果的具体条件是来自级联的 SC 增益级的采样和放大阶段的噪声是相同的。由于最小化噪声分量的成本是相同的,这是最佳的优化。

在最小电流位置列出以下量：晶体管的 g_m/I_D 和 f_{Ti}、β 和 β_{max} 的比值 [见式(6.6)]，以及比值 $C_{gs}/(C_S + C_{Ftot})$。

解：

扫描 g_m/I_D 并使用查找函数找到相应的 ω_{Ti}。接下来，评估给定参数下的式(6.24)和式(6.25)。对①部分，这将产生图 6.5 和表 6.1。

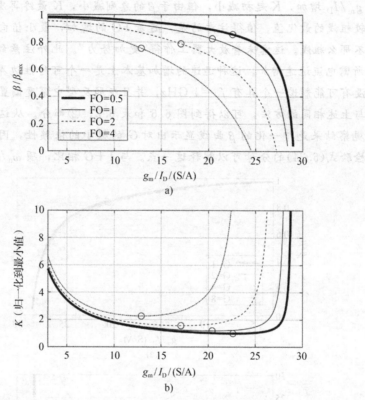

图 6.5　a) 反馈因数 β 与 g_m/I_D 的关系　b) 相对漏极电流 [因数 K，由式(6.25)给出] 与 g_m/I_D 的关系。FO 是变化的，而 $G=2$(固定)。对于 FO=0.5，曲线相对于最小的 K 进行归一化

表 6.1　$G=2$ 时每个 FO 值的最优设计参数

FO	最优化参数			
	$g_m/I_D/(S/A)$	f_{Ti}/GHz	β/β_{max}	$C_{gs}/(C_S + C_{Ftot})$
0.5	22.6	12.0	0.857	0.167
1	20.4	15.6	0.825	0.212
2	17.1	22.3	0.788	0.270
4	12.9	35.6	0.755	0.325

图 6.5a 展示了式(6.24)预测的 β 的值。如上所述，较大的 g_m/I_D 会导致器件更大，并伴随更大的 C_{gs}，因此反馈因数 β 必须单调减小。图 6.5b 绘制了式(6.25)。回想一下，这很简单：

$$K = \frac{1}{\beta^2}\frac{I_D}{g_m}$$

由于 g_m/I_D 增加，K 起初减小，但由于 β 的急剧减小，K 最终再次增大。两者之间有一个比较粗浅的最优值。值得注意的是，随着 FO 的增加，最小值向强反型的方向移动并变得不那么粗浅。这意味着放大器工作得"更加努力"。此外注意到，对于大的 g_m/I_D，K 和所需电流迅速增加。这种迅速的增加基本上是一个可行性边界。在给定的工艺条件下，没有可能制造一个具有 $f_u=1\ \mathrm{GHz}$，并且在弱反型中深度偏置的 OTA。

使用与上述相同的方法，可以得到图 6.6 和表 6.2，②部分。从这些结果中得到的最重要的观察结果是归一化的 β 曲线显示出对 G 的极小的依赖性，因此最佳值基本一致。通过检验式(6.24)的分母可以解释这一点。与 $1+G$ 相比，项 ω_u/ω_{Ti} 较小，因此分

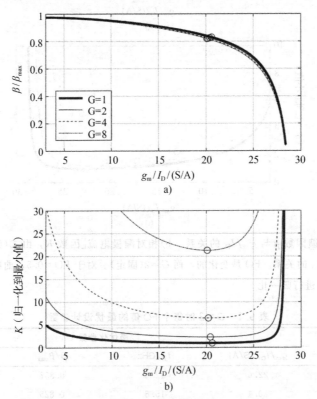

图 6.6　a)反馈因数 β 与 g_m/I_D 的关系　b)相对漏极电流[因数 K，由式(6.25)给出]与 g_m/I_D 的关系。FO 是变化的，而 FO·$G=2$(固定)。对于 $G=1$，曲线相对于最小的 K 进行归一化

母近似恒定不变。此外分子包含 FO·G，在本例中也保持不变。对于所有情形，由于式 (6.24)的分子中存在 ω_u/ω_{Ti} 项，剩下的是 β 的一个类似滚降的曲线。此外请注意，图 6.6b 刻画了产生较大闭环增益的"成本"。随着 G 的增加，所需的最小电流也显著增加。

表 6.2　FO·G＝2(固定)时最佳设计参数看作 G 的函数

G	最优化参数			
	$g_m/I_D/(\mathrm{S/A})$	f_{Ti}/GHz	β/β_{max}	$C_{gs}/(C_S + C_{Ftot})$
1	20.6	15.2	0.830	0.204
2	20.4	15.6	0.825	0.211
4	20.2	15.9	0.822	0.216
8	20.1	16.1	0.819	0.220

基于对前一个例子的观测，从式(6.25)的分子中消除 ω_u/ω_{Ti} 项是合理的，故近似得到

$$K \approx \left[\frac{1+G}{1-(1+\mathrm{FO}\cdot G)\dfrac{\omega_u}{\omega_{Ti}}} \right]^2 \frac{I_D}{g_m} \tag{6.26}$$

从代数的角度看，忽略 ω_u/ω_{Ti} 项等价于在推导式(6.24)时忽略式(6.9)中的 β 项。在物理上，这意味着正在降低自反馈对反馈因数的依赖性，并假设整个反馈电容(C_{Ftot})加载输出信号。这是一阶分析的一个保守而可接受的近似。

式(6.26)现在几乎与由式(5.34)给出的电荷放大器的式子相同。唯一的区别在于分子(这是一个常数)和分母中与 ω_u/ω_{Ti} 相乘的额外的"1"。使用与 5.5 节中类似的步骤，并假设是强反型，因而可以再次得到描述最佳尺寸条件的易处理的一阶表达式。由此可得式(6.26)最小化时，有

$$\frac{\omega_{Ti}}{\omega_u} = 3(\mathrm{FO}\cdot G + 1) \tag{6.27}$$

和

$$C_{gs} = \frac{C_S + C_{Ftot}}{3} \tag{6.28}$$

C_{gs} 为此值时，有

$$\frac{\beta}{\beta_{max}} = \frac{3}{4} \tag{6.29}$$

回顾例 6.1 中的值，可以发现这些预测与观察到的结果相当接近。图 6.7 通过比较式 (6.29)(垂直的灰线)与实际因数 K 的曲线及其最佳值说明了这一点。该匹配对于 FO＝4 的情况特别好，其中晶体管在强反型附近工作。甚至对于 g_m/I_D 大到 22.6 的中等反型等其他情况，由于最佳值较粗浅，使用式(6.29)的 β 值进行设计也是完全可以接受的。

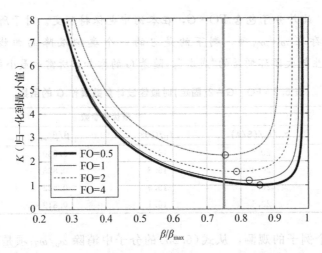

图 6.7　相对漏极电流[式(6.25)中定义因数 K]与归一化的反馈因数。所有参数如例 6.1 的情况①

上述表达式还为某些给定规范的技术需求提供了有价值的一阶设计指导。例如，式(6.27)预测，对于 $FO \cdot G = 2$ 的情形，有效的工作功率要求晶体管的 ω_{Ti} 比 ω_u 大 9 倍（例 6.1 中的精确值为 $7.6\sim8$）。此类估算对工艺技术的选择和一阶可行性研究非常有用。

一旦知道了晶体管的最佳反型和反馈系数，就可以直接使用噪声和带宽规格完成设计了。下面的示例中将会说明这一点。

例 6.2　**确定基本 OTA 的尺寸**

确定基本 n 沟道 OTA 电路的尺寸，以实现 $f_u = 1$ GHz，并在最小电流消耗下实现 $100 \mu V_{rms}$ 的总积分输出。假定 $G = 2$、$FO = 1$ 且 $L = 100$ nm。确定器件宽度和所有电容的尺寸。计算静态增益误差和动态稳定误差衰减到 0.1% 以下所需要的时间。用 SPICE 软件仿真验证设计。

解：

为解决此问题，可以复用例 6.1 中的数据（见表 6.3）：

表 6.3　由例 6.1 得到的最佳设计点

FO	最优化参数			
	g_m/I_D/(S/A)	f_{Ti}/GHz	β/β_{max}	$C_{gs}/(C_S + C_{Ftot})$
1	20.4	15.6	0.825	0.212

使用这些数据，首先计算反馈因数：

$$\beta = 0.825\beta_{max} = 0.825 \cdot \frac{1}{3} = 0.275$$

接着基于对噪声的要求使用式(6.15)计算 C_{Ltot}。假定 $\gamma_n = 0.7$(见图 4.2),得到

$$C_{Ltot} = 2\frac{\gamma_n}{\beta}\frac{k_B T}{v_{od}^2} = 2.1(pF)$$

现在使用带宽规格计算 g_m:

$$g_m \approx \frac{C_{Ltot}\omega_u}{\beta} = 48.2(mS)$$

使用表 6.3 中 g_m/I_D 的值,可以得到 $I_D = 2.36$ mA。为计算器件宽度,使用查找函数来确定电流密度($J_D = 3.02$ A/m),并得到 $W = 783\,\mu m$。最终,为确定电容的尺寸,可以使用:

$$C_{Ltot} = C_L + (1-\beta)C_{Ftot} = C_{Ftot}\frac{C_L}{C_{Ftot}} + (1-\beta)C_{Ftot} = C_{Ftot}[FO \cdot G + (1-\beta)]$$

解出 $C_{Ftot} = 774$ fF 时的情形,且使用给定的 G 和 FO 的值得到 $C_S = C_L = 1.55$ pF。为找出静态增益误差,先查找晶体管的固有增益:

```
gm_gds = lookup(nch,'GM_GDS', 'GM_ID', gm_ID, 'L', L)
```

得到 24.2。使用下式计算静态增益误差:

$$\varepsilon_s = -\frac{1}{L_0} \approx -\frac{1}{\beta\frac{g_m}{g_{ds}}} = -15\%$$

注意,这个值相当大,并不一定适用于实际应用。误差减小到 $\varepsilon_d < 0.1\%$ 所用时间由式(6.12)给出:

$$t_s = \tau \cdot \ln\left(\frac{1}{0.1\%}\right) = 6.9\tau = \frac{6.9}{\omega_u} = 1.10(ns)$$

为验证设计,设置一个仿真原理图如图 6.8 所示。50 MΩ 的电阻用于建立栅极偏置电压(并不需要实际开关电容电路)。为方便起见,使用平衡-不平衡转换器,从单端源创建所需的差分输入信号。理想的共模反馈(CMFB)电路用于将输出静态点设置为 0.8V。仿真所需的另一个参数是 $C_F = C_{Ftot} - C_{gd}$ 的值。为确定 C_{gd} 使用如下查找命令:

```
Cgd = W*lookup(nch,'CGD_W', 'GM_ID', gm_ID, 'L', L)
```

由此得到 $C_{gd} = 259$ fF,因此 $C_F = 515$ fF。

为了测量闭环带宽 f_c,用交流信号作为差分激励,得到如图 6.9a 所示的响应。预期的低频电压增益是 $\frac{C_S}{C_F}(1+\varepsilon_s) = 1.7$,即 4.61(dB)。仿真结果与此数字很好地匹配。f_c 的值(1.05 GHz)也非常接近预期。粗看起来这有点令人惊讶,因为这里忽略了晶体管的漏极-基极电容。这可以用下面的代码估计:

```
Cdb = W*lookup(nch,'CDD_W', 'GM_ID', gm_ID, 'L', L) - Cgd
```

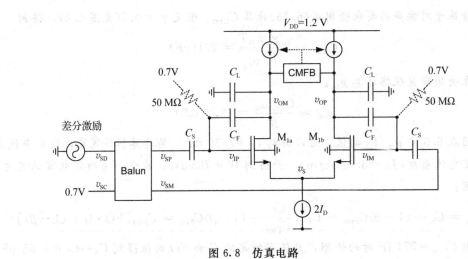

图 6.8　仿真电路

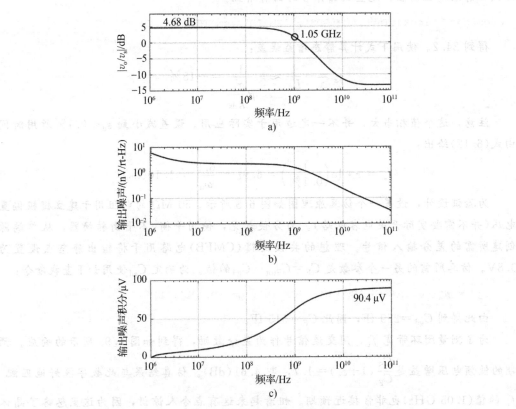

图 6.9　交流和噪声仿真结果

a)闭环增益大小　　b)输出噪声谱密度　　c)对图 6.9b 中噪声谱密度的积分

这给出了 230 fF（大约是 C_{Ltot} 的 10%）。这个值很大，应会导致带宽减少约 10%。然而这种减少由 r_{ds} 补偿，在计算 f_u 时也忽略了这个结电容。总的来说，因为忽略 C_{db} 可以简化计算而不会导致大的误差，这一决定是合理的。

仿真的总集成 RMS 噪声电压（见图 6.9c）大约比预期的小了 10%。这也可以由忽略漏极-基极电容来解释。

（在 $t=1$ ns 时施加）步长为 10 mV 的输入信号得到的瞬态仿真结果如图 6.10 所示。电路稳定在静态增益误差的预期值，动态稳定误差在 1.06 ns 内衰减至 0.1% 以下。这与 1.1 ns 的计算估计值非常接近。

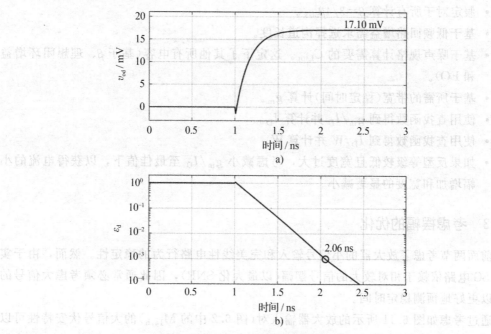

图 6.10 瞬态仿真结果

a) 输出电压出现阶跃 b) 相应的动态建立误差

在例 6.2 中看到，忽略结电容 C_{db} 对观察到的总积分噪声有明显的影响。在这种情况下，重要的是要注意到，这种特定的差异可以容易地解决而不会影响到任何其他指标。为此，可以使用如下噪声缩放方法：

1）计算比率（真实噪声功率）/（期望噪声功率）。称这个值为 S。

2）将所有电容、器件宽度和漏极电流乘以 S。

此方法保持恒定的电流密度（因此有恒定的 g_m/I_D 和 f_T）和恒定的 g_m/C 比值，因此频率响应保持不受影响。然而，与电容成比例的噪声被适当调整。对于例 6.2，比例因数将是 $S=0.9^2=0.81$。因此如果允许 RMS 噪声电压上升到规定的 100 μV，电流将会降低 19%。

另一方面涉及已在 5.5 节看到的结果。如果坚持以最精确的最佳值运行，并且与工艺限制相比目标速度相对低（以传感器电路为例），最终会产生较低的反型等级和相应较大的器件尺寸。某种程度上这是例 6.2 中的情况，这时得到的 $W = 783\ \mu\text{m}$。由于已知这种情况下的最佳值很浅（见图 6.6），设计人员应考虑远离最佳状态，使用较低的 g_m/I_D 从而受益于明显更小的宽度。建议读者使用例 6.2 中的数据进行相应的尝试。

简言之，本节的发现可归纳为以下典型设计流程：

- 给定：噪声规格、稳定时间规格、理想闭环增益、低频回路增益、FO。
- 假定对于所有计算 $\beta = 3/4\beta_\text{max}$。
- 基于低频回路增益需求选择沟道长度。
- 基于噪声规格计算需要的 C_Ltot。这定下了其他所有电容（基于 β、理想闭环增益和 FO）。
- 基于所需的带宽（稳定时间）计算 g_m。
- 使用查找函数得到 g_m/I_D 并计算 I_D。
- 使用查找函数得到 I_D/W 并计算 W。
- 如果反型等级较低且宽度过大，考虑减小 g_m/I_D 至最佳值下，以获得电流的小幅增加和宽度的显著减小。

6.1.3 考虑摆幅的优化

前面两节考虑了放大器的小信号输入和完美线性电路行为的稳定性。然而，由于实际的 SC 电路依赖于相对较大的信号摆幅（以最大化 SNR），因此通常必须考虑大信号的效果以更好地预测稳定时间。

通过考虑如图 6.11 所示的放大器输入对（图 6.2 中的 $M_\text{1a,b}$）的大信号伏安特性可以理解这个问题。只有当差分输入完全在 $2I_\text{D}/g_\text{m}$ 的范围内时，才能线性逼近这个传输函数。如果信号超出此范围，则差分漏极电流饱和，从而导致输出电压的变化率的饱和。这种现象被称为"回转"（见标准教科书，如参考文献[1, 4]）。

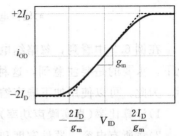

图 6.11 差分对的伏安特性曲线。v_ID 是差分输入电压，i_OD 是差分输出电流（见图 6.2 中的 $i_\text{D1a} - i_\text{D1b}$）

与时间连续电路相比，SC 电路中对于转换的分析由于必须考虑瞬态行为而不是稳态波形这一事实而变得复杂。如图 6.12 所示，SC 电路仅在初始瞬态存在回转现象，然后返回到线性状态。在 $t = 0$ 时，当施加阶跃输入时，输入对可能离开线性区域（见图 6.12）且差分对电流在 $2I_\text{D}$ 处饱和。然而，随着时间的推移，输入信号减小，并且放大器最终回到线性区域以进行剩余的稳定过程。回转和线性稳定间的变换难以用精确的解析表达式来描述。因此，通常假设一个近似的分段模型，其中变换突然发生，与图 6.11 中的虚线相对应。

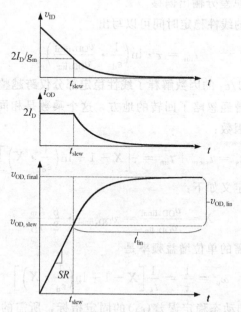

图 6.12　通过初始回转和之后线性稳定达到稳定的过程

为计算初始回转所需的时间（t_{slew}）和之后线性稳定所需的时间（t_{lin}），遵循类似于参考文献[6]中给出的两级 OTA 推导。这里主要的区别是改为考虑图 6.2 中的基本单级 OTA。

在初始回转期间，所有差分对的尾电流（$2I_D$）都提供给负载电容，因此输出的变化率称为信号转换速率或摆率，由下式给出：

$$\text{SR} = \frac{2I_D}{C_{\text{Ltot}}} = \frac{2I_D}{\tau \beta g_m} \tag{6.30}$$

式中，右侧的结果来自式（6.8）中的带宽表达式，其中 $\tau = 1/\omega_u$。正如将在之后看到的，将回转和线性稳定部分相结合，这种替换带来不错的结果。接下来，当在回转和线性稳定之间变换时（$t = t_{\text{slew}}$），线性稳定部分的导数必须等于摆率（见图 6.12）：

$$\frac{\mathrm{d}}{\mathrm{d}t}\left[v_{\text{OD,lin}}\left(1 - \mathrm{e}^{-\frac{t}{\tau}}\right)\right]_{t=0} = \frac{v_{\text{OD,lin}}}{\tau} = \text{SR} \tag{6.31}$$

式中，$v_{\text{OD,lin}}$ 是在线性稳定期间遍历的差分输出摆幅。

使用式（6.31），可以得到

$$v_{\text{OD,lin}} = \tau \cdot \text{SR} = \frac{2I_D}{\beta g_m} \tag{6.32}$$

据此，现在可以计算回转时间：

$$t_{\text{slew}} = \frac{v_{\text{OD, slew}}}{\text{SR}} = \frac{v_{\text{OD, final}} - v_{\text{OD, lin}}}{\dfrac{v_{\text{OD, lin}}}{\tau}} = \tau \left(\frac{v_{\text{OD, final}}}{v_{\text{OD, lin}}} - 1 \right) \tag{6.33}$$

式中，$v_{\text{OD, final}}$ 是瞬态的总差分输出偏移。

现在，为计算剩下的线性稳定时间可以写出：

$$t_{\text{lin}} = \tau \cdot \ln \left(\frac{1}{\varepsilon_d} \cdot \frac{v_{\text{OD, final}}}{v_{\text{OD, lin}}} \right) \tag{6.34}$$

其中，括号内乘以 $1/\varepsilon_d$ 的因数解释了线性稳定部分仅跨越整个瞬态的一小部分这个事实。在之前的内容中曾经忽略了回转的地方，这个乘数是相同的。总稳定时间 (t_s) 现在加上上述计算得到的因数：

$$t_s = t_{\text{slew}} + t_{\text{lin}} = \tau \left[X - 1 + \ln \left(\frac{1}{\varepsilon_d} \cdot X \right) \right] \tag{6.35}$$

其中，为方便起见定义如下：

$$X = \frac{v_{\text{OD, final}}}{v_{\text{OD, lin}}} = v_{\text{OD, final}} \cdot \frac{\beta}{2} \frac{g_m}{I_D} \tag{6.36}$$

基于这个结果，所需的单位增益频率是

$$\omega_u = \frac{1}{\tau} = \frac{1}{t_s} \left[X - 1 + \ln \left(\frac{1}{\varepsilon_d} \cdot X \right) \right] \tag{6.37}$$

对于稳定时间 (t_s) 和动态稳定误差 (ε_d) 的固定指标，所需的放大器带宽取决于转换参数 X，涉及 g_m/I_D 和反馈因数 β。这些依赖性不仅使得导出解析形式的最优值变得不可能，而且在设计可行的数值优化流程时也需要特别注意，因为 g_m/I_D 和 β 都需要优化。这里将使用二维数值搜索来解决这个问题，并在接下来进行叙述。该算法的主要思想是假设一个平方值，并计算得到的电路参数 $(g_m$ 和 $C_{gs})$。使用这些参数可以得到实际的平方值。如果假定的平方值和实际的平方值相匹配，则计算出的设计点是可行的。

1) 使用 for 循环扫描 β（从 $\beta_{\max}$ 的一部分到 $\beta_{\max}$）。

2) 对于 for 循环中的每个 β_k，以及在合理范围（从弱反型到强反型）内的 g_m/I_D 矢量，计算以下内容：

　　a. 用式 (6.15)，噪声规格和 β_k 计算 C_{Ltot}；

　　b. 用式 (6.9)，C_{Ltot} 和 β_k 计算 C_{Ftot}；

　　c. 用式 (6.36)，$v_{\text{OD, final}}$、β_k 和 g_m/I_D 矢量计算 X；

　　d. 用式 (6.37)，t_s、ε_d 和 X 计算 ω_u；

　　e. 用式 (6.8)，C_{Ltot} 和 β_k 计算 g_m；

　　f. 用 g_m/I_D 矢量计算 I_D 和 f_{Ti}；

　　g. 用 g_m 和 f_{Ti} 计算 C_{gs}；

　　h. 沿着用于上述计算的 g_m/I_D 矢量的实际的 β 值。

3)在实际 β 值的矢量中，找到最与 β_k 接近的匹配。如果存在紧密匹配，则这对应于可以考虑/绘制的物理设计点。

现在用一个例子来说明这个算法。

例 6.3 在有回转的情况下确定基本 OTA 电路的尺寸

调整基本 OTA 电路的尺寸，以实现 $t_s = 1.1$ ns（稳定精度为 0.1%）且输出噪声为 100 μV_{rms} 时的最小电流消耗。假定 $G = 2$、FO $= C_L/C_S = 1$、$L = 100$ nm 且 $v_{OD,final} = 10$ mV（小信号运行）、800 mV 和 1600 mV。确定 $v_{OD,final} = 800$ mV 时器件的宽度和所有电容尺寸，并使用 SPICE 软件仿真验证设计。注意，对于 1.2 V 电源，给定的 1600 mV 的差分输出摆幅与实际不符，但此处包括这种情况用于说明目的。

解：

所描述的方法使用下面的给 $v_{OD,final}$ 添加外部 for 循环的 MATLAB 代码实现：

```
% 搜索参数
vodfinal = [0.01 0.8 1.6];
gm_ID = (5:0.01:28)';
beta = (0.25*beta_max:0.001:beta_max)';
% 预计算wti
wti = lookup(nch, 'GM_CGS', 'GM_ID', gm_ID, 'L', L);
for i = 1:length(vodfinal);
    for j = 1:length(beta)
        % 基于噪声计算 CLtot
        CLtot = 2*kB*T*gamma./beta(j)/vod_noise^2;
        CFtot = CLtot./(CL_CFtot + 1-beta(j));
        % 计算 X 和漏极电流
        X = vodfinal(i)*beta(j)./2*gm_ID;
        X(X<1) = 1;
        ID = CLtot/beta(j)./gm_ID/ts.*(X-1 - log(ed*X));

        % 计算 gm 和 Cgs
        gm = gm_ID.*ID;
        Cgs = gm./wti;

        % 计算实际 beta 和找到自洽点
        beta_actual = CFtot./(CFtot*(1+G) + Cgs);
        m = interp1(beta_actual,1:length(beta_actual),beta(j), ...
            'nearest', 0);
        if(m)
            gm_ID_valid(j,i) = gm_ID(m);
            ID_valid(j,i) = ID(m);
            X_valid(j,i) = X(m);
        end
    end
end
```

结果如图 6.13 所示。正如预期的那样，小信号情形（标记为 SS）给出最小可能电流并对应于例 6.2 中的相同结果。具有回转的情况需要更大的电流并且最佳值位于略低的

$g_\mathrm{m}/I_\mathrm{D}$ 处。这种结果是符合直观的，因为回转用的额外时间缩短了线性稳定的时间，需要更快的电路和更高的带宽以及更高 f_T 的器件(更小的 $g_\mathrm{m}/I_\mathrm{D}$)。对于 800 mV 的输出摆幅，转换时间约为总瞬态的 16%；对于 1600 mV 的摆幅，则增长到 32%。对于在 1.2 V 电源下工作的电路，后一个值是不切实际的，但它有助于显示更大信号的回转时间更长这一趋势。

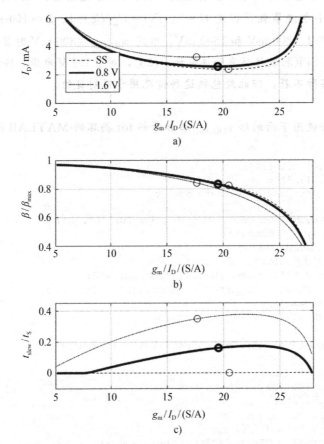

图 6.13　漏极电流优化的扫描。考虑 3 种不同差分输出信号摆幅：10 mV(SS＝小信号)、
　　　　　0.8 V 和 1.6 V

a)漏极电流　　b)归一化反馈因数　　c)归一化转换时间

在 $v_\mathrm{OD,final}$＝800 mV 的最优点，可以得到以下参数：

```
gm_ID =   19.5500
beta = 0.2773
ID =   0.0026
CLtot = 2.0909e-12
```

自此可以像例 6.2 一样计算所有剩下的参数，得到

```
W  =      713.5175
CFtot  =   7.6796e-13
CS  =    1.5359e-12
CL  =    1.5359e-12
CF  =    5.3203e-13
```

预期的电压摆率和转换时间为

```
SR  =    2.4488e+09
tslew  =  1.7606e-10
```

图 6.14 给出了电路阶跃响应的 SPICE 仿真，输入可以产生 800 mV 的阶跃输出。可以看到稳定时间非常接近预期值(1.1 ns)。

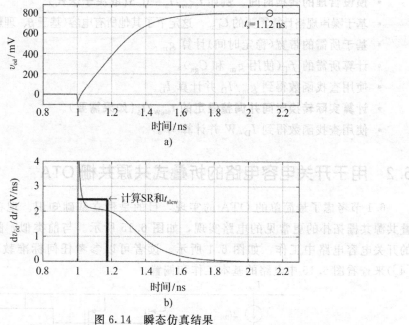

图 6.14　瞬态仿真结果

a)输出波形　b)输出波形对时间的导数

观察到的电压摆率小于预期，原因有两个：①额外的结电容(约为 C_{Ltot} 的 10%)未包含在分析中；②差分对不能如图 6.11 所示的模型中所假设的将电流完全导向一侧。仔细检查发现，大约 10% 的在回转期间接近"零"的电流在器件中流动。(由于差分运行)这解释了总体差异的大约 20%。

有趣的是看到了输出电压的导数最初有峰值，这部分弥补了电压摆率减少的平稳期。存在尖峰是因为当施加阶跃时差分对的尾节点被迫向上，并且这通过该节点处的寄生电容共享额外的动态尾电流。一些额外的加速源于 r_{ds}，这如例 6.2 所述缩短了线性稳定时间。

总之，本节说明了对于基于基本差分对 OTA 的 SC 增益级的设计过程。只有在假设小信号运行时才能找到解析形式(一阶)最优解。一旦应用会造成回转的大信号，这种最佳值就不再具有解析易处理性。然而，基于 g_m/I_D 的设计方法允许使用数值扫描找到最佳值，使得可以同时考虑回转和线性稳定部分来最小化电流。

虽然可以使用二维扫描来找到确切的最佳设计点，也可以基于假设 $\beta=0.75\beta_{max}$ 设计一个更简单的设计流程。但本节再次证明这里的方法是合理的，因为最优解往往很粗浅。推荐的流程类似于没有回转的情况（前面考虑过的），但有两个额外的步骤（用黑体标记）：

- 给定：噪声指标、稳定时间指标、理想闭环增益、低频回路增益、FO。
- 假定对于所有计算 $\beta=0.75\beta_{max}$。
- 基于低频回路增益需求选择沟道长度。
- **预设合理的转换时间，例如 $t_{slew}/t_s=0.3$（取决于迭代）。**
- 基于噪声规格计算需要的 C_{Ltot}。这定下了其他所有电容（基于 β、理想闭环增益和 FO）。
- 基于所需的带宽（稳定时间）计算 g_m。
- 计算所需的 f_T（使用 g_m 和 C_{gs}）。
- 使用查找函数得到 g_m/I_D 并计算 I_D。
- **计算实际转换时间并调整假定的 t_{slew}/t_s（如果需要）。**
- 使用查找函数得到 I_D/W 并计算 W。

6.2 用于开关电容电路的折叠式共源共栅 OTA

6.1 节考虑了最简单的 OTA 的实现，目的是建立基础知识。现在讨论一种基于折叠共源共栅拓扑的更常见的电路实现，如图 6.15 所示。与前类似，假设该电路在典型的开关电容电路中工作，如图 6.1 所示。读者可以参考任何标准教科书（如参考文献 [4]）来查看图 6.15 中电路的基本工作和偏置。

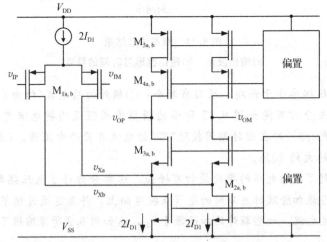

图 6.15　折叠共源共栅 OTA 的示意图（未展示共模反馈电路）。M_4 和 M_5 的基极与 V_{DD} 相连，M_2 和 M_3 的基极与 V_{SS} 相连

在开始设计和优化此电路之前，必须优化 6.1 节中派生的方程以包含其他的内容。为简单起见，暂时只考虑线性稳定，并在本节末尾讨论回转所需的修改。

6.2.1　设计方程

6.1 节中与基本 OTA 的最显著偏差是由于折叠的共源共栅结构引起的非主极点：

$$\omega_{p2} \approx \frac{g_{m3} + g_{mb3}}{C_{dd1} + C_{ss3} + C_{dd2}} \approx \frac{g_{m3} + g_{mb3}}{C_{ss3} + 2C_{dd2}} \tag{6.38}$$

在右侧的最终近似中，假设 M_1 和 M_2 的总漏极电容是可比较的。在下面将会看到，这使得有可能在已知 M_1 的大小前估计 ω_{p2}。

对于大的相位裕度，非主导极点通常超出回路的单位增益频率，如图 6.16 所示。此外，图 6.16 中显示的是非主导极点对精确单位增益频率的影响。为了正确地解释 SPICE 仿真结果，值得区分实际单位增益频率 (ω_u) 和从线性分析近似预测的值 (ω_{u1})。稍后将列举比值 ω_{u1}/ω_u 作为分析的一部分。

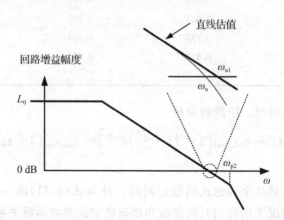

图 6.16　折叠共源共栅 OTA 的回路增益大小。非主导极点导致单位增益频率 (ω_u) 比线性近似预测值 (ω_{u1}) 略小

通过回路传输函数中的第二个极点，可以由下式给出电路的闭环传输函数：

$$A_{CL}(s) = \frac{v_{od}}{v_{sd}} = \frac{A_{CL0}}{1 + \frac{s}{\omega_0 Q} + \frac{s^2}{\omega_0^2}} \tag{6.39}$$

式中，A_{CL0} 是式(6.7)中的闭环低频增益，而

$$\omega_0 \approx \sqrt{\omega_{u1} \omega_{p2}}$$

$$Q \approx \sqrt{\frac{\omega_{u1}}{\omega_{p2}}} \tag{6.40}$$

表 6.4 列举了相对非主导极点位置 ω_{p2}/ω_{u1} 和二阶系统其他相关度量间的关系。

$\omega_{p2}/\omega_{u1}=4(Q=0.5)$ 的情况得到临界阻尼的阶跃响应。这相当于没有过冲的最快的稳定可能[7]，并且是设计用于最大速度的 SC 电路的首选。为避免过冲，不建议设计 $\omega_{p2}/\omega_{u1}<4$ 的情况，如果目标是创建鲁棒性优的设计，这种情况难以管理。另一方面，$\omega_{p2}/\omega_{u1}>4$ 的设计是可以接受的，但是具有较小的稳定速度的损失。在这种情况下，将临界阻尼情况的稳定时间和一阶系统的极限情况（$\omega_{p2}/\omega_{u1}\to\infty$）进行比较是有用的。

表 6.4　作为非主导极点位置的函数的二阶传输函数的参数。$\omega_{p2}/\omega_{u1}\to\infty$ 的情况对应于一阶系统

ω_{p2}/ω_{u1}	Q	ω_u/ω_{u1}	相位裕度/(°)
1	1	0.786	51.8
2	0.707	0.910	65.5
3	0.577	0.953	72.4
4	**0.500**	**0.972**	**76.3**
5	0.477	0.981	78.9
6	0.408	0.987	80.7
7	0.378	0.990	81.9
8	0.354	0.992	82.9
9	0.333	0.994	83.7
10	0.316	0.995	84.3
∞	—	1	90

对于临界阻尼的情况，阶跃响应是

$$v_{od}(t) = v_{od,\text{final}}\left[1 - \left(1 + \frac{2t}{\tau}\right)e^{-\frac{2t}{\tau}}\right] = v_{od,\text{final}}\left[1 - \varepsilon_d(t)\right] \tag{6.41}$$

式中，$\tau=1/\omega_{u1}$。

可以从数值上求解这个表达式的稳定时间，并与式（6.11）的一阶表达式进行比较。表 6.5 比较了两种情况下所需的时间常数和动态稳定误差的函数关系。

表 6.5　具有临界阻尼（$\omega_{p2}/\omega_{u1}=4$）的一阶系统和二阶系统所需的稳定时间常数。最右边的列量化了二阶系统的速度优势

动态稳定误差（ε_d）	t_s/τ ($\omega_{p2}/\omega_{u1}\to\infty$)	t_s/τ ($\omega_{p2}/\omega_{u1}=4$)	加速 (%)
10%	2.3	1.9	15.5
1%	4.6	3.3	27.9
0.1%	6.9	4.6	33.1
0.01%	9.2	5.9	36.2

现在将注意力转向回路的单位增益频率，类似于式（6.8），但更精确地给出下式：

$$\omega_{u1} = \beta \frac{\kappa g_{m1}}{C_{\text{Ltot}}} \tag{6.42}$$

可以逐一检查式(6.41)中的因数，并突出与基本 OTA 的差异。κ 项捕获折叠共源共栅节点处的分流(见图 6.15 的 $v_{Xa,b}$)：

$$\kappa \approx \frac{g_{m3} + g_{mb3}}{g_{m3} + g_{mb3} + g_{ds1} + g_{ds2}}$$

$$\approx \frac{1}{1 + \dfrac{g_{ds1}}{g_{m1}} \dfrac{g_{m1}}{g_{m3} + g_{mb3}} + \dfrac{g_{ds2}}{g_{m2}} \dfrac{g_{m2}}{g_{m3} + g_{mb3}}} \qquad (6.43)$$

$$\approx \frac{1}{1 + \dfrac{g_{ds1}}{g_{m1}} \dfrac{g_{m1}}{g_{m3}} + 2\dfrac{g_{ds2}}{g_{m2}}}$$

最终表达式中的因数 2 来自假设 $g_{m2} = 2g_{m3}$，当 M_2 和 M_3 具有相同的沟道长度且 $W_2 = 2W_3$ 时，假设成立。

为了求解 κ 的值，回忆在第 2 章中，65 nm 工艺中短沟道器件的固有增益 g_m/g_{ds} 大约是 10(对于相对高的 V_{DS}，中等反型)。如果式(6.43)的最终近似值的 g_{m1} 和 g_{m3} 是可比较的，那么 κ 可以低至 0.7。使用此数字作为一些初步计算的保守估计。

式(6.42)中的总负载电容由下式定义：

$$C_{Ltot} = [C_L + (1 - \beta)C_F](1 + r_{self}) \qquad (6.44)$$

式中，r_{self} 由下式给出：

$$r_{self} = \frac{C_{dd3} + C_{dd4}}{C_L + (1 - \beta)C_F} \qquad (6.45)$$

与式(6.9)相比，因为输入对的栅极-漏极电容不再是并联，C_{Ftot} 现在变为 C_F。参数 r_{self} 表示放大器的自负载，这在片上负载电容很小的高速电路中非常重要。在后面得到的数值示例中将会看到这一点。

式(6.42)中的反馈因数 β 也与基础 OTA[见式(6.5)]也有所不同：

$$\beta = \frac{C_F}{C_F + C_S + C_{in}} \qquad (6.46)$$

式中，C_{in} 是折叠共源共栅 OTA 的输入电容，可以用下式近似：

$$C_{in} \approx C_{gs1} + C_{gb1} + C_{gd1}\left(1 + \frac{g_{m1}}{g_{m3}}\right) = C_{gg1} + C_{gd1}\frac{g_{m1}}{g_{m3}} \qquad (6.47)$$

表达式中括号内的因数是栅极-漏极电容的米勒倍增带来的，而括号内的"1"在右侧的最终结果中被包含入 C_{gg1}。C_{gd1} 这一项可能并不是很大，但在优化中包括它可以帮助改善结果。

基于式(6.46)，涉及最大可能的 β 的表达式变为

$$\beta_{max} = \frac{C_F}{C_F + C_S} = \frac{1}{1 + G} \qquad (6.48)$$

因此：

$$\beta = \beta_{\max} = \cfrac{1}{1 + \cfrac{C_{\text{in}}}{C_{\text{F}} + C_{\text{S}}}} \tag{6.49}$$

电路的低频回路增益是

$$L_0 = \beta \kappa \, g_{\text{m1}} R_{\text{o}} \tag{6.50}$$

式中，R_{o} 是 OTA 输出电阻。

为简化忽略 g_{mb}，R_{o} 可以由下式给出：

$$\frac{1}{R_{\text{o}}} \approx \frac{g_{\text{ds4}}}{1 + \dfrac{g_{\text{m4}}}{g_{\text{ds5}}}} + \frac{g_{\text{ds3}}}{1 + \dfrac{g_{\text{m3}}}{g_{\text{ds1}} + g_{\text{ds2}}}} \tag{6.51}$$

式(6.51)混合了来自不同器件的参数比值，因此难以用于设计。可以做出以下假设以得到有用的一阶近似：①所有晶体管具有相同的 $g_{\text{m}}/I_{\text{D}}$，这意味着 $g_{\text{m1}} = \dfrac{g_{\text{m2}}}{2} = g_{\text{m3}} = g_{\text{m4}} = g_{\text{m5}}$。②$M_1$ 的输出电导接近 $g_{\text{ds2}}/2$（注意，M_1 承载 M_2 电流的一半）。将这些简化应用于式(6.51)，然后代回式(6.50)，得到

$$\frac{1}{L_0} \approx \frac{1}{\beta \kappa} \left[\frac{1}{\left(1 + \dfrac{g_{\text{m5}}}{g_{\text{ds5}}}\right) \dfrac{g_{\text{m4}}}{g_{\text{ds4}}}} + \frac{1}{\left(1 + \dfrac{1}{3} \dfrac{g_{\text{m2}}}{g_{\text{ds2}}}\right) \dfrac{g_{\text{m3}}}{g_{\text{ds3}}}} \right] \tag{6.52}$$

这种简化表达式的优点是可以更直接地将低频回路增益和各个独立的 $g_{\text{m}}/g_{\text{ds}}$ 比值联系起来。这种粗略近似之所以是合理的，是因为 L_0 不是必须精确控制的参数，只需要大于某个最小值即可。而且它经常因为一些裕度被过度设计。

折叠共源共栅 OTA 的总积分噪声类似于式(6.15)中的基本拓扑：

$$\overline{v_{\text{od}}^2} = \frac{\alpha}{\beta} \frac{k_{\text{B}} T}{C_{\text{Ltot}}} \tag{6.53}$$

主要的区别在于折叠共源共栅分支中的电流源产生的过量噪声。因数 α 与式(4.7)中括号内的项具有相似的格式，但由于 M_2 和 M_5 的存在而包含两个超额噪声项：

$$\alpha = 2\gamma_1 \left[1 + \frac{\gamma_5}{\gamma_1} \frac{\left(\dfrac{g_{\text{m}}}{I_{\text{D}}}\right)_5}{\left(\dfrac{g_{\text{m}}}{I_{\text{D}}}\right)_1} + 2 \frac{\gamma_2}{\gamma_1} \frac{\left(\dfrac{g_{\text{m}}}{I_{\text{D}}}\right)_2}{\left(\dfrac{g_{\text{m}}}{I_{\text{D}}}\right)_1} \right] \tag{6.54}$$

为简便起见，忽略式(6.54)中共源共栅器件贡献的噪声⊖。

通过对基本方程组的这些修改，寻找最佳反型等级和反馈因数的问题再次难以通过分析来处理。然而 6.2.2 节中将会看到，最佳反馈因数仍然接近 6.1.2 节得出的一阶分析结果。因此，这些指南对于合理性检查和初始参数的猜测仍然有用。

⊖ 来自共源共栅器件的噪声在低频时无关紧要，但在高频时变得很重要。由于高频噪声折返进入 SC 电路的信号频段，因此在典型情况下共源共栅器件会产生 10%～20% 的过量噪声。

6.2.2 优化流程

由于电路中器件尺寸较大，折叠共源共栅 OTA 的优化比之前研究的基础 OTA 更复杂。然而，使用分而治之的思路，可以通过将任务分解为多个步骤来处理这种复杂性。第一步是根据电路的输出摆幅和低频回路增益的要求设计共源共栅堆栈（$M_2 \sim M_5$）。接下来研究输入对的最佳反型等级，就像 6.2.1 节中对基础 OTA 所做的那样。最后将两个部分结合在一起以完成整个电路尺寸的调整，并进行 SPICE 仿真来验证设计。

从共源共栅堆栈的设计开始，注意到它的设计必须考虑输出摆幅（这限制了 $M_2 \sim M_5$ 的 V_{Dsat}）、[每个式(6.52)的]低频回路增益和[每个式(6.38)的]非主导极点。这些指标要求受到 $M_2 \sim M_5$ 尺寸的影响很严重，而输入对参数只有很小的影响，因而在首通设计中可以忽略不计。现在研究一个例子。

例 6.4 折叠共源共栅输出分支的尺寸调整

选择输出分支器件（见图 6.15 中的 M_2、M_3、M_4 和 M_5）的反型等级和沟道长度，使电路可以适应 0.8 V 的差分峰值的输出摆幅，同时实现低频回路增益 $L_0 > 50$，$G = C_S/C_F = 2$。估计所选设计值的非主导极点的频率。

解：

首先检查输出摆幅需求的意义。如果输出共模电压是 $\dfrac{V_{DD}}{2} = 0.6\,\mathrm{V}$，则每半个电路输出将从 0.4 V 摆动至 0.8 V，为共源共栅堆栈留下约 400 mV 的饱和电压。如果将电压平均分配，则每个晶体管的最小 V_{DS} 为 200 mV。由第 2 章的讨论可知，这会限制晶体管的 g_m/I_D 为大于 10 S/A。另一方面可能希望使 g_m/I_D 尽可能小，以获得大的 ω_{p2} 和大的单位增益频率或尽可能高的 ω_T。作为保留一些裕度的折中方案，可以选择输出分支中所有晶体管的 $g_m/I_D = 15$ S/A。可以在以后重新审视这种设计的结果，但没有太大的灵活性：这是一个基本上只能牺牲裕度的设计。

现在可以基于式(6.52)确定共源共栅堆栈中的沟道长度。下面的代码计算共源共栅器件的低频回路增益与沟道长度的关系。为简单起见，假设所有 n 沟道和所有 p 沟道长度相同（$L_2 = L_3 = L_{2,3}$ 且 $L_4 = L_5 = L_{4,5}$）。这是另一种可以在以后需要时重新审视的设计选择。

```
% Design specifications and assumptions
G = 2;
beta_max = 1/(1+G);
beta = 0.75*beta_max;  % first-order optimum
kappa = 0.7;           % conservative estimate
gm_ID = 15;
% Channel length sweep
L = linspace(0.06, 1, 100); L23=L; L45=L;
```

```
gm_gds2 = lookup(nch, 'GM_GDS', 'GM_ID', gm_ID,...
  'VDS', 0.2, 'L', L23);
gm_gds3 = lookup(nch, 'GM_GDS', 'GM_ID', gm_ID,...
  'VDS', 0.4, 'L', L23);
gm_gds4 = lookup(pch, 'GM_GDS', 'GM_ID', gm_ID,...
  'VDS', 0.4, 'L', L45);
gm_gds5 = lookup(pch, 'GM_GDS', 'GM_ID', gm_ID,...
  'VDS', 0.2, 'L', L45);
```

这个扫描的结果如图 6.17 所示。为达成 $L_0 > 50$ 的需求，可以选择使用 $L_{2,3} = L_{4,5} = 0.4\,\mu m$。这个选择得到用 "+" 标记的点。

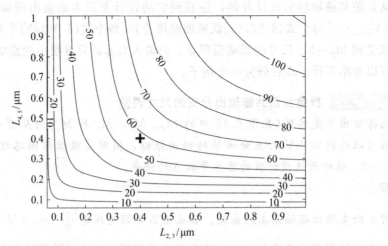

图 6.17　作为沟道长度函数的低频回路增益(L_0)的估计值。符号 "+" 表示所选的设计点

当输出分支的沟道长度固定时，也可以使用式(6.38)估计非主导极点的频率：

```
% Chosen length
L23 = 0.4;
% Resulting device parameters
gmb_gm3 = lookup(nch,'GMB_GM','GM_ID',gm_ID,'VDS',0.4,...
  'VSB',0.2,'L', L23);
gm_css3 = lookup(nch,'GM_CSS','GM_ID',gm_ID,'VDS',0.4,...
  'VSB',0.2,'L',L23);
cdd_css3 = lookup(nch,'CDD_CSS','GM_ID',gm_ID,'VDS',0.4,...
  'VSB',0.2,'L',L23);
cdd_w3 = lookup(nch,'CDD_CSS','GM_ID',gm_ID,'VDS',0.4,...
  'VSB',0.2,'L',L23);
cdd_w2 = lookup(nch,'CDD_CSS','GM_ID',gm_ID,'VDS',0.2,...
  'L',L23);
% Nondominant pole frequency
fp2 = 1/2/pi * gm_css3 * (1+gmb_gm3)/(1 + 2*cdd_css3*2*(cdd_w2/cdd_w3));
```

最后一行的 $(C_{dd}/W)_2$ 和 $(C_{dd}/W)_3$ 前面的因数 2 来自 $W_2 = 2W_3$。上述计算的结果是 $f_{p2} = 1.45\,GHz$。为进行比较，定义 f_{p2} 的主要器件 M_3 的特征频率是 $1.96\,GHz$。

从例 6.4 中可以看到，低频回路增益和对摆幅的要求基本上确定了非主导极点的频率。由于设计要求 $\omega_{p2}/\omega_{u1} \geqslant 4$，这也限制了 ω_{u1} 和可以实现的稳定时间（与 ω_{u1} 成反比）。

为继续设计过程，在例 6.4 中的选择上继续，并假定要设计一个符合给定稳定时间的电路。剩下的目标是在给定一定噪声指标的情况下最小化功耗。这里将遵循的一般流程如下：

1）使用式（6.53）计算满足噪声规范所需的总负载电容。这也确定了给定闭环增益 (G) 和扇出（FO$=C_L/C_S$）下的反馈电容的值。

2）使用式（6.42）计算所需的 g_{m1} 和单位增益频率 ω_{u1}。

3）给定 $(g_m/I_D)_1$ 的值，便可以计算 I_{D1}。由于已经为共源共栅堆栈选定了 g_m/I_D 的值，这样也确定了电路中所有电流和器件宽度。

虽然上面的尺寸调整方案相对简单，但它带来了类似在 6.1.3 节中遇到过的问题。在第一步中，计算总负载电容需要知道 β 和 $(g_m/I_D)_1$ 的值。而这时它们的最佳值并不是先验已知的。有几种方法可以解决这个问题。由于已经知道了 $\beta/\beta_{max} = 0.75$，所以可以得到接近最小电流的结果，一种选择是简单假设此等式成立；另一种选择是忽略噪声对 $(g_m/I_D)_1$ 精确值的依赖性。这就是在推导式（6.52）增益表达式时所做的工作。当时假设电路中所有 g_m/I_D 都是相似的。然而，增益和噪声规范间的巨大差异在于不希望大量过度设计使噪声过大而牺牲功耗。第三种选择是执行 6.1.3 节中已完成的二维计算。由于这非常直接而且不做任何近似，在下面的示例中将遵循与此相同的方法。

另一个必须解决的问题是自负载。在例 6.2 中已经看到，连接到输出的器件外部电容可以是总负载电容的重要部分。因为在输出器件中使用相对较长的沟道，这意味着器件宽度必须相当大，预测在当前的设计中输出器件尺寸更为重要。为解决这个问题，采用 3.1.7 节中已经介绍过的方法。假设 $r_{self} = 0$，然后开始初始计算，之后使用调整过尺寸的电路的 r_{self} 估计值，迭代重新计算所有值。

总之，可以得到以下算法：

1）首先假设自负载可以忽略不计，即 $r_{self} = 0$。

2）使用 for 循环扫描 β（从 β_{max} 的一部分到 β_{max}）。

3）对于 for 循环中的每个 β_k，以及在合理范围（从弱反型到强反型）内的 g_m/I_D 矢量，计算以下内容：

a. 用式（6.54）计算过量噪声因数 α。

b. 用式（6.53）和噪声规格计算 C_{Ltot}。基于 FO、闭环增益规格和 r_{self} 的估计值，这也确定了 C_S、C_F 和 C_L。

c. 用式（6.43）计算电流分流因数 κ。

d. 用式（6.42）和单位增益频率 ω_{u1} 计算 g_{m1}。

e. 用 g_m/I_D 矢量计算 I_{D1} 和 f_{Ti}。

f. 用 g_m 和 f_{Ti} 计算 C_{gg1}。这也使得可以计算每个式（6.47）的 C_{gd1} 和 C_{in}。

g. 沿着用于上述计算的 g_m/I_D 矢量，用式(6.46)计算实际的 β 值。

4)在实际 β 值的矢量中，找到与 β_k 最接近的匹配。如果存在紧密匹配，则这对应于可以绘制的物理设计点。

5)选择最小化电流的设计点并计算 r_{self}。如果 r_{self} 很大，回到步骤 2)并重新计算。根据需要重新迭代以收敛至 r_{self} 合理的设计点。

用接下来的示例说明此方法。

例 6.5 **折叠共源共栅 OTA 的优化**

找到折叠共源共栅 OTA 的输入对的最佳反型等级。假设已在例 6.4 中建立的共源共栅堆栈的参数就是本例的参数。设计降至 0.1% 的稳定时间为 5 ns，总积分差分输出噪声为 400 μV$_{rms}$、$G=2$ 且 FO=0.5。首先计算回路所需的单位增益频率和预期的相位裕度。假设所有晶体管的 $\gamma=0.7$，考虑输入对的长度为 100 nm、200 nm、300 nm 和 400 nm 的情况，并在需要时考虑自负载。

解：

使用式(6.11)的一阶表达式来计算单位增益频率的估计值。结果保存在汇总所有设计规范的结构体"s"中。

```
% Compute required unity gain frequency
s.ts = 5e-9;
s.ed = 0.1e-2;
s.fu1 = 1/2/pi * log(1/s.ed)/s.ts
```

该计算得到 $f_{u1}=220$ MHz。利用例 6.4 中的非主导极点，可以发现 $f_{p2}/f_{u1}=6.6$，因此预计电路具有大约 81° 的相位裕度(见表 6.4)。这个相位裕度证明在上面的计算中使用式(6.11)并假设第二个极点在无穷远处。

接下来，如前所述设置二维扫描。由于需要围绕这些扫描进行迭代，因此将所有计算分组到函数中是最方便的。在下面的代码中，函数"folded_cascode"以 M$_1$ 和 M$_2$ 的晶体管类型以及包含规范(s)和其他设计参数(d)的结构为参数。在这个函数中，按照叙述过的扫描执行并找到与物理设计相对应的点。围绕这个函数设置一个 for 循环，使得可以比较不同沟道长度的结果。请注意，在最初时忽略自负载并设置 $r_{self}=0$。

```
% Parameter setup
L1 = [0.1 0.2 0.3 0.4];
d.rself = 0;
d.gm_ID1 = (3:0.01:27)';
d.beta = beta_max*(0.2:0.001:1)';
%-------------------------------------------------------
% Channel length sweep
for i = 1: length(L1)
    d.L1 = L1(i);
    [m1(i) p(i)] = folded_cascode(pch, nch, s, d);
end
```

folded_cascode 函数输出两个结构，总结了 M_1 的参数（例如 I_D）和其他计算参数（例如 C_{Ltot}）。如示例运行 for 循环可以绘制图 6.18 所示的图形，得到了以下观察结果：

- 与前面所有示例一样，图 6.18a 中的电流最佳值相对较浅。
- 使用较短的沟道可以减少电流，但此时 $L=200$ nm 以上时有逐渐减少的回弹。
- 对于长沟道，自负载电容变得非常大。对于 $L=400$ nm，这个值会接近 C_{Ltot} 的 40%。注意到，此值是基于 $r_{self}=0$ 的猜测的初始迭代的结果。一旦开始将 r_{self} 的观测值放入下一次迭代，电流将不得不大幅增长以维持合适的带宽。

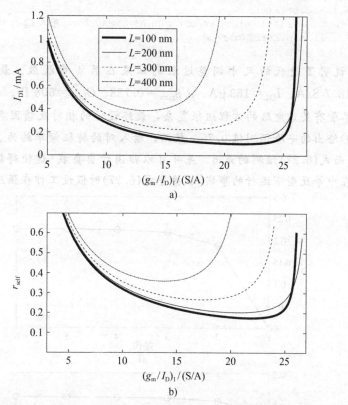

图 6.18 a)漏极电流与$(g_m/I_D)_1$ 的关系 b)扫描的相对自负载

根据这些观测结果，选择使用 $L=200$ nm，并考虑自负载以完成最终设计。在下面的代码中，按照 3.1.7 节中提出的相同方式处理自负载。设置一个 for 循环，在第一次迭代时用 $r_{self}=0$ 来初始化。在第二次和后续所有迭代中，前一次迭代中计算的实际 r_{self} 被用于估计电流。在每一次迭代中，记录沿 g_m/I_D 扫描的最小电流处的所有感兴趣的参数（类似于在图 6.17 中所看到的最小值）。

```
% Search parameter setup
d.L1=0.2;
rself = zeros(1,6);
d.gm_ID1 = (5:0.01:27)';
d.beta = beta_max*(0.2:0.001:1)';
% Self-loading sweep
for i = 1:length(rself)
    d.rself = rself(i);
    [m1 p] = folded_cascode(pch, nch, s, d);
    % Find minimum current point and record parameters
    [ID1(i) m] = min(m1.ID);
    gm_ID1(i) = m1.gm_ID(m);
    cltot(i) = p.cltot(m);
    beta(i) = d.beta(m);
    % Use actual self-loading at optimum as guess for next iteration
    rself(i+1) = p.rself(m);
end
```

图 6.19 说明了迭代的尺寸调整过程的结果在第 4 步收敛。最终设计值如下：$(g_m/I_D)_t = 18.7$ S/A、$I_{D1} = 163\ \mu\text{A}$、$\beta/\beta_{max} = 0.728$、$C_{Ltot} = 508$ fF、$r_{self} = 0.23$。值得注意的是，尽管有关该电路的方程组很复杂，最终设计的相对反馈因数 β/β_{max} 仍然非常接近式(6.29)给出的一阶预测值 0.75。然而，输入对的特征频率约为 2.5 GHz，比 f_{u1} 大约 11 倍，而式(6.27)预测的是 6。差异可以归因于自负载(这使得输入对"工作更努力")和器件在中等反型下运行的事实[在推导式(6.27)时假设工作在强反型下]。

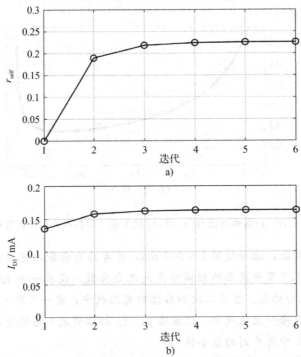

图 6.19　a)沿着尺寸调整迭代的自负载电容　b)输入对晶体管的相应漏极电流

由于已经找到了输入对的最佳反型等级和所需电流，一次可以直接完成电路的尺寸调整。下面的例子说明了这一点。

例 6.6　折叠共源共栅 OTA 的尺寸调整

使用例 6.5 中最终设计点完成折叠共源共栅 OTA 的尺寸调整：$(g_m/I_D)_1 = 18.7$ S/A 且 $I_{D1} = 163$ μA。使用 SPICE 仿真验证电路是否符合设计规范。

解：

由于所有的 g_m/I_D 和 I_D 都是固定的，因此可以通过所有晶体管的电流密度直接确定它们的宽度：

```
ID_W1 = lookup(pch, 'ID_W', 'GM_ID', gm_ID1_opt, 'L', d.L1);
ID_W2 = lookup(nch, 'ID_W', 'GM_ID', d.gm_IDcas,...
  'L', d.Lcas, 'VDS', 0.2);
ID_W5 = lookup(pch, 'ID_W', 'GM_ID', d.gm_IDcas,...
  'L', d.Lcas, 'VDS', 0.2);
W1 = ID1_opt/ID_W1;
W2 = 2*ID1_opt/ID_W2;
W3 = W2/2;
W5 = ID1_opt/ID_W5;
W4 = W5;
```

最后一步是在式(6.44)的帮助下计算反馈和负载电容：

```
CF = CLtot./(s.FO*s.G + 1-beta_opt)/(1+rself);
CS = s.G*CF;
CL = s.FO*CS;
```

这给出 $C_F = 224$ fF、$C_S = 448$ fF 和 $C_L = 224$ fF。晶体管的几何结构如图 6.20 所示。由于器件尺寸相对较大，因此值得回顾 5.5.4 节中关于面积-功率权衡的讨论。由于电流的最佳值所在的谷很浅（见图 6.18a），因此可以移动到更小的 g_m/I_D 以缩小器件尺寸，而电流损失很小。感兴趣的读者可以自行探索此选项。

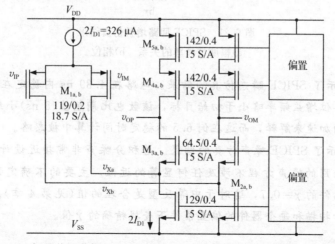

图 6.20　折叠共源共栅 OTA 的最终尺寸调整。所有尺寸均以 μm 为单位

现在将注意力转向电路的 SPICE 仿真验证。图 6.21 显示了回路增益仿真的结果，其中电路被置于电容反馈网络中（见图 6.1）。观测到的单位增益频率（207.93 MHz）接近例 6.5 中计算的 f_{u1} 的值 220 MHz。相位裕度很接近预测值 81°。这两个小偏差都可以通过为达到低复杂度设计方程所做的许多近似来容易地解释。低频回路增益为 38.9 dB（88），符合设定的超过 50 的目标。仿真的增益之所以更大，主要是因为例 6.4 中计算得保守。

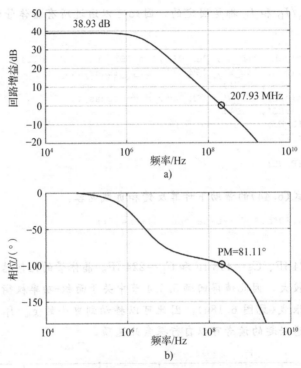

图 6.21　SPICE 回路增益仿真结果
a）幅度与频率的关系　b）相位

图 6.22 显示了 SPICE 瞬态仿真的结果。电路在 4.39 ns 内稳定在最终值的 0.1% 内。即使回路单位增益频率略小于初始目标，该数也比期望值（5 ns）小约 12%。则可以通过第二极点的加速来解释，而这在例 6.5 的稳定时间计算中被忽略。

图 6.23 显示了 SPICE 噪声仿真的结果。总积分噪声非常接近设计目标（400 μV）。这主要是因为应用的噪声方程不涉及任何显著的近似。主要的不确定性来自热噪声因数。假设所有器件的 $\gamma=0.7$，这对于中等反型是合理的值（见第 4 章）。通过额外的工作，可以在设计扫描和每个器件的偏置条件下查找精确的 γ 值。

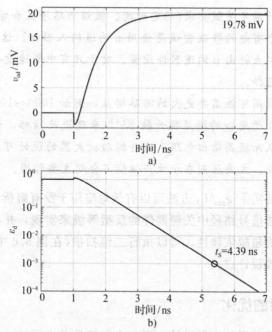

图 6.22　SPICE 瞬态仿真结果

a)整体瞬态与时间的关系　　b)动态稳定误差(相对于最终稳定值)与时间的关系

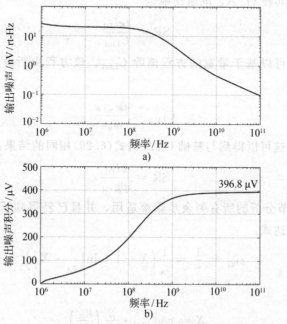

图 6.23　SPICE 噪声仿真结果

a)输出噪声功率谱密度　　b)功率谱密度的积分

总之，观察到设计满足关键要求(稳定时间、低频回路增益和噪声)有一定裕度，而且无需进行调整。一个有趣的修改尝试是使用 n 沟道输入器件。这将使得实现更大的 β 变得容易，但非主导极点将由 p 沟道器件设置。对于只有中等速度要求的电路，这可能是一个很有吸引力的选择。

更一般地，实际应用可能需要更大的回路增益，例如 1000～10 000。可以通过使用更长的沟道或者采用众所周知的增益提升技术[8-9]来改进此指标。这将在共源共栅堆栈中添加辅助放大器，从而提高输出电阻。这些辅助放大器的设计可以以与本章提供的示例几乎相同的方式完成。主要区别在于噪声性能不会起主要作用。

上面的例子再次证实了 g_m/I_D 方法可以有效地应用于没有解析形式设计解决方案的电路。这通常通过扫描信号路径中关键器件的反型等级来实现，并且沿着扫描列举关键的性能参数。为了解决超越依赖性，可以执行二维扫描(在例 6.6 中运用 β 和 g_m/I_D)并寻找自洽点来得到有效设计点。

6.2.3　存在压摆时的优化

本节讨论折叠共源共栅放大器设计，下一步应该是考虑回转。但是如最初提到的那样，回转可以按照 6.1.3 节中的相同方式处理。因此这里只概述(次要)差异。

对于折叠共源共栅 OTA，电压摆率是

$$\text{SR} = \frac{2\kappa I_{D1}}{C_{\text{Ltot}}} \tag{6.55}$$

如以前一样，可以基于带宽的方程消除 C_{Ltot}。该方程由折叠共源共栅的式(6.42)给出：

$$C_{\text{Ltot}} = \frac{\beta g_{m1} \kappa}{\omega_{u1}} \tag{6.56}$$

有 $\tau = 1/\omega_{u1}$，这可以得到与基础 OTA 的式(6.29)相同的结果：

$$\text{SR} = \frac{2 I_{D1}}{\tau \beta g_{m1}} \tag{6.57}$$

自此，6.1.3 节分析的所有剩余步骤都适用，并且已经得到了压摆存在时单位增益频率需求的相同表达式：

$$\omega_{u1} = \frac{1}{\tau} = \frac{1}{t_s}\left(X - 1 + \ln\left(\frac{1}{\varepsilon_d} \cdot X\right)\right) \tag{6.58}$$

其中

$$X = v_{\text{OD,final}} \cdot \frac{\beta}{2}\left(\frac{g_m}{I_D}\right)_1 \tag{6.59}$$

为了说明例 6.5 中的压摆，唯一需要改变的是在步骤 3d 前计算 X，并使用通过式(6.58)计算的单位增益频率计算 g_{m1}。由于例 6.5 中进行的扫描在 β 和 g_m/I_D 中已经是二维的，因此可以很容易地插入 X 的计算而不改变算法的结构。

6.3 用于开关电容电路的两级 OTA

两级 OTA 是在开关电容电路中经常使用的另一种电路。由于这种拓扑堆叠的器件较少，因此通常可以实现比折叠共源共栅 OTA 更大的输出摆幅，这在低压 CMOS 中具有显著的优势。另一方面，两级放大器有额外的、必须妥善处理的极点和零点。这不仅使得设计复杂化，而且通常还会导致限制和低效率，从而抵消了更大输出摆幅的优势。

对于本节的处理，将假设电路如图 6.24 所示。用米勒补偿使电路稳定，并通过让 $R_Z = 1/g_{m2}$ 将由补偿电容 C_C 引起的前馈零点移至无穷大。得到的电路有 3 个极点，但这种设计选择(见下方等式)下第三个极点通常可以被忽略。中和电容 C_n 用于消除第一级输入端的米勒效应。有关此电路极点位置、综合和偏置考虑因素的详细处理可以在如参考文献[4]的标准 IC 设计教科书中找到。

如图 6.24 中的虚线框所示，电路的第二级可视为电荷放大器，在第 5 章中已详细分析。这里将利用这种分析的一些结果来优化电路。

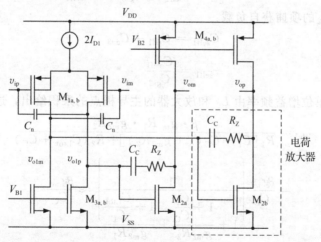

图 6.24　两级 OTA 示意图。(为简单起见)未展示(用于 V_{B1} 和 V_{B2} 的)偏置电压发生器和
所需的共模反馈电路

6.3.1 设计方程

假设放大器插入与图 6.1 相同的反馈配置中。由于通过 C_n 的中和，反馈因数可以由下式很好地近似：

$$\beta \approx \frac{C_F}{C_F + C_S + C_{gg1}} \tag{6.60}$$

电路的低频回路增益是

$$L_0 = \beta \cdot g_{m1} R_1 \cdot g_{m2} R_2 \tag{6.61}$$

其中

$$R_1 = \frac{1}{g_{ds1} + g_{ds3}} \tag{6.62}$$

$$R_2 = \frac{1}{g_{ds2} + g_{ds4}}$$

电路的总负载电容和式(6.44)有类似的形式:

$$C_{Ltot} = C_L + (1 - \beta)C_F + C_{self2} = [C_L + (1 - \beta)C_F](1 + r_{self2}) \tag{6.63}$$

式中，C_{self2} 和 r_{self2} 表示第二级的绝对和归一化的自负载:

$$C_{self2} = C_{db2} + C_{dd4}$$

$$r_{self2} = \frac{C_{self2}}{C_L + (1 - \beta)C_F} \tag{6.64}$$

节点 $v_{o1m,p}$ 处接地电容为

$$C_1 = C_{gs2} + C_{self1} = C_{gs2}(1 + r_{self1}) \tag{6.65}$$

其中，添加到 C_{gs2} 的项捕获自负载:

$$C_{self1} = C_{dd1} + C_{dd3}$$

$$r_{self1} = \frac{C_{self1}}{C_{gs2}} \tag{6.66}$$

反馈回路的单位增益频率由 L_0 和放大器的主导极点的乘积给出，这导出[4]:

$$\omega_{u1} = \frac{\beta \cdot g_{m1} R_1 \cdot g_{m2} R_2}{R_1 [C_1 + C_C(1 + g_{m2} R_2)] + R_2(C_{Ltot} + C_C)}$$

$$= \frac{\beta g_{m1}}{C_C} \left(\frac{1}{1 + \dfrac{1 + \dfrac{C_1}{C_C}}{g_{m2} R_2} + \dfrac{1 + \dfrac{C_{Ltot}}{C_C}}{g_{m2} R_1}} \right) \approx \frac{\beta g_{m1}}{C_C} \tag{6.67}$$

请注意，当 g_m/R 较小时，通常标准教科书中给出的最终近似值可能非常不准确。如果 C_1、C_C 和 C_{Ltot} 是可比的(稍后会看到这种情况)且 $g_m/R \approx 10$，那么近似误差将约为 40%! 因此，下面的优化将使用更准确的表达式，将有限的 g_m/R 项纳入考虑。

放大器的非主导极点角频率是[4]

$$\omega_{p2} \approx \frac{g_{m2}}{C_1 + \dfrac{C_1 C_{Ltot}}{C_C} + C_{Ltot}} = \frac{g_{m2}}{C_1} \frac{1}{1 + \dfrac{C_{Ltot}}{C_C} + \dfrac{C_{Ltot}}{C_1}} \tag{6.68}$$

由于 C_1 包含 C_{gs2}，很明显非主导极点不能超过 M_2 的特征频率。当 C_{Ltot} 与 C_C 和 C_1 相当时，这是典型的设计结果（见下面的示例），非主导极点位于 f_{T2} 的 $1/5 \sim 1/3$ 处。该电路的第三极点位于[4]：

$$\omega_{p3} = \frac{1}{R_Z C_1} = \frac{g_{m2}}{C_1} \tag{6.69}$$

与式（6.68）相比，可以发现这个频率总是显著大于 ω_{p2}。因此第三极点将相位裕度减少了几度，但这通常不需要在设计流程中考虑。

就噪声而言，可以证明[10]：

$$\overline{v_{od}^2} = 2 \frac{1}{\beta} \frac{k_B T}{C_C} \gamma_1 \left(1 + \frac{\gamma_3}{\gamma_1} \frac{g_{m3}}{g_{m1}} \right) + 2 \frac{k_B T}{C_{Ltot}} \left[1 + \gamma_2 \left(1 + \frac{\gamma_4}{\gamma_2} \frac{g_{m4}}{g_{m2}} \right) \right] \tag{6.70}$$

第一项是第一级的噪声，而第二项是第二级的噪声。两者前面的因数是完全差分结构带来的。

显然，给定的这组复杂的交织的方程，再一次没有最优设计点的解析形式解。但是，这里再次看到可以通过 MATLAB 中的扫描识别出近乎最佳的选择。

6.3.2 优化流程

关于两级放大器的绝大多数可用相关文献都侧重于分析，而关于选取合适尺寸策略的信息非常少。Sansen 的关于模拟设计要点的文献[11]是一个例外。该书确定了两级设计的自由度，并特别关注电路中的电容比（C_{gs2}/C_C 和 C_{Ltot}/C_C）。例如，他声称 C_C 应约是 C_{gs2} 的 3 倍，并略小于 C_L。这些指导性原则都源于稳定性的考虑因素，但遗憾的是没有考虑电路的噪声性能。

在下面概述的方法中，还将使用电容比来解开复杂的设计方程，但另外会包含噪声的约束。在这种情况下可以重复使用第 5 章中噪声和带宽受限的电荷放大器级的最佳设计点这一特定结果。根据式（5.37），电荷放大器反馈网络中栅极电容与总电容间的最佳比值为 1/2。在电路中将第二级视为电荷放大器（见图 6.24），且此设计指南转换为 $C_{gs2}/C_C = 0.5^{\ominus}$（为简单起见忽略自负载）。这个结果有助于消除一个自由度[例如式（6.68）]，从而显著简化了设计流程。最终总是可以重新审视这个假设并给一个微扰，看看这个设计是否会因为更小或者更大的值得到改进。

本着同样的精神，由于已经知道所做出的选择可能不是最佳但是合理的，因此可以先验地决定其他参数的比值。总之，先选定了以下二级设计变量。它们需要进行优化，但在优化中不会作为"主要旋钮"出现：

$\ominus$ 所述比值忽略了第一级输出处的自负载。严格地说，最佳值中 C_{gs} 和 $C_C + C_{self1}$ 间的比值等于 1/2。然而，由于 C_{self1} 通常比 C_C 小得多，忽略了这个额外的因数。将在稍后看到最佳值确实略小于 0.5。由于忽略了该项，这是合理的。

- 所有晶体管的沟道长度(L_1、L_2、L_3 和 L_4)。这些选择直接受到所需的低频回路增益的限制，且通常必须考虑到一些裕度(如例 6.4)。优化的一个机会是在一级和二级间进行不等的增益划分。然而，这样的决定通常仅在设计者洞察关于两级中哪一级限制了设计之后才有意义。在下面的设计中，假设增益划分大致相等。

- 有源负载和信号通路器件中的跨导比(g_{m3}/g_{m1} 和 g_{m4}/g_{m2})。这些比值出现在式(6.70)的噪声表达式中，并且被期望最小化。然而，如同第 4 章的分析，降低这些比值会导致转换的损失，从而导致净动态范围的粗浅最佳值的上升。基于此结果，显然优化 g_m 比值并不能获得多少提升。合理的选择在实践中就足够了。

- 最后，如上面已经解释过的，除非另行说明，将假设 $C_{gs2}/C_C = 0.5$。

基于这些选择，现在可以遵循类似于为折叠共源共栅放大器设计的一般性设计流程：

1)使用式(6.70)计算所需的补偿电容以达到噪声规格。

2)使用式(6.67)和期望的单位增益频率 ω_{u1} 计算所需的 g_{m1}。

3)使用式(6.68)和期望的非主导极点频率 ω_{p2} 计算所需的 g_{m2}。

然而，在详细检查这些步骤后，发现需要反馈因数 β 和 C_{Ltot}/C_C 比值来完成噪声计算。因此，将这些参数选择为扫描变量并执行二维搜索，如前所述。与折叠共源共栅示例的主要区别在于此扫描的所有点都是潜在可行的设计点。换言之，不需要搜索自洽点。最后，(如果需要)可以再次需要通过外部迭代解决自负载问题。

总之，这会得到以下算法：

1)首先忽略自负载，即 $r_{self1} = r_{self2} = 0$。

2)扫描 β(从 β_{max} 的一部分到 β_{max})和 C_{Ltot}/C_C。因为已经知道 C_{Ltot} 和 C_C 必须是大致相同的量级[11]，因此扫描整体的比值应该提供有用的结果。

3)对每一个 β 和 C_{Ltot}/C_C 的值计算以下值：

a. 使用式(6.70)和噪声规格计算 C_C。这确定了所有其他电容：C_{Ltot}、C_F、C_S、C_L、C_{gs2}、C_1 和 C_{gg1}。

b. 使用式(6.67)和单位增益频率 f_{u1} 计算 g_{m1}。使用 $g_m R$ 乘积的估计值来提高准确性。

c. 给定 g_{m1} 和 C_{gg1} 计算 $(g_m/I_D)_1$。这也确定 I_{D1}。

d. 使用式(6.68)基于期望的 f_{p2} 计算 g_{m2}。

e. 给定 g_{m2} 和 $C_1 = C_{gs2}(1+r_{self1})$ 计算 $(g_m/I_D)_2$。这也确定 I_{D2}。

f. 计算总电流 $I_{Dtot} = I_{D1} + I_{D2}$。

4)选择二维空间中使总电流最小化的设计点，并计算 r_{self1} 和 r_{self2}。如果自负载很大，回到步骤 2)并重复所有的计算。根据需要重复迭代直到收敛到自负载为合适的值的设计点。

下面将通过实例说明此方法，其中设计目标规范与 6.2 节中相同。为方便起见，这些参数在表 6.6 中重复一遍。

表 6.6　设计指标总结

描述	变量	值
低频环路增益	L_0	>50
理想闭环增益幅度	$G=G_S/C_F$	2
扇出	$FO=C_L/C_S$	0.5
累积输出总噪声	$\overline{v_{od}^2}$	400 μV_{rms}
建立时间	t_s	5 ns

例 6.7　两级 OTA 的优化

找到满足表 6.6 中列出的规格且电流消耗最小的两级 OTA 的设计参数。假设以下沟道长度被选择以满足具有一些裕度的低频回路增益要求：$L_1=L_4=150$ nm(p 沟道器件)和 $L_2=L_3=200$ nm(n 沟道器件)。此外，对于所有晶体管，$g_{m3}/g_{m1}=1$，$g_{m4}/g_{m2}=0.5$ 并假设 $\gamma=0.8$。

解：

第一个要做出的决定是关于非主导极点的位置。如 6.2.1 节所述，使用 $f_{p2}/f_{ul}=4$ 将得到最快稳定和约 76°的相位裕度。然而，由于这是第一次设计迭代，应该选择使用更保守的 $f_{p2}/f_{ul}=6$，这将得到约 80°的相位裕度。此外，为了为预期的稳定时间创造一些裕度，可以再次使用式(6.11)中的(悲观的)一阶表达式，因此目标为 $f_{ul}=220$ MHz(与例 6.5 相同)。

接下来，执行如上所述的二维扫描。由于需要围绕这些扫描进行迭代，因此将所有这些计算分组到函数中还是最方便的。与例 6.5 类似，下面的代码使用函数"two_stage"，其他的 $M_1 \sim M_4$ 的晶体管类型和包含规格(s)及其他已知设计参数(d)的结构为参数。在此函数中，沿 β 维进行矢量化计算，并将 C_{Ltot}/C_C 的扫描留给外部 for 循环。为简单起见，最初忽略自负载，因此设置 $r_{self1}=r_{self2}=0$。此外，从上面讨论的启发式的 $C_{gs2}/C_C=0.5$(需要进一步优化)开始。

```
% Design decisions and estimates
d.L1 = 0.15; d.L2 = 0.20; d.L3 = 0.20; d.L4 = 0.15;
d.gam1 = 0.8; d.gam2 = 0.8; d.gam3 = 0.8; d.gam4 = 0.8;
d.gm3_gm1 = 1; d.gm4_gm2 = 0.5;
d.cgs2_cc = 0.5;
d.rself1 = 0;
d.rself2 = 0;
% Search range for main knobs
cltot_cc = linspace(0.2, 1.5, 100);
d.beta = beta_max*linspace(0.4, 0.88, 100)';
for j=1:length(cltot_cc)
    d.cltot_cc = cltot_cc(j);
    [m1, m2, m3, m4, p] = two_stage(pch, nch, nch, pch, s, d);
    ID1(j,:) = m1.id;
    ID2(j,:) = m2.id;
    gm_ID1(j,:) = m1.gm_id;
    gm_ID2(j,:) = m2.gm_id;
end
```

运行此代码会生成如图 6.25 所示的等值线图。最小电流 318 μA 在 $\beta/\beta_{max}=0.84$ 且 $C_{Ltot}/C_C=0.56$ 处实现。为了进一步理解此处的权衡，很值得研究同一二维平面（见图 6.26）中的反型等级和各级电流。

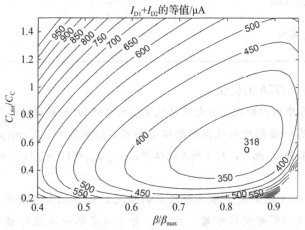

图 6.25　总漏极电流关于扫描参数的等值线图

图 6.26a 中的第一级漏极电流的等值线表现出与前几章的单级设计中看到的类似的一般性趋势。对于 β/β_{max}，电流在某个最佳值的左侧和右侧都增加。在左侧，反馈因数值较小，从而电流增加；而在右侧，实现较大的反馈因数需要较小的 g_m/I_D（较小的电容需要较高的反型等级），从而电流增加。图 6.26b 中确认了 $(g_m/I_D)_1$ 的后一趋势，β/β_{max} 的增长使 $(g_m/I_D)_1$ 被推到等值线上更小的值。

图 6.26a 还表明 I_{D1} 对 C_{Ltot}/C_C 的显著依赖性。当 C_{Ltot} 较小时，大部分噪声预算被第二级消耗[见式(6.70)]，在第一级上产生明显更高的噪声负担（C_C 必须增大，需要更大的 g_{m1} 来维持带宽）。

噪声的权衡也在图 6.26c 中所示的第二级的电流等值线中起重要作用。随着 β/β_{max} 增加，由于可以将更多噪声分配给第二级（因此 C_{Ltot} 可以较小），I_{D2} 减小。另一方面，因为较大的负载使得维持非主导极点频率更加困难[见式(6.68)]，I_{D2} 随着 C_{Ltot}/C_C 增加。从图 6.26d 中，确实看到 $(g_m/I_D)_2$ 沿着这个方向减少。从式(6.68)可以清楚地看出，较大的 C_{Ltot} 需要较大的 g_{m2}/C_1[因此 (g_m/C_{gs2}) 较大]，并因此 $(g_m/I_D)_2$ 较小。由于反馈因数在式(6.68)中不起作用，因此等值线相对于 β 是平坦的。第二级器件的反型等级由 C_{Ltot}/C_C 和 C_{gs2}/C_C（在此迭代中设置为 0.5）决定。

在最佳点发现以下自负载比：$r_{self1}=0.29$ 和 $r_{self2}=0.40$。这表明在第二级中自负载特别明显，且必须被解决。因此，如例 6.5 迭代地重新运行程序，并得到如图 6.27 所示的自负载轨迹。有趣的是，第一级的自负载减少了。这是因为 M_2 变大以解决输出端的自负载问题。相对于第一级的寄生效应，这增加了 C_{gs2}，产生了更小的 r_{self1}。迭代结果收敛后，总电流从 318 μA 增加到 387 μA（未绘制）。

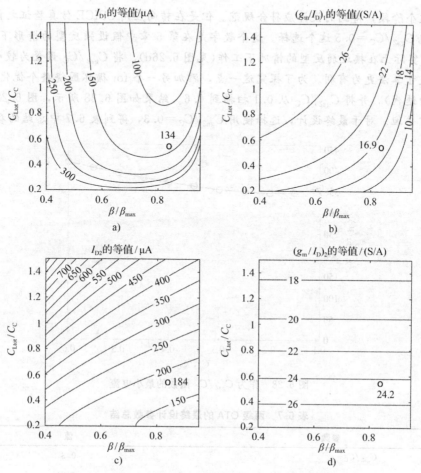

图 6.26　各漏极电流和跨导效率关于扫描参数的等值线图

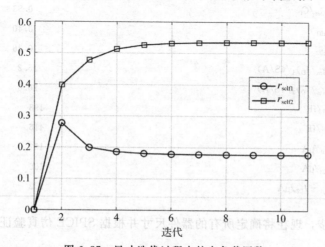

图 6.27　尺寸迭代过程中的自负载因数

在这个阶段，得到的设计应符合规范。但是在转向应用 SPICE 仿真验证之前，值得重新审视 $C_{gs2}/C_C = 0.5$ 这个选择。这个数字是在第 5 章中假设强反型的情形下得出的，但是 M_2 实际上在接近弱反型的情况下工作(见图 6.26d)。将 C_{gs2}/C_C 设置为较小的值可能会使尺寸算法更为有利。为了探究这一点，添加另一个 for 循环围绕整个优化(包括对自负载的迭代)，并将 C_{gs2}/C_C 从 0.1 扫描到 0.6。结果如图 6.28 所示，图 6.28 中表明权衡非常平坦。对于最终设计，选择使用 $C_{gs2}/C_C = 0.3$，得到表 6.7 中总结的参数。

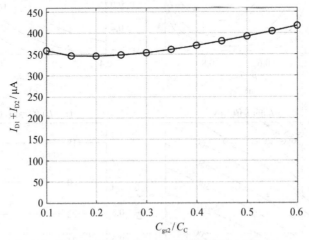

图 6.28 作为 C_{gs2}/C_C 函数的最小电流

表 6.7 两级 OTA 的最终设计参数总结

参数	值
C_{gs2}/C_C	0.3
β/β_{max}	0.81
C_{Ltot}/C_C	0.53
r_{self1}	0.40
r_{self2}	0.28
$(g_m/I_D)_1/(S/A)$	15.2
$(g_m/I_D)_2/(S/A)$	20.6
C_S/fF	198
C_C/fF	416
$I_{D1}/\mu A$	157
$I_{D2}/\mu A$	196
$I_{D1}+I_{D2}/\mu A$	353

作为最后一步，现在将确定所有的器件尺寸并根据 SPICE 仿真验证设计。这在以下示例中完成。

例 6.8 两级 OTA 的尺寸调整

使用例 6.7 中确定的最终设计点完成两级 OTA 尺寸的调整。使用 SPICE 仿真，根据表 6.6 的设计规范验证电路。

解：

由于所有元参数都是固定的，因此可以直接计算所有器件宽度。函数"two_stage"已包含所需的代码，摘录如下：

```
m3.gm_id = m1.gm_id.*d.gm3_gm1;
m4.gm_id = m2.gm_id.*d.gm4_gm2;
m1.W = m1.id./lookup(dev1,'ID_W','GM_ID',m1.gm_id,'L',m1.L);
m2.W = m2.id./lookup(dev2,'ID_W','GM_ID',m2.gm_id,'L',m2.L);
m3.W = m1.id./lookup(dev3,'ID_W','GM_ID',m3.gm_id,'L',m3.L);
m4.W = m2.id./lookup(dev4,'ID_W','GM_ID',m4.gm_id,'L',m4.L);
```

必须计算的另一个元件值是中和电容 C_n，它的值等于 C_{gd1}：

```
m1.cgd = m1.W.*lookup(dev1,'CGD_W','GM_ID',m1.gm_id,'L',m1.L);
p.cn = m1.cgd;
```

最后计算出必须与 C_{gd2} 并行添加的显式补偿电容。这在图 6.29 中进一步说明。M_2 的栅极-漏极电容本身已经充当米勒电容，因此应减去它的值以得到显式添加电容（称 C_{Cadd}）：

```
m2.cgd = m2.W.*lookup(dev2,'CGD_W','GM_ID',m2.gm_id,'L',m2.L);
p.cc_add = p.cc - m2.cgd;
```

通过这些计算得到了图 6.29 所示的最终电路。

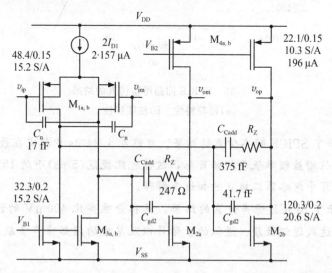

图 6.29　最终两级 OTA 设计的示意图。所有尺寸均以 μm 为单位。（为简单起见）未画出偏置电压发生器（用于 V_{B1} 和 V_{B2}）和所需的共模反馈电路

现在查看 SPICE 验证结果。图 6.30 展示了回路增益仿真的结果，其中电路被置于电容反馈网络（见图 6.1）。观察到的单位增益频率（203.37 MHz）接近例 6.7 中假设的 f_{u1} 的值 220 MHz。相位裕度非常接近预期值 80°。这两个小偏差都可以很容易地解释，只需用所做的分析近似和计算中未考虑的各种电压依赖（例如假设所有结电容估计的 $V_{DS}=0.6$ V）。低频回路增益为 39.4 dB（93），符合超过 50 的目标。

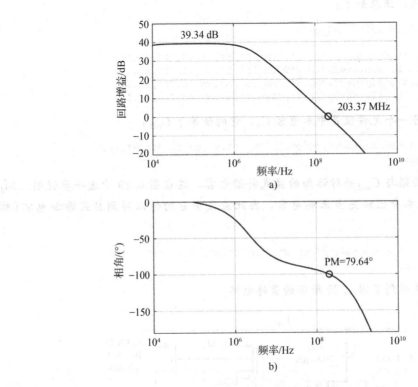

图 6.30　SPICE 回路增益仿真的结果
a）幅频特性　　b）相频特性

图 6.31 展示了 SPICE 瞬态仿真的结果。电路在 4.24 ns 中稳定在最终值的 0.1% 以内。即使回路单位增益频率低于初始目标，该值也比规范（5 ns）小约 15%。这可以用保守的稳定时间计算中忽略第二极点的加速来解释。

图 6.32 展示了 SPICE 噪声仿真的结果。总积分噪声比 400 μV 的设计目标高 9%。这是由于噪声表达式近似性质、近似的 γ 估计以及忽略的闪烁噪声贡献。有几种方法可以解决这种差异。

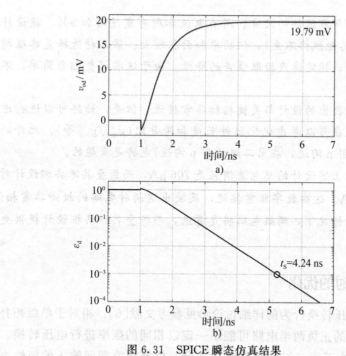

图 6.31　SPICE 瞬态仿真结果

a)总体瞬态与时间　b)动态稳定误差(相对于最终稳定值)与时间

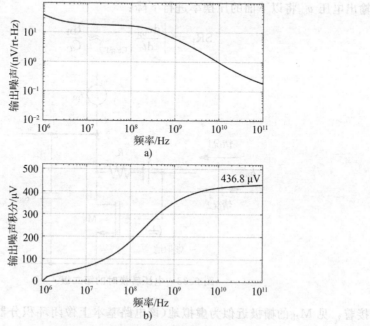

图 6.32　SPICE 噪声仿真结果

a)输出噪声功率谱密度　b)功率谱密度的积分

第一种选择是将所有器件的尺寸、所有电流和所有宽度增加 9%。该设计现在完全符合噪声规范(所有其他规格不变),但功率和面积较大。第二种选择是略微增加补偿电容。这将以一些过剩的稳定速度换取噪声的降低。由于这些调整相当简单,不在此验证它们。

总之,观察到所提出的设计与关键指标非常接近。但是,始终可以进行进一步的调整和优化。例如,现在可以考虑优化器件长度和跨导比(g_{m3}/g_{m1} 等)。此外,交换器件的极性(在第一级使用 n 沟道,在第二级使用 p 沟道)也将是有趣的。

值得注意的是,上述设计的总电流消耗是 706 μA,而折叠共源共栅设计对于基本相同的规格需要 652 μA。这些数字非常接近,反映出这两种电路的权衡非常相似。然而,在需要大输出摆幅的情况下,两级电路将是首选,而折叠共源共栅设计提供更宽的输入共模范围[4]。

6.3.3 存在压摆时的优化

两级 OTA 的电压转换行为的详细讨论参见参考文献[6]。相对于单级拓扑的主要区别在于,两级 OTA 的正负两半电路可能不一定以相同的摆率进行电压转换。为理解这一点,考虑图 6.33 中正第二级的半电路的部分。根据转换期间输入的极性,第一级差分对将从第二级灌(情况 1)或者拉(情况 2)其偏置电流(I_{D1})。在第一种情况下,图 6.33 中的输出电压 v_{op} 将以下面的压摆率进行下降:

$$\text{SR}_1 = \left| \frac{\mathrm{d}v_{op}}{\mathrm{d}t} \right|_{\text{Case1}} \approx \frac{I_{D1}}{C_C} \tag{6.71}$$

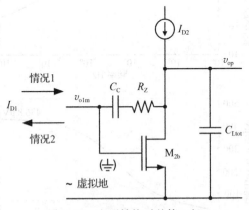

图 6.33　电压转换时的第二级

接着,见 M_{2b} 的栅极近似为虚拟地(该电路基本上像闭环积分器一样工作)。在电压转换瞬态期间,流入 M_{2b} 的电流是 I_{D1} 加上偏置电流 I_{D2},以及 C_{Ltot} 所需的放电电流的总和，等于 $SR_1 \cdot C_{Ltot}$。通常 M_{2b} 接收电流没有问题，因为它的栅极电压可以升高以支持所需的电流。这基本上是 AB 类工作。

情况 2 有所不同。v_{op} 可以上升的最大速率为 $I_{D2}/(C_C + C_{Ltot})$。因此压摆率变为

$$SR_2 = \left| \frac{dv_{op}}{dt} \right|_{Case2} \approx \min\left\{ \frac{I_{D1}}{C_C}, \frac{I_{D2}}{C_C + C_{Ltot}} \right\} \tag{6.72}$$

换言之，输出将以式（6.72）括号中的限制项设定的速率进行转换。因此，为确保 $SR_1 = SR_2$，必须满足：

$$I_{D2} > I_{D1}\left(1 + \frac{C_{Ltot}}{C_C}\right) \tag{6.73}$$

如果此条件不成立，正负两半电路将以不同的速率进行电压转换，而电路将变得不对称，共模将漂移。由于共模反馈通常不如差分模式快，因此电路可能无法在时钟周期结束时恢复，还可能会观察到缓慢的稳定尾部和其他不良影响。对于稳健的设计，必须遵守式（6.73）。

根据这种理解，回到例 6.7 并检查这种情况很有意思。图 6.34 展示了与图 6.25 相同的等值线，但用"X"标记了不满足式（6.73）的区域。可以看到，通过选择稍微大于当前最小值的 C_{Ltot}/C_C，可以防止不对称的电压转换。如前所述，这会导致更大的 I_{D2}，从而将设计推向正确的方向。

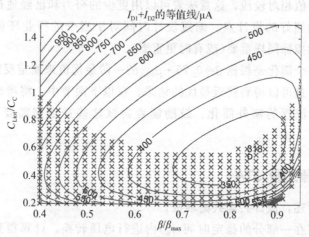

图 6.34 图 6.25 的电流等值线，添加标记"X"以标注式（6.73）不满足的区域

式（6.73）满足时，每半电路的压摆率等于式（6.71）给出的 SR_1。因此差分压摆率是两倍大：

$$SR = \frac{2I_{D1}}{C_C} = \frac{2I_{D1}}{\tau \beta g_{m1}} \tag{6.74}$$

这与式（6.30）所得基本相同，除了 C_C 充当负载电容。注意，在此结果中假设 $\tau =$

$1/\omega_{u1} = \beta g_{m1}/C_C$，这是保持代数可管理的式(6.67)的合理一阶近似。

自此 6.1.3 节中分析的所有剩余步骤都适用，并且得到了相同的压摆存在时单位增益频率需求的表达式：

$$\omega_{u1} = \frac{1}{\tau} = \frac{1}{t_s}\left[X - 1 + \ln\left(\frac{1}{\varepsilon_d} \cdot X\right)\right] \tag{6.75}$$

其中

$$X = v_{OD,final} \cdot \frac{\beta}{2}\left(\frac{g_m}{I_D}\right)_1 \tag{6.76}$$

为了解释例 6.7 中的电压回转，需要找到 X 才能在步骤 3)b 中根据所需的单位增益频率计算 g_{m1}。然而，在算法这一点上，只有 β 是已知的(它是扫描变量)，并且只有在确定了 g_{m1} 后才能找到 g_m/I_D。要解决此问题，可以应用折叠共源共栅优化中使用的相同解决方案。即计算 g_m/I_D 值矢量的 X 和其他量，然后在反馈因数 β 中找到自洽点以得到物理设计点。

6.4　简化设计流程

本章的大部分内容都致力于在电流消耗中找到几乎精确的最小值。然而，在大多数情况下，这些最佳值相对较浅，这意味着可以用更少的努力和已经通过详细研究建立的经验法则，找到相当好的设计点。缩短设计时间对于当今的行业环境尤为重要，其中"上市时间"与性能指标同样重要(或有时更重要)。

要考虑的第一个简化是根据 $\beta = 0.75 \cdot \beta_{max}$ 的一阶最优值来固定反馈因数。已经在所有的例子中看到，这可以得到接近最优的结果。在以下两节中，将考虑折叠共源共栅和两级 OTA 的设计流程的额外简化。鼓励读者尝试这些并根据需要修改/改进手头的任务。

6.4.1　折叠共源共栅 OTA

1)如例 6.4 所述，设计共源共栅堆栈。

2)假设电路将在一部分的稳定时间(t_s)内进行电压转换。计算得到的单位增益频率目标。

3)假设一个合理的自负载因数并留下一些裕度，如 $r_{self} = 0.4$。这个数值可以之后手动调整，但通常不需多次迭代便可以获得合理的结果。

4)假设对于所有计算 $\beta = 0.75 \cdot \beta_{max}$。

5)通过假设电路中所有 g_m/I_D 相同来计算过量噪声因数 α。最终结果中的噪声会稍微偏离，但可以直接使用 6.1.2 节中讨论的噪声缩放方法进行调整。

6)使用噪声规格计算 C_{Ltot}。基于 FO、闭环增益和自负载，这也确定了 C_S、C_F 和 C_L。

7)决定电流分流因数 κ 的保守估计值，如 0.7(通常会留下一些裕度)。

8)基于期望的单位增益频率 ω_{u1} 计算 g_{m1}。

9)用 β 和反馈电容值计算 C_{gg1}。忽略 C_{gd1} 的米勒倍增。

10)现在可以计算 f_{T1} 和 $(g_{\text{m}}/I_D)_1$，因而可以得到 I_{D1}。

11)计算转换参数 X 和实际稳定时间。在步骤 1)中调整电压转换的预算，并在需要时重复所有计算。

12)检查计算中对实际结果做出的所有其他假设。例如，检查实际的自负载。根据需要调整假设并重新计算。

13)调整电路尺寸并检查所有器件的器件宽度和反型。如果输入对过大，则可能需要通过降低 $(g_{\text{m}}/I_D)_1$ 来重新调整，换取在显著节省面积时潜在的电流微小增加(参见 6.1.2 节末尾的讨论)。

14)在 SPICE 中评估电路。从小信号仿真开始，以简化调试过程。

6.4.2 两级 OTA

1)假设电路将在一部分的稳定时间 (t_s) 内进行电压转换。计算得到的单位增益频率目标。

2)假设一个合理的自负载因数并留下一些裕度，如 $r_{\text{self1}} = r_{\text{self2}} = 0.4$。这个数值可以之后手动调整，但通常不需多次迭代便可以获得合理的结果。

3)假设对于所有计算 $C_{\text{gs2}}/C_C = 1/3$。

4)假设对于所有计算 $\beta = 0.75 \cdot \beta_{\text{max}}$。

5)首先假设 $C_{\text{Ltot}} = C_C$，然后根据后续情况进行调整。该参数控制两级中工作得"更加努力"的那个。最终的选择将取决于电路的组态(n 沟道与 p 沟道输入等)。如果在后续计算中发现极不平衡的第一/二级偏置电流，调节此旋钮。

6)使用噪声规格计算 C_C。基于扇出、闭环增益和自负载参数，这也确定了电路中所有其余的电容。

7)用单位增益频率 f_{u1} 计算 g_{m1}。用估计的 $g_{\text{m}}R$ 乘积提高准确性。

8)给定 g_{m1} 和 C_{gg1} 计算 $(g_{\text{m}}/I_D)_1$。这也确定了 I_{D1}。

9)基于期望的非主导极点 f_{p2} 计算 g_{m2}。

10)给定 g_{m2} 和 $C_1 = C_{\text{gs2}}(1 + r_{\text{self1}})$ 计算 $(g_{\text{m}}/I_D)_2$。这也确定了 I_{D2}。

11)计算转换参数 X 和实际稳定时间。在步骤 1)中调整电压转换的预设，并在需要时重复所有计算。

12)检查计算中对实际结果做出的所有其他假设。例如，检查实际的自负载。根据需要调整假设并重新计算。

13)调整电路尺寸并检查所有器件的器件宽度和反型。如果部分器件过大，则可能需要通过降低 g_m/I_D 来重新调整，换取在显著节省面积时潜在的电流微小增加(参见 6.1.2 节末尾的讨论)。

14)在 SPICE 软件中评估电路。从小信号仿真开始，以简化调试过程。

上述设计流程不依赖于复杂扫描，原则上可以使用基本的电子表格软件完成。虽然结果可能不如 6.2.2 节和 6.3.2 节的详细流程那样精确，但仍然可以对最终结果检查所有假设并追踪所有不准确处。因此，设计师仍然处于驾驶员的位置，并可以使用他或她的理解和经验，根据已知的设计方程，系统地推进优化。

6.5 开关尺寸调整

开关电容电路，如图 6.1 所示，依靠多个开关来定时控制它工作。使用的开关类型取决于共模、信号范围和信号类型(采样数据或连续时间)。因此，设计人员通常会采用多种选择，包括单个 n 沟道或 p 沟道器件、传输门(并联的 n 沟通和 p 沟道)或者自举开关[12]。在本节中将说明如何根据查询表调整此类开关大小，并使用传输门开关作为示例(见图 6.35)。

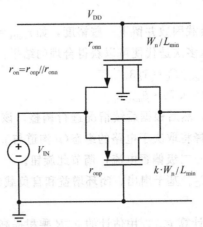

图 6.35 传输门开关处于"接通"状态。通常，使用最小沟道长度($L=L_{\min}$)，并且 p 沟道器件的尺寸通常大于 n 沟道器件(尺寸因数 $k>1$)

MOS 器件的导通电阻(r_{on})通常针对零漏源电压计算，因此可以由三极管区的小信号漏源电导得出，即($V_{DS}=0$ 时)$r_{on}=1/g_{ds}$。因而图 6.35 中的传输门开关的总导通电阻由 r_{onn} 和 r_{onp} 的并联组合给出。当 $V_{IN}=0$ 时，n 沟道器件的电阻(r_{onn})最低，而当 $V_{IN}=V_{DD}$ 时 r_{onp} 最低。使用下面的 MATLAB 代码，可以绘制单个和总导通电阻作为 V_{IN} 的函数，并观察电压中间值附近的典型 r_{on} 峰值（见图 6.36）[⊖]。

```
vdd = 1.2;
vinn = nch.VSB;
vinp = vdd - pch.VSB;
gdsn = diag(lookup(nch, 'GDS', 'VGS', vdd-vinn,...
  'VSB', vinn, 'VDS', 0));
gdsp = diag(lookup(pch, 'GDS', 'VGS', vinp,...
  'VSB', vdd-vinp, 'VDS', 0));
ronn = 1./gdsn; ronp = 1./gdsp;
```

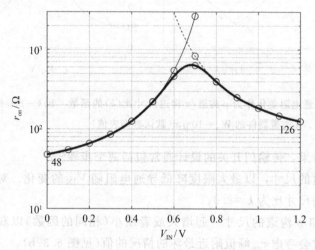

图 6.36　实细线代表 r_{onn}，虚线代表 r_{onp}，粗线代表 r_{on}。标记的点对应于查询表中存储的
　　　　数据。光滑的线由样条插值生成。n 沟道和 p 沟道器件具有相等的宽度（$k = 1$）
　　　　$W_n = W_p = 10\ \mu m$（默认查询表值）

　　注意，图 6.36 中的总导通电阻在 $V_{IN} = V_{DD}$ 时比 $V_{IN} = 0$ 时更大。这是因为工艺上的
p 沟道具有比 n 沟道更低的迁移率。增加 p 沟道的宽度可以对此进行补偿，并且当 V_{IN}
从 0 扫描到 V_{DD} 时还将减小 r_{on} 的变化。在这种情况下出现的一个重要问题是，什么是最
小化导通电阻变化（即 r_{on} 的最大值和最小值的比值）的尺寸比（k）？

　　为在查询表的帮助下回答此问题，可以在 MATLAB 中扫描尺寸比 k 并绘制导通电
阻的变化作为此参数的函数（见图 6.37a）。可以看到，最佳尺寸比出现在 k 接近 2.6 处
（接近 n 沟道和 p 沟道迁移率的比值）。图 6.37b 展示了该尺寸比的传输门的导通电阻
曲线。

⊖　注意，由于输入电压也设置了两个晶体管的 V_{SB}，所以只能根据查询表中可用的 V_{SB} 点数粗略地调整 V_{IN}。
　　这里用样条插值获得连续且光滑的图。

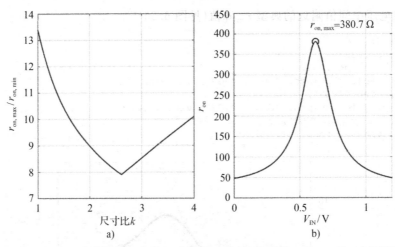

图 6.37　a)导通电阻变化作为 p 沟道/n 沟道尺寸比(k)的函数　b)$k=2.6$ 时的导通电阻曲线。n 沟道器件的 $W_n=10\ \mu\mathrm{m}$(默认查询表值)

考虑到这一结果，传输门开关的设计通常包括两个步骤[⊖]：

1)调整 p 沟道的尺寸，以最大限度降低导通电阻随 V_{IN} 的变化。对于本书中使用的工艺条件，合适的尺寸比为 $k=2.6$。

2)将 n 沟道和 p 沟道的尺寸一起增大或者缩小(相同的因数)以获得所需的导通电阻。设计人员通常会考虑 r_{on} 峰值附近最坏的情况的值(见图 6.37b)。

下面用一个例子来说明这一过程。

例 6.9　传输门开关的尺寸调整

考虑一个切换 $C=1$ pF 的电容的传输门。调整开关的大小，保证电路在 100 MHz(f_{clk})的半个时钟周期内稳定在 $\varepsilon_d=0.1\%$ 以内。

解：

可以基于 RC 网络的一阶稳定时间(t_s)表达式估计导通电阻：

$$t_s=\frac{1}{2f_{clk}}=r_{on}C\cdot\ln\left(\frac{1}{\varepsilon_d}\right)$$

下面的 MATLAB 脚本使用此等式计算 r_{on}，得到 724 Ω。使用最佳的 p/n 尺寸比 $k=2.6$ 和图 6.37b 中默认宽度器件的峰值导通电阻，然后再相应地调整晶体管。最终得到 $W_n=5.3\ \mu\mathrm{m}$ 和 $W_p=13.7\ \mu\mathrm{m}$。

⊖ 这里应该注意，另一个(不太常见的)设计选项是使 $k=1$，以实现(部分)取消器件的沟道电荷。在这种情况下，可以直接调整展示的尺寸调整示例。

```
% Sizing parameters
k = 2.6;
ron_max = 380.7;
%Design specifications
fclk = 100e6;
epsilon = 0.1e-2;
C = 1e-12;
% Calculate required ron and device widths
ron = 1/2/fclk/C/log(1/epsilon)
scale = ron_max/ron
Wn = nch.W*scale
Wp = k*Wn
```

例 6.9 展示了如何使用本书中使用的查询表系统地调整传输门开关的尺寸。值得注意的是，在这种情况下，反型（因此 g_m/I_D）不再是有意义的设计参数，因为晶体管不饱和。尽管如此，基于查询表的尺寸调整方法在实践中很有用，因为它消除了 SPICE 软件中耗时的迭代调整过程。

6.6 本章小结

本章讨论了开关电容电路的 OTA 设计的例子。首先考虑了通用 SC 增益级，以提供所需的应用环境，然后查看放大器内核的实现选项。

作为第一个且出于教学目的的例子，本章考虑了具有理想化有源负载的基本双晶体管单级 OTA。虽然该电路通常不能满足电压增益方面的应用需求，但它提供了有关尺寸权衡的有价值的见解，并可以迁移到更复杂的拓扑上。这项初步研究的最重要结果是最小化电流可归结为最大化反馈因数平方（β^2）和 g_m/I_D 的乘积，而这两个参数通过晶体管的特征频率相互折中。此外，可以看到对于在强反型状态工作的晶体管，最佳 β 仅为最大可能值的 3/4。在本章的所有例子中都可以看到，反馈因数的真实最佳值总是与该值相当接近，使之成为有用的一阶设计指南。

研究基本 OTA 的第二个目标是建立对电压转换及其对电路尺寸影响的深刻理解。研究发现电压回转纠缠在方程组中，使得先前分析的最优不再易处理。为克服此问题，引入了运行涉及 β 和 g_m/I_D 的二维搜索概念，以数值方式找到物理设计点。

当进一步研究折叠共源共栅拓扑时，相同的二维搜索再次证明是有价值的，因为对于该电路的设计也没有解析形式的最佳值。然而尽管方程组很复杂，最佳反馈因数仍然在 $3/4 \cdot \beta_{max}$ 附近。为了使整体设计更易于管理，采用了分而治之的流程。首先根据信号摆幅和电压增益考虑设计输出分支，然后优化输入差分对，以最小电流满足带宽和噪声的需求。

在下面对两级 OTA 的处理中，再次看到只有分而治之的方法才能在这个架构的多个自由度间找到正确的设计。可以认为其中一些自由度构成了主要设计"旋钮"，而其他的自由度则可归类为次要的。这些次要变量可以先验地设置并使用（经改进的）合理猜测，而主旋钮将对电路的性能产生更显著的影响。选择的主旋钮是反馈系数 β 和总负载电容与补偿电容的比值。在此空间内的扫描再次证实最佳反馈因数在 $3/4 \cdot \beta_{\max}$ 附近。

折叠共源共栅和两级的设计示例提供了重要直觉，然后可以将它用于指定简化的设计流程。这些简化的流程基于假设固定的反馈因数 $3/4 \cdot \beta_{\max}$ 并使用其他几个参数合理但保守地估计值。这使得设计算法相对简单和线性，而设计师可以根据这里详细研究的经验自由驾驭。

总的来说，本章中的示例再次证明了 $g_{\mathrm{m}}/I_{\mathrm{D}}$ 设计方法可以有效地应用于没有解析形式设计解决方案的电路。此外可以看到，基于查询表的方法允许设计师执行数值扫描以加强对电路的基本理解。没有对一阶理论进行完备性检查，这与纯粹靠 SPICE 迭代驱动的设计方法形成鲜明对比。程序中设置本章中使用的脚本可能需要一些时间，但随后脚本的复用通常会使投入的工作量快速摊销。

6.7　参考文献

[1]　T. Chan Caruosone, D.A. Johns, and K. Martin, *Analog Integrated Circuit Design*, 2nd ed. Wiley, 2011.

[2]　B. Murmann, "Thermal Noise in Track-and-Hold Circuits: Analysis and Simulation Techniques," *IEEE Solid-State Circuits Mag.*, vol. 4, no. 2, pp. 46–54, 2012.

[3]　R. Schreier, J. Silva, J. Steensgaard, and G. C. Temes, "Design-Oriented Estimation of Thermal Noise in Switched-Capacitor Circuits," *IEEE Trans. Circuits Syst. I*, vol. 52, no. 11, pp. 2358–2368, Nov. 2005.

[4]　P. R. Gray, P. Hurst, S. H. Lewis, and R. G. Meyer, *Analysis and Design of Analog Integrated Circuits*, 5th ed. Wiley, 2009.

[5]　D. W. Cline and P. R. Gray, "A Power Optimized 13-b 5 Msamples/s Pipelined Analog-to-Digital Converter in 1.2 μm CMOS," *IEEE J. Solid-State Circuits*, vol. 31, no. 3, pp. 294–303, Mar. 1996.

[6]　F. Silveira and D. Flandre, "Operational Amplifier Power Optimization for a Given Total (Slewing Plus Linear) Settling Time," in *Proc. Integrated Circuits and Systems Design*, 2002, pp. 247–253.

[7]　H. C. Yang and D. J. Allstot, "Considerations for Fast Settling Operational Amplifiers," *IEEE Trans. Circuits Syst.*, vol. 37, no. 3, pp. 326–334, Mar. 1990.

[8]　B. J. Hosticka, "Improvement of the Gain of MOS Amplifiers," *IEEE J. Solid-State Circuits*, vol. 14, no. 6, pp. 1111–1114, Dec. 1979.

[9]　K. Bult and G. Geelen, "A Fast-Settling CMOS Op Amp with 90 dB DC-Gain and 116 MHz Unity-Gain Frequency," in *ISSCC Dig. Tech. Papers*, 1990, pp. 108–109.

[10]　A. Dastgheib and B. Murmann, "Calculation of Total Integrated Noise in Analog Circuits," *IEEE Trans. Circuits Syst. I Regul. Pap.*, vol. 55, no. 10, pp. 2988–2993, Nov. 2008.

[11]　W. M. C. Sansen, *Analog Design Essentials*. Springer, 2006.

[12]　A. M. Abo and P. R. Gray, "A 1.5-V, 10-bit, 14.3-MS/s CMOS Pipeline Analog-to-Digital Converter," *IEEE J. Solid-State Circuits*, vol. 34, no. 5, pp. 599–606, May 1999.

EKV 参数提取算法

A.1 方程的回顾

本书中使用了一个被称为基础 EKV 模型的晶体管模型[1]。它的描述如下：

1）将标准化漏极电流 i 与夹断电压 V_P 和标准化可动电荷密度 q 相关联的两个方程：

$$i = q^2 + q \tag{A.1}$$

$$V_P = U_T(2(q-1) + \log(q)) \tag{A.2}$$

2）另外两个将栅极-源极电压 V_{GS} 和漏极电流 I_D 与标准化变量相关联的方程：

$$V_{GS} = nV_P + V_T \tag{A.3}$$

$$I_D = iI_S \tag{A.4}$$

前两个方程确定了图 2.5a 所示的通用 $i(V_P)$ 曲线，而第二组曲线对坐标轴伸缩以适合任意 $I_D(V_{GS})$ 特性。简言之，V_T 和 I_S 分别控制图的水平和垂直移动，而 n 负责缩放。

A.2 参数提取算法

模型参数是从具有恒定漏极-源极电压(V_{DS})和源极-衬底(V_{SB})电压的饱和晶体管中提取的。确定模型的 3 个参数如下：

- 亚阈值斜率因数 n；
- 阈值电压 V_T；
- 比电流密度 J_S($W = 1\ \mu m$ 时为 I_S)。

图 A.1 说明了参数提取所需的数据：

- g_m/I_D 特性的最大值(M)；
- 通过 ρ(在 M 处时等于 $(g_m/I_D)_o$)和对应的 V_{GSo} 定义的参考 $(g_m/I_D)_o$；
- $V_{GS} = V_{GSo}$ 处的漏极电流 I_{Do}。

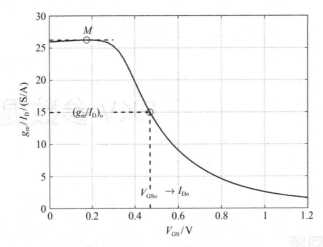

图 A.1 提取 EKV 参数时所需的数据

对于表现出二阶效应的实际晶体管，在选择参考点时需要注意。当栅极-源极电压较大时，迁移率下降使得跨导效率降低。因此参考点不应该选择在这一区域。中等或弱反型是较好的选择。然而，参考点离(g_m/I_D)的最大值越近，精度就越差。一个很好的折中方案是将参考点选择在(g_m/I_D)的 50%～80%。这样做的理由在 A.4 节中将给出。

从亚阈值斜率因数 n 开始，验证过程逐步进行。由式(2.30)，可以从 g_m/I_D 的最大值(M)计算出 n：

$$n = \frac{1}{MU_T} \tag{A.5}$$

接下来，为得到 V_T，考虑 g_m/I_D 曲线的第二个点。也就是说通过翻转式(2.29)计算与$(g_m/I_D)_o$相关的标准化可动载流子密度 q_o：

$$q_o = \frac{M}{\left(\dfrac{g_m}{I_D}\right)_o} - 1 = \frac{1}{\rho} - 1 \tag{A.6}$$

知道了 q_o 和 n，就可以通过式(A.2)确定夹断电压 V_{Po}，并由式(A.3)计算出 V_T：

$$V_T = V_{GSo} - nV_{Po} \tag{A.7}$$

知道了 q_o，接下来可以使用式(A.1)的方法计算标准化漏极电流 i_o。此电流可由式(A.4)得到，因为已知参考点处的漏极电流 I_{Do}：

$$I_S = \frac{I_{Do}}{i_o} \tag{A.8}$$

A.3　MATLAB 函数 XTRACT.m

MATLAB 函数 XTRACT.m 按如上列出的步骤从查询表数据中提取 EKV 参数。它的语法如下：

```
XTRACT(dev, L, VDS, VSB, rho, TEMP)
```

此函数需要 4 个参数：

- dev 包含器件查询数据的结构体（例如 nch）；
- L 沟道长度（标量）；
- VDS 漏极到源极电压（标量或列矢量）；
- VSB 源极到衬底电压（标量）。

剩余的参数是一个可选的标量：

- ρ 标准化跨导效率，默认值为 0.6（中等反型）。

在参数提取过程中，漏极和源极电压（相对于衬底）保持恒定[⊖]。当漏极电压为一个矢量时，提取算法对每一个 V_{DS} 矢量元素进行。

A. 4 参数提取的例子

考虑一个 $L=60\,\mathrm{nm}$、$V_{DS}=0.60\,\mathrm{V}$、$V_{SB}=0\,\mathrm{V}$ 且 ρ 为默认值的 n 沟道晶体管。这些数据转化为如下的语法：

```
y = XTRACT(nch, 0.06, 0.6, 0)
```

输出结果为：

```
y = 0.6000 1.4708 0.4973 0.00000752 ...
-0.0088   -0.0829    0.2175    0.0265    0.0214
```

其中

$y(1)=V_{DS}(\mathrm{V})$

$y(2)=n$

$y(3)=V_{T}(\mathrm{V})$

$y(4)=J_{S}(\mathrm{A/\mu m}) \rightarrow$ 比电流密度

其余的参数，即 $y(5)$ 到 $y(10)$，表示 n、V_{T} 和 $\log(I_{S})$ 关于 V_{DS} 的一阶和二阶导数。这对于研究与 DIBL（漏极导致的势垒降低）和 CLM（沟道长度调制）有关的效应很有用。

现在将重构的基础 EKV 漏极电流密度 J_{D} 和跨导效率 g_{m}/I_{D} 与提取出 n、V_{T} 和 J_{S} 的查询表数据进行比较。原始的漏极电流密度 J_{D} 和跨导效率 g_{m}/I_{D} 可获得如下：

⊖ 这与参考文献[3]中提出的采集方法形成鲜明对比，因为其中的提取算法使用共栅配置下进行的测量。由于 V_{S} 在提取过程中发生变化，阈值电压取相对源极电压偏移的平均值。这会对获得的参数产生不利影响，尤其是对于短沟道设备。

```
JD = lookup(nch, 'ID_W', 'VDS', VDS, 'VSB', VSB, 'L', L);
gm_ID = lookup(nch,'GM_ID','VDS',VDS,'VSB',VSB,'L',L);
```

为重构 J_D 和 g_m/I_D，进行如下操作：

1)将 q 从弱反型（例如 $q=10^{-3}$）扫描至强反型（例如 $q=10$）：

```
q = logspace(-3,1,20);
```

2)利用式(A.2)和式(A.3)计算 i 和 V_P。

3)将 XTRACT 函数计算出的参数代入式(A.3)和式(A.4)中得到 J_D 和 V_{GS}。

结果显示在图 A.2 中。它表明模型在弱反型和中等反型下拟合得很好，但在强反型下拟合得较差。如图 A.3 所示，在 0.9 V 以下重构的和实际的漏极电压间的相对误差不超过 $\pm 6\%$。考虑到这一区间内电流范围跨越了 5 个数量级，这并不差。超过 $V_{GS}=0.8$ V 后，模型由于迁移率下降的影响增加而偏离实际。

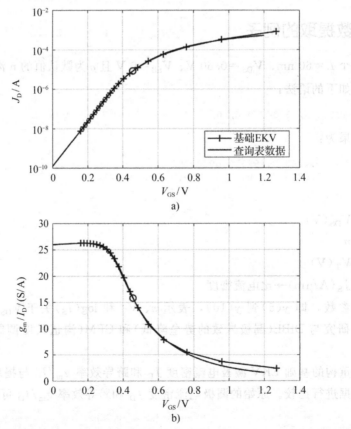

图 A.2　a)查询表数据和基础 EKV 模型的漏极电流密度表示　b)对应的跨导效率。参数：$L=60$ nm, $V_{DS}=0.6$ V, $V_{SB}=0$ V。圆圈标记了默认参考点($\rho=0.6$)

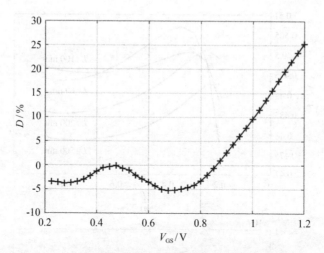

图 A.3 图 A.2a 所示的重构与实际的漏极电流间的百分比误差（D）

之前提到过中等反型是用来提取参考点的合适反型等级。选取 ρ 的默认值（0.6）假定为在中等和弱反型下使差异 D（见图 A.3）最小。

图 A.4 展示了当改变 ρ 并考虑栅极长度的变化时 V_T 和 J_S 经历的变化。可以看出只要 ρ 在 0.6～0.9（中等和弱反型），标准化跨导的选择只会使 V_T 和 J_S 发生很小的变化。阈值电压变化不超过几微伏，而比电流密度变化不超过 10%。这一结论对其他栅极长度也成立[⊖]。类似的数值分析表明亚阈值斜率因数 n 几乎和 ρ 无关。同时，ρ 关于栅极长度的变化也很小。当 L 取值为 100 nm、200 nm 和 500 nm 时，n 分别为 1.2947、1.2371 和 1.2599。然而，当 L 小于 100 nm 时，n 迅速增大，在 60 nm 时达到了 1.4741。

可以重新确定 ρ 来适合其他反型等级，但这样做的代价通常是其他方面更大的失配。如果 ρ 处于弱反型区的深处，EKV 参数需进行调整以符合漏极电流的指数部分。使 ρ 小于 0.5 则会更加严重地影响参数。迁移率下降使跨导效率降低，导致 V_{GS_o} 发生错误的偏移，这使提取的阈值电压 V_T 降低。当 ρ 为 0.2 时的结果在图 A.5 中清晰可见。重构的数据在参考点附近（用圈标注了 g_m/I_D 等于 5.25 S/A 的点）与原始数据相匹配，但由于估计的阈值电压的降低而使 J_D 和 g_m/I_D 总体向左偏移。

⊖ 栅极长度的变化会导致由 2.3.3 节中所讨论现象产生的偏移。这与当前的讨论无关。

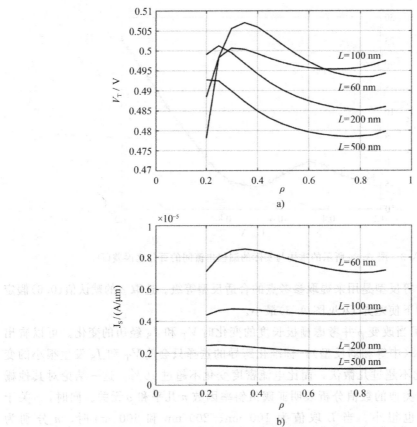

a)

b)

图 A.4 L 取 60～500 nm、$V_{\mathrm{DS}}=0.6$ V、$V_{\mathrm{SB}}=0$ V 时关于标准化跨导 ρ 的函数

a)提取的阈值电压   b)提取的比电流密度

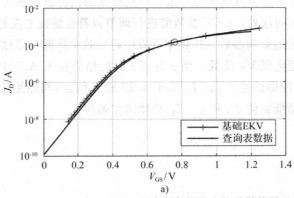

a)

图 A.5 $\rho=0.2$ 导出$(g_{\mathrm{m}}/I_{\mathrm{D}})_{\mathrm{o}}=5.25$ S/A 时实际与提取之间差异的图示。所有其他参数

与图 A.2 相同

a)漏极电流密度   b)跨导效率

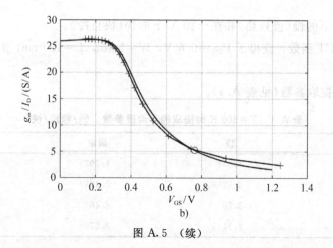

图 A.5　(续)

A.5　MATLAB 函数 XTRACT2. m

A.3 节中的 XTRACT 函数用于在已知晶体管类型、栅极长度 L、漏极到源极电压 V_{DS} 以及源极到衬底电压 V_{SB} 时计算 EKV 参数。在提取前需重构用于计算参数的漏极电流特性。然而，当漏极电流与 V_{GS} 的关系已知时，可以使用 MATLAB 函数 XTRACT2 进行提取。它的语法如下：

```
XTRACT2(VGS, ID, rho)
```

此函数需要两个参数：

- VGS：栅极到源极电压(列矢量)；
- ID：漏极电流(列矢量或矩阵)。

第三个参数为可选的标量：

- ρ 确定参考点的归一跨导效率。默认值为 0.6(中等反型)。

温度假设为 300K。此函数输出 n、V_T 和 I_S(行矢量或矩阵)。

A.6　工艺角参量提取

本节通过一个例子展示由基础 EKV 模型和所描述的参数提取提供的可能性。使用 XTRACT 函数来找出工艺角(慢/额定/快)处的 EKV 参数[2]。查询表中的数据正确地反映了温度和工艺角对电流、本征增益、迁移频率等的影响。不过，了解 n、V_T 和 $\beta = I_S/2(nU_T)^2$[见式(2.25)和式(2.16)]的变化同样有趣。为进行研究，对如下情形提取参数：

1)慢/额定/快，在室温(300 K)下。

2)在 125 ℃下的慢(慢且热)和在−40 ℃下的快(快且冷)。

使用 XTRACT 函数，获得了 $V_{DS}=0.6$ V，$W=1$ μm，$L=100$ nm，β 为 $J_S/(2nU_T^2)$ 时的以下数据：

1)室温下的提取参数(见表 A.1)。

表 A.1　$T=300$ K 时提取的 n 沟道参数，慢/额定/快

	慢	额定	快
n	1.304	1.292	1.180
V_T/V	0.5299	0.4957	0.4689
$J_S/(\mu A/\mu m)$	3.75	4.46	4.92
$\beta/(mA/V^2)$	2.14	2.57	3.11

可以看出斜率因数 n 没有明显变化。在慢工艺角，阈值电压增大，而比漏极电流密度(以及 β)减小，迫使设计者选取比额定条件下更大的电流和/或宽度。在快工艺角下，情况恰好相反。

2)在慢/热和快/冷情况下提取的参数(见表 A.2)。同时展示了额定条件下的数据作为参考。

表 A.2　提取的 n 沟道参数，慢且热与快且冷

	慢，热	额定	快，冷
T/K	398	300	233
$T/℃$	125	27	−40
n	1.296	1.292	1.318
V_T/V	0.4975	0.4957	0.4773
$J_S/(\mu A/\mu m)$	5.11	4.46	4.30
$\beta/(mA/V^2)$	1.67	2.57	4.03

观察到此电流的变化趋势反转了，即 I_S 在快且冷的工艺角处最小。阈值电压在慢且热的工艺角下变化不大，而在快且冷的工艺角处减小了。

为检验列出的参数的正确性，重构了 J_D 和 g_m/I_D 并将结果与查询表中原始的漏极电流密度和跨导效率进行比较。如图 A.6 所示，重构的曲线与原始数据吻合得很好。如上面所讨论的，显著的差异只会在强反型下由于迁移率下降而产生(见放大的图 A.6b 和 d)。

为了完整性，以上表在相同器件宽度，V_{DS} 和 L 下对应的 p 沟道数据在表 A.3 和表 A.4 中列出。

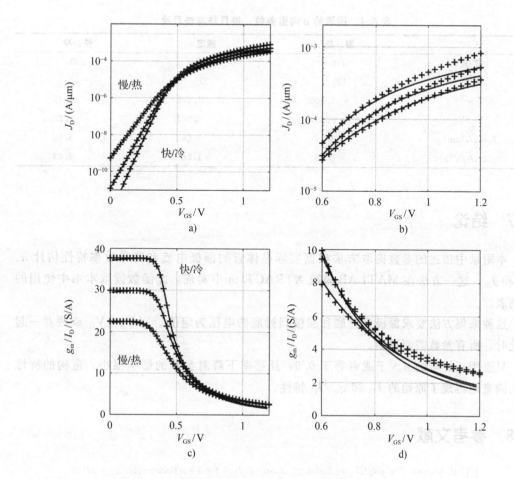

图 A.6 a)不同工艺角下查询表数据和基础 EKV 模型的漏极电流密度 b)对应的跨导效率
c)和 d)放大的强反型区域，受到迁移率下降的影响。参数：$L = 100$ nm，$V_{DS} = 0.6$ V，$V_{SB} = 0$ V

表 A.3 $T = 300$ K 下提取的 p 沟道参数，慢/额定/快

	慢	额定	快
n	1.416	1.410	1.292
V_T/V	0.5838	0.5617	0.5472
$J_S/(\mu A/\mu m)$	2.65	3.00	3.25
$\beta/(mA/V^2)$	1.40	1.58	1.87

表 A.4 提取的 p 沟道参数，慢且热与快且冷

	慢，热	额定	快，冷
T/K	398	300	233
$T/℃$	125	27	−40
n	1.4000	1.410	1.454
V_T/V	0.5371	0.5617	0.5628
$J_S/(μA/μm)$	3.17	3.00	3.09
$β/(mA/V^2)$	0.96	1.58	2.63

A.7 结论

本附录中描述的参数提取方法根据实际晶体管的漏极电流和跨导效率特性估计 n、V_T 和 J_S。这一方法在 MATLAB 函数 XTRACT.m 中实现，此函数读取本书中使用的查询表。

这种采集方法要求源极到衬底和漏极到衬底的电压为定值。当 V_S、V_D 或两者一起变化时，所有参数需要更新。

只要用于提取的 $ρ$ 大于或者等于 0.6，迁移率下降对参数的影响很小。重构的特性令人满意地再现了原始的 J_D 和 g_m/I_D 特性。

A.8 参考文献

[1] P. Jespers, *The gm/ID Methodology, a Sizing Tool for Low-Voltage Analog CMOS Circuits*. Springer, 2010.

[2] B. Murmann, *Analysis and Design of Elementary MOS Amplifier Stages*. NTS Press, 2013.

[3] C. C. Enz and E. A. Vittoz, *Charge-Based MOS Transistor Modeling: The EKV Model for Low-Power and RF IC Design*. John Wiley & Sons, 2006.

查询表的生成与使用

B. 1 　生成查询表

　　如 1.2.2 节中所说明的，本书中使用的查询表是在类似于 SPICE 的电路仿真器中通过四重（L、V_{GS}、V_{DS} 和 V_{SB}）直流扫描和噪声分析得到的。图 B.1 说明了用于执行此扫描的设置。此流程的相关文件（除了 65 nm 的 PSP 文件）都可在本书涉及的公司网站和参考文献[1]中获取。使用 Cadence Spectre 作为电路仿真器，但也可以修改此方法使得其他工具可以使用（提供的在线资料包括 Spectre 和 HSPICE 的示例文件）。

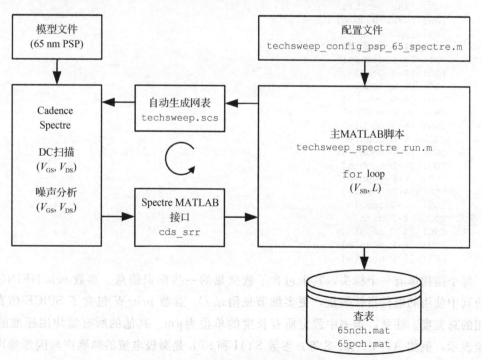

图 B. 1　生成查询表所需的配置

虽然大多数仿真工具可以进行四重扫描，但这里创建了一个流程，其中 4 个维度里的两个在 MATLAB 的主例程(techsweep_spectre.m)中被作为 for 循环处理。这避免了仿真工具使用过多的内存。对于 L 和 V_{SB} 的每个扫描值，MATLAB 创建一个新的网表并通过 Linux 命令行调用仿真工具，随后仿真工具进行内部的二重扫描(V_{GS} 和 V_{DS})。每一次迭代，结果通过 Cadence 的 Spectre MATLAB 工具箱提供的 cds_srr 函数重新读入 MATLAB 中[2]。通过 Perrott 工具箱，HSPICE 也能实现类似的 MATLAB 读入功能[3]。

一旦所有的仿真结束，每个晶体管的数据集被存储在查询表的输出文件中(65nch. mat 和 65pch. mat)。要在 MATLAB 脚本中使用这些数据，只需加载如下这些数据：

```
load 65nch.mat
load 65pch.mat
```

读者会在 MATLAB 中创建两个结构体：nch(用于 n 沟道器件)和 pch(用于 p 沟道器件)。在 MATLAB 命令行中输入任何一个变量名就能显示结构体的构成：

```
nch =
    INFO: '65nm CMOS, PSP'
    CORNER: 'NOM'
    TEMP: 300
    NFING: 5
        L: [31x1 double]
        W: 10
      VGS: [49x1 double]
      VDS: [49x1 double]
      VSB: [9x1 double]
       ID: [4-D double]
       VT: [4-D double]
      IGD: [4-D double]
      IGS: [4-D double]
       GM: [4-D double]
      GMB: [4-D double]
      GDS: [4-D double]
      CGG: [4-D double]
      CGS: [4-D double]
      CSG: [4-D double]
      CGD: [4-D double]
      CDG: [4-D double]
      CGB: [4-D double]
      CDD: [4-D double]
      CSS: [4-D double]
      STH: [4-D double]
      SFL: [4-D double]
```

每个结构体有一个标头，其中包含了数据集的一些标识信息。参数 nch.NFING 表示仿真中使用的器件指针数量，更多细节见附录 C。参数 nch.W 包含了 SPICE 仿真中使用的总宽度。注意，本书中假定所有长度的单位为 μm。其他的所有量均用标准的 SI 单位表示，例如 A、V、Ω、S 等。参数 STH 和 SFL 是漏极电流的热噪声与闪烁噪声的功率谱密度。

B. 1. 1 配置文件

进行查询表生成的主 MATLAB 脚本(techsweep_spectre. m)保持通用,不包含任何与用户或工艺有关的参数。所有参数通过一个配置文件来提供(见图 B.1)。配置文件有确定仿真工具的路径、网表的语法模板、扫描范围和步长以及从仿真输出变量到MATLAB 变量间的映射关系的几部分。这里简要介绍后两个部分。

确定扫描范围的代码段如下所示。在这一配置中,输出文件中保存的每个变量都是一个大小为 $31 \times 49 \times 49 \times 9$($L$、$V_{GS}$、$V_{DS}$ 和 V_{SB})的数组。文件大小约为 70 MB,这是一个合理的折中方案。在本书中设计的例子里,假定不需要更精细的步长。

```
c.VGS_step = 25e-3;
c.VDS_step = 25e-3;
c.VSB_step = 0.1;
c.VGS_max = 1.2;
c.VDS_max = 1.2;
c.VSB_max = 0.8;
c.VGS = 0:c.VGS_step:c.VGS_max;
c.VDS = 0:c.VDS_step:c.VDS_max;
c.VSB = 0:c.VSB_step:c.VSB_max;
c.LENGTH = [(0.06:0.01:0.2) (0.25:0.05:1)];
c.WIDTH = 10;
c.NFING = 5;
```

在 MATLAB 查询表中存储的输出参数可以在配置文件中通过以下数组确定:

```
c.outvars = {'ID','VT','IGD','IGS','GM','GMB','GDS','CGG',...
'CGS','CSG', 'CGD','CDG','CGB','CDD','CSS','STH','SFL'};
```

这些参数中的大部分是直接使用 Spectre 计算得到,但它们中的一些必须通过对一些 Spectre 输出变量求和得到。例如,总漏极电容(CDD)由本征电容分量(由 MOSFET提供)、寄生电容分量和结电容分量组成。从 Spectre 变量到存储在查询表中的最终量的对应是通过一个映射矩阵完成的。下面是一个展示此矩阵语法的例子,为清晰起见只考虑了一部分变量(实际的表中还有其他列)。

```
% Variable mapping
c.outvars =                {'ID', 'CGG', 'CGS', 'CDD'};
c.n{1}= {'mn.m1.m1:ids','A', [1     0     0     0  ]};
c.n{2}= {'mn.m1.m1:vth','V', [0     0     0     0  ]};
c.n{3}= {'mn.m1.m1:igd','A', [0     0     0     0  ]};
c.n{4}= {'mn.m1.m1:igs','A', [0     0     0     0  ]};
c.n{5}= {'mn.m1.m1:gm','Ohm', [0     0     0     0  ]};
c.n{6}= {'mn.m1.m1:gmb','Ohm', [0     0     0     0  ]};
c.n{7}= {'mn.m1.m1:gds','Ohm', [0     0     0     0  ]};
c.n{8}= {'mn.m1.m1:cgg','F', [0     1     0     0  ]};
c.n{9}= {'mn.m1.m1:cgs','F', [0     0     1     0  ]};
c.n{10}={'mn.m1.m1:cgd','F', [0     0     0     0  ]};
c.n{11}={'mn.m1.m1:cgb','F', [0     0     0     0  ]};
```

```
c.n{12}={'mn.m1.m1:cdd','F',   [0    0    0    1  ]};
c.n{13}={'mn.m1.m1:cdg','F',   [0    0    0    0  ]};
c.n{14}={'mn.m1.m1:css','F',   [0    0    0    0  ]};
c.n{15}={'mn.m1.m1:csg','F',   [0    0    0    0  ]};
c.n{16}={'mn.m1.m1:cgsol','F', [0    1    1    0  ]};
c.n{17}={'mn.m1.m1:cgdol','F', [0    1    0    1  ]};
c.n{18}={'mn.m1.m1:cgbol','F', [0    1    0    0  ]};
c.n{19}={'mn.d1.d1:cj','F',    [0    0    0    1  ]};
c.n{20}={'mn.d2.d1:cj','F',    [0    0    0    0  ]};
```

考虑漏极电流的 ID。参数所在列中单独的"1"表明它由 Spectre 中计算出的漏极电流（mn. m1. m1：ids）直接得到，没有其他输出变量需要加入。反之，CGG 需要由 4 个 Spectre 输出变量相加得到[⊖]：

```
mn.m1.m1:cgg
mn.m1.m1:cgsol
mn.m1.m1:cgdol
mn.m1.m1:cgbol
```

其中，第一项为器件的"本征"总栅极电容，而其他 3 项为需要考虑的附加（或"重叠"）电容。注意，输出变量有前缀"mn. m1. m1"，因为模型文件将晶体管置于一个 RF 模型（包含终端电阻等）的子电路中。这不是必需的，而仅仅是由于所选择的器件模型文件的组成。

变量后的单位条目，例如"mn. m1. m1：ids"后的"A"定义了 cds_srr 函数所需的"类型标识符"；更多细节请参考 Cadence 文档[2]。细心的读者可能已经注意到上方的矩阵中输出变量"mn. m1. m1：gm"的类型标识符为"Ohm"。这似乎是 Cadence Spectre 工具箱的一个 bug（错误），将来可能会被修复。

B.1.2 为新的工艺生成查询表

为新的工艺或者其他类型的器件（例如其他选项的 V_T）生成查询表的主要步骤是创建新的配置文件并重新运行主 MATLAB 脚本（techsweep_spectre. m）。由于运行此程序可能需要一段时间（大约几小时），这里还为调试所需创建了一个简化版的脚本（techsweep_spectre_debug. m）。这个脚本只执行一次仿真并通过变量的映射矩阵显示计算出的参数。这样就可以在运行完整的查询表生成之前发现配置中的错误。

B.2 MATLAB 函数 lookup. m

为简化从 nch 和 pch 结构体中读取数据的工作，本书创建了一个 MATLAB 函数

⊖ 修改此矩阵时，读者应特别注意仿真工具输出的电容符号。它们中有些可能是负值，但可能在求和中被计为正数。在这种情况下，矩阵中的项应设为"−1"。

"lookup.m"，它提供了基于 g_m/I_D 设计所需的大部分功能。假设函数保存在当前的 MATLAB 路径中，可以通过输入"help lookup"显示它的用法的简单描述。下面将复述输出结果，并提供一些额外的细节。

函数"lookup"从 4 重仿真数据中提取所需的子集。当所求的点位于仿真网格之外时，该函数会进行插值以得到结果。此函数的通用语法如下：

```
output = lookup(data, outvar, varargin)
```

其中"data"为包含四重仿真查询表数据（nch 或 pch）的 MATLAB 结构体。必需参数 outvar 指定了应从结构体中读取哪个变量。最后，额外的参数可以传给函数以指定四维数组中所需的区域（例如，获得某一指定沟道长度的数据）。具体的语法取决于函数的使用模式。可用的功能如下：

1）在给定的（L、VGS、VDS、VSB）处查找基本参数（如 ID、GM、CGG…）；

2）在给定的（L、VGS、VDS、VSB）处查找任意参数之比（如 GM_ID、GM_CGG…）；

3）交叉查找某一比值关于另一个比值，例如对某些 GM_ID 查找 GM_CGG。

在使用模式 1）和 2）中输入参数（L、VGS、VDS、VSB）可以按任意顺序被列出，并在未指定时默认如下：

```
L = min(data.L); (minimum length used in simulation)
VGS = data.VGS; (VGS vector used during simulation)
VDS = max(data.VDS)/2;
VSB = 0;
```

例如，下面的代码给出了 $L=60$ nm、$V_{DS}=0.6$ V 且 $V_{SB}=0$ V 时 VGS 扫描（nch.VGS）中的漏极电流：

```
id = lookup(nch, 'ID');
```

一个在其他的 L、V_{GS}、V_{DS}、V_{SB} 值下给出漏极电流的例子如下：

```
id = lookup(nch, 'ID', 'VGS', 0.5, 'VDS', 0.8, 'L', 0.1,...
'VSB', 0.1);
```

在使用模式 3）中，两个比值间的交叉查找会在 data.VGS 的全部范围计算两个参数并寻找所求点的交点。在这一模式下，必须先指定输出和输入参数的比值。下面的例子以 GM_ID 从 5 S/A 变化至 20 S/A 范围内输出 GM_CGG：

```
wt = lookup(nch, 'GM_CGG', 'GM_ID', 5:0.1:20);
```

在上面的例子中，L、V_{DS} 和 V_{SB} 假定为默认值，但它们可指定如下：

```
wt = lookup(nch, 'GM_CGG', 'GM_ID', 5:0.1:20, 'VDS', 0.7);
```

在模式 3）中寻找交点的最终一个重插值的默认插值方式为"pchip"。可以通过向查找函数传递 'METHOD''linear' 等参数来将它指定为其他方式。所有其他多维仿真插值操作使用 'linear'（固定），因为所有其他方式要求连续的导数。这很少在所有维度成立，即使是最好的器件模型。

当多于一个参数作为矢量被传递给函数时，输出结果会成为多维的。这一行为从 MATLAB 函数"interpn"中继承而来，它是 lookup 函数的核心。下面的例子产生了一个 11×11 矩阵作为输出：

```
lookup(nch,'ID', 'VGS', 0:0.1:1, 'VDS', 0:0.1:1)
```

输出数组的各维度按从大到小的顺序排列。例如，一维输出数据是一个 $(n\times1)$ 列矢量。二维的情况下，输出是 $(m\times n)$ 阶矩阵，且 $m>n$。

如果在上面的例子中只想访问使 $V_{GS}=V_{DS}$ 的 I_D 的值，所需的值仅仅是矩阵的对角元素：

```
diag(lookup(nch,'ID', 'VGS', 0:0.1:1, 'VDS', 0:0.1:1))
```

查找函数会进行基本的输入语法检查，在不恰当使用时可能会显示如下：

```
Invalid syntax or usage mode! Please type "help lookup".
```

此外，在模式 3)中，如果所求的数据点不存在，此函数会显示一个警告[在输出矢量中给出 NaN (非数)]。例如，下面的命令必然会产生这个错误：

```
wT = lookup(nch, 'GM_CGG', 'GM_ID', 50)
lookup warning: GM_ID input larger than maximum! (output is NaN)
wT =
  NaN
```

用户可以使用如下语法关闭这一警告：

```
wT = lookup(nch, 'GM_CGG', 'GM_ID', 50, 'WARNING', 'off')
```

如果在 for 循环中使用这一函数，则可能需要关闭警告，否则重复的回显会导致长时间的延迟。

总的来说，需要注意所提供的查找函数只是一个简单的工程辅助，它在语法检查和其他更一般的 MATLAB 函数附带的错误处理机制方面并不完美。鼓励读者自己对它进行改进。

B.3 MATLAB 函数 lookupVGS.m

函数 lookupVGS 是 lookup 函数的一个伴随函数。它可以找出给定的反型等级（GM_ID）或电流密度（ID_W）和给定的端电压下晶体管的 V_{GS}。当所求的点位于仿真网格之外时，该函数进行插值。该函数的一般语法如下：

```
output = lookupVGS(data, varargin)
```

其中 data 代表包含四维查询表数据（nch 或 pch）的 MATLAB 结构体。该函数支持以下两种使用方式：

1)在源端电压已知时查找 VGS;

2)在源端电压未知时查找 VGS。这一模式很有用,例如当晶体管的源极是差分对的尾节点或共源共栅堆叠中的中间节点时。

至多一个输入参数可以是矢量,其他参数必须是数量。输出结果是一个列矢量。

在使用模式 1)中,函数的输入是 GM_ID(或 ID_W)、L、VDS 和 VSB。下面是一些例子:

```
VGS = lookupVGS(nch,'GM_ID',10,'VDS',0.6,'VSB',0.1,'L',0.1)
VGS = lookupVGS(nch,'GM_ID',10:15,'VDS',0.6,'VSB',0.1,'L',0.1)
VGS = lookupVGS(nch,'ID_W',1e-4,'VDS',0.6,'VSB',0.1,'L', 0.1)
VGS = lookupVGS(nch,'ID_W',1e-4,'VDS',0.6,'VSB',0.1,...
  'L',[0.1:0.1:0.5])
```

当 VSB、VDS 或 L 没有给定时,它们被假定为默认值(和 lookup.m 的行为一样):

```
VSB = 0;
L = min(data.L); (最小长度)
VDS = max(data.VDS)/2; (VDD/2)
```

在使用模式 2)中,VDB 和 VGB 必须被提供给函数,例如:

```
VGS = lookupVGS(nch,'GM_ID',10,'VDB',0.6,'VGB',1,'L',0.1)
VGS = lookupVGS(nch,'ID_W',1e-4,'VDB',0.6,'VGB',1,'L',0.1)
```

用于最后的一维插值的默认方式为"pchip",可以通过向查找函数传递'METHOD' 'linear'等参数来指定为其他方式。所有其他多维插值操作使用'linear'(固定)。

当输出不明确时,此函数给出一个警告:

```
lookupVGS(nch, 'GM_ID', 50)
lookupVGS: GM_ID input larger than maximum!
ans =
  NaN
```

B.4 lookup 和不单调矢量

lookup.m 中的所有插值是通过标准 MATLAB 函数 interp1 和 interpn 处理的:

```
Vq = interp1(X,V,Xq)
Vq = interpn(X1,X2,X3,…,V,X1q,X2q,X3q,...)
```

使这些函数工作的一个重要条件是输入的变量 X 必须是单调的。在使用模式 1)和 2)中,这一条件可以得到保证,因为已经将 nch.VGS、nch.VDS、nch.VSB 和 nch.L 作为 X 变量进行插值。这些矢量在生成查询表时是通过线性扫描得到的,因此是单调的。

在使用模式 3)中,情况有所不同。这里提供了查找两个比率间的关系的功能,这可能会导致不单调的问题。为了理解为什么有这样的情况,考虑以下查找指令:

```
wT = lookup(pch, 'GM_CGG', 'GM_ID', 28, 'VSB', 0.6, 'L', 0.2)
```

在这个例子中，VDS 没有给定，因此为默认值 0.6 V。所选的 VSB 和 L 的值是用来凸显即将遇到的不单调问题。

因为 GM_CGG 和 GM_ID 都没有在查询表中直接存储，lookup.m 中的第一步是沿着 VGS 扫描计算这两个比值。对上面的例子，这基本上对应于[⊖]：

```
gm_ID = lookup(pch,'GM_ID','VGS',pch.VGS,'VSB',0.6,'L',0.2);
gm_Cgg = lookup(pch,'GM_CGG','VGS',pch.VGS,'VSB',0.6,'L',0.2);
```

接下来计算所求的最终插值：

```
wT = interp1(gm_ID, gm_Cgg, 28)
```

不幸的是，这个例子中插值会失败，因为 gm_ID 矢量并不单调。图 B.2a 绘制了上面例子中 gm_ID 关于 pch.VGS 的示意图。可以看出所求的搜索值 28 S/A 与曲线有两个交点，因此在这一搜索值下 wT 没有唯一解。

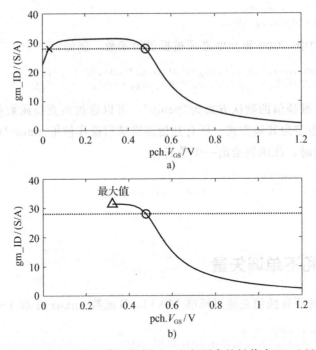

图 B.2　a)g_m/I_D 关于 V_{GS} 曲线不单调的例子。它与所求的插值点（27 S/A）有两个交点，一个是所求的(o)，一个是不需要的(x)　b)为解决这一问题，查找函数只会考虑 gm_ID 最大值右侧的点

可以通过注意在 pch 较小处的曲线交点来解决这个问题。VGS 值（用 X 标记）是由不

⊖　实际上 lookup.m 中的实现稍有不同，在这里只突出这个概念。

需要的二阶伪像造成的(见 2.3.1 节)。因此,这不是一个感兴趣的设计点,可以被丢弃。相反,右侧的第二个交点(用圈标记)对应着一个可能的弱反型下的工作点。函数 lookup. m 的实现利用这一事实,消除了 gm_ID 曲线位于最大值左侧的部分,如图 B.2b 所示。接下来最终的插值可以正常进行。

在将 GM_CGG 和 GM_CGS 作为 X 变量进行查找时存在类似的问题,例如:

```
gm_gds = lookup(nch, 'GM_GDS', 'GM_CGG', 7.5e11)
```

和之前一样,可以通过观察 GM_CGG 关于 nch. VGS 的数据来了解为什么会出现问题(见图 B.3):

```
gm_Cgg = lookup(nch,'GM_CGG', 'VGS', nch.VGS);
```

这个指令导出 n 沟道长度最小时的角特征频率,而这在 V_{GS} 增大时受迁移率下降的影响导致 $\omega_T = g_m/C_{gg}$ 降低(见第 2 章)。同样,在模式 3)中,查找函数通过消除曲线不需要的部分来解决这一问题,否则会产生不单调的问题。这一次,不需要的部分在最大值右侧(见图 B.3)。

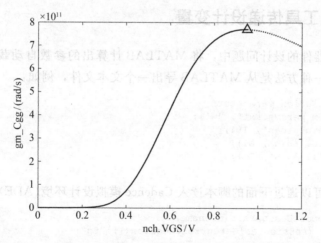

图 B.3　g_m/C_{gg} 关于 V_{GS} 曲线不单调的例子。在使用模式 3)中,lookup 函数消除了曲线的
　　　虚线部分(最大值右侧,用三角形标注的部分)来避免不单调的问题

虽然可以想象不单调问题还会在除了 g_m/I_D、g_m/C_{gg} 和 g_m/C_{gs} 之外的查找变量中出现,本书只对这些变量比值(它们的行为很好理解)进行问题的自动处理。对于其他作为 X 变量传递给函数的变量比值,这个函数仅仅检查单调性并在出现问题时给出错误信息:

```
*** lookup: Error! There are multiple curve intersections
*** Try to reduce the search range by specifying the VGS vector
explicitly
Example: lookup(nch,  'ID_W',  'GM_GDS',  gm_gds,  'VGS',  nch.
VGS(10:end))
```

考虑这个例子：

```
ID_W = lookup(nch, 'ID_W', 'GM_GDS', 10)
```

这里，lookup 函数会沿着 nch. VGS 检查 GM_GDS，并在检测到不单调时发出错误信息。正如错误信息的提示，这个问题可以通过人为限制 VGS 搜索范围来解决。这类似于解决 g_m/I_D、g_m/C_{gg} 和 g_m/C_{gs} 的问题的方法。唯一的区别是解决不单调问题需要人为干预。

B.5　lookupVGS 和不单调 g_m/I_D 矢量

B.4 节中描述的问题在 g_m/I_D 被作为 X 变量传递给 lookupVGS 时也存在，例如：

```
VGS = lookupVGS(nch, 'GM_ID', 26.1)
```

此问题的解决措施和 B.4 节中一样。将查找矢量不需要的部分消除，如图 B.2a 所示。

B.6　向仿真工具传递设计变量

在设计大量器件的设计问题中，将 MATLAB 计算出的参数自动载入到电路仿真工具中会很方便。一种方法是从 MATLAB 导出一个文本文件，例如：

```
% Write simulation parameters
fid=fopen('sim_params.txt', 'w');
fprintf(fid,'id1 %d\n', ID1);
fprintf(fid,'w1 %d\n', W1);
fprintf(fid,'l1 %d\n', L1);
fclose(fid);
```

这样的文件可以通过下面的脚本读入 Cadence 模拟设计环境（ADE）：

```
procedure(ImportDesignVars(filename
  @optional (session asiGetCurrentSession()) "tg")
 let((prt data designVars)
 prt=infile(fileName)
 unless(prt
 error("Cannot read design variable file %s\n" fileName)
 )
 while(gets(data prt)
 data=parseString(data)
  when(listp(data) && length(data)>=2
 designVars=tconc(designVars data)
  )
  )
 close(prt)
 asiSetDesignVarList(session car(designVars))
 )
)
```

这个脚本必须从 Cadence 命令窗口用如下命令载入一次：

```
load("ImportDesignVars.il")
```

然后 MATLAB 中生成的文本文件可以导入如下：

```
ImportDesignVars("sim_params.txt")
```

更多关于这种功能的信息可以在互联网上找到⊖。

B.7 参考文献

[1] B. Murmann, "gm/ID Starter Kit." [Online]. Available: http://web.stanford.edu/~mur-mann/gmid.html (accessed May 12, 2017).
[2] Cadence Design Systems, "Spectre/RF MATLAB Toolbox," *Virtuoso Spectre Circuit Simulator RF Theory Man.*
[3] Michael H. Perrott, "Hspice Toolbox for Matlab® and Octave." [Online]. Available: www.cppsim.com/download_hspice_tools.html (accessed May 12, 2017).

⊖ 例如 https://community.cadence.com/cadence_technology_forums/f/38/t/20963#sthash.UDavH9n9.dpuf（2017 年 5 月 12 日访问）等。

附录 C | Appendix C |

布局依赖

g_m/I_D 设计方法假设晶体管的某些参数与器件宽度严格成比例。在本附录中，对本书中使用的 65 nm CMOS 工艺验证这一假设。

C.1 布局依赖效应介绍

在现代 CMOS 工艺中，晶体管的电学参数对它在硅衬底上放置和布置的方式表现出一定的敏感性[1-2]。例如，由于沟道槽隔离(STI)施加的张力或应力，晶体管指状的载流子迁移率和阈值电压与它与器件边缘的距离有关。根据参考文献[2]，由于与 STI 边缘距离的不同可导致迁移率产生高达 15％ 的变化，对于阈值电压而言变化可能达到 50 mV。通常，在设计被送出用于制造之前必须考虑这种布局依赖效应(Layout Dependent Effect，LDE)。

LDE 带来的一个实际问题是在确定电路尺寸时布局仍未知。为解决这一问题，模拟设计人员通常使用假定和最终布局非常接近的参数来仿真电路。具体地，设计者要为每个晶体管确定合适的指宽和指数。在 SPICE 模型中，此信息随后用于计算 LDE 的一阶效应。之后，一旦物理布局被创建，提取工具可以更准确地计算 LDE 的影响，例如考虑器件之间的间隔、虚拟指、井距等。在这一流程中，最后一步仅用于验证，而不应该导致电路尺寸的调整。换言之，LDE 的二阶影响应该足够小，从而它们能够被设计裕度吸收。

g_m/I_D 设计方法中的标准化设计流程的情况类似：在精确的指分区和布局完成后 LDE 会稍微改变器件参数，但是这些偏差不需要尺寸有任何调整。因此，通过假定固定的参考布局来生成本书中使用的查询表是可行的，如 C.2 节所述。

C.2 晶体管指分区

如上所述，设计者必须为每个器件确定合适的指分区，从而在确定电路尺寸期间掌控一阶的 LDE。这也意味着必须确定指分区，从而为基于 g_m/I_D 的电路设计创建查询表。本书中使用的查询表假定了图 C.1 的参考晶体管布局。器件的总宽度为 $W=10\ \mu m$，并被分为 5 个指，每个指宽为 2 μm。图中的沟道长度为 100 nm，但可以根据设计变化。

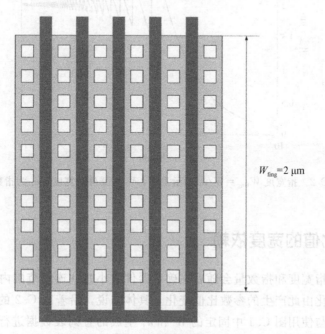

图 C.1　生成查询表假设的参考布局

所选的指宽度是一个折中方案。如参考文献[3]中所解释的，指宽度大时由于栅极电阻增加会导致射频性能变差。另一方面，如果让指太窄，则侧壁和衬底边缘场对寄生电容的相对贡献增加，这也会恶化高频性能。参考文献[3]中表明 65 nm 和 90 nm 的 CMOS 节点的最佳指宽度是 1~3 μm。

当使用查询表数据确定电路尺寸时，得到的器件宽度通常不是 2 μm 的倍数。因此，由于指的数量必须是整数，这意味着指定宽度必须随着在某个连续范围内选择的总宽度 W 而变化。这在图 C.2 中说明，其中 W 从 0.2 μm（65 nm CMOS 中的最小宽度）扫描到 100 μm。图 C.2 中，指数量 n_f 由下式得出：

$$n_f = \max\left(\text{round}\left(\frac{W}{2\ \mu m}\right), 1\right) \tag{C.1}$$

式中，"round"表示舍入到最近的整数。

W_{fing} 的图在 W 恰为 2 μm 的倍数时经过 2 μm，在宽度为奇数的 3 μm、5 μm 等处取得极大值。宽度最小时 W_{fing} 与 2 μm 的差距最大。

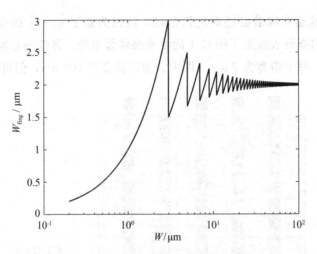

图 C.2 指宽度 $W_{\text{fing}} = W/n_{\text{f}}$ 的示意图。W 为器件总宽度，n_{f} 为指数量

C.3 参数比值的宽度依赖

如上所述，指宽度和指数量会随着在确定器件大小时从连续范围内选取的器件总宽度改变。可以量化由此产生的参数比值变化。具体来说，沿着图 C.2 的宽度扫描提取仿真数据，并将它与使用图 C.1 中固定的 W 和 n_{f} 生成的查询表数据进行比较。这些仿真的设置如图 C.3 所示。器件通过使用查询表计算出的电流密度(J_{D})进行偏置，并且被设置为所需的 $g_{\text{m}}/I_{\text{D}}$。通过反馈，晶体管的栅极电压被设为使 $V_{\text{DS}} = 0.6$ V。为量化对宽度的依赖性，扫描 W 并通过[式(C.1)]计算仿真中所需的指数量。理想情况下，对于某些固定的电流密度 J_{D} 和沟道长度 L，所关注的参数比值($g_{\text{m}}/I_{\text{D}}$、$g_{\text{m}}/C_{\text{gg}}$ 等)都不应该随着 W 变化。然而，由于指数宽度和指数量的变化，可以观察到器件模型中 LDE 效应造成的微小变化。

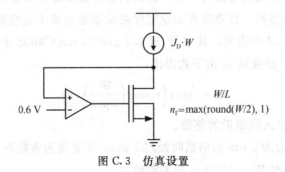

$$n_{\text{f}} = \max(\text{round}(W/2), 1)$$

图 C.3 仿真设置

作为一个实验，考虑一个 $L=100$ nm、$g_m/I_D=15$ S/A(中等反型)的 n 沟道器件的例子。使用查询表数据，可以发现 $J_D=9.01$ μA/μm。现在在 Spectre 中扫描 W，并将预期的 g_m/I_D 与仿真中的实际数据进行比较。按照如下方式量化观察到的误差：

$$\text{Error}(\%) = 100 \cdot \frac{(g_m/I_D)_{\text{Spectre}} - (g_m/I_D)_{\text{Lookup}}}{(g_m/I_D)_{\text{Spectre}}} \tag{C.2}$$

类似地，将由仿真提取的 g_m/g_{ds} 和 g_m/C_{gg} 数据和查询表计算的预期值进行比较。结果绘制在图 C.4a 中。不出所料，最大误差出现在 1 μm 以下的很小宽度处。在这个区域中，g_m/I_D 和 g_m/g_{ds} 的误差为 3%～5%。g_m/C_{gg} 的误差在器件宽度最小($W=0.2$ μm)时增长到了 40%。这显然是由于边缘和侧壁效应对这样的小器件更加显著。因为在实际的模拟电路中很少有这么小的宽度，因此这一误差并不是重要问题，而只是确认了器件模型似乎正确地捕获了窄宽度效应。

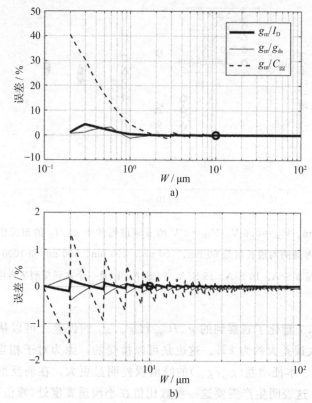

图 C.4 一个 $L=100$ nm、$g_m/I_D=15$ S/A、$V_{DS}=0.6$ V、$V_{SB}=0$ V 的 n 沟道器件中参数比值的布局依赖误差

　　a)$W=0.2$～100 μm 的全范围扫描　b)放大到 $W>2$ μm 的范围。圆圈标注了用于生成查询表的参考宽度

图 C. 4b 考察更实际的 $W > 2\ \mu m$ 的区域，这意味着器件至少有一个宽度超过 $2\ \mu m$ 的全指。这一情形下，可以发现所有的误差都在 1.5% 以下，而 g_m/C_{gg} 的最大误差仍然在 $W = 3\ \mu m$ 附近出现。

下一步，可以扩展上面的实验来覆盖其他的沟道长度和反型等级。图 C. 5 量化了 5 个不同沟道长度（60 nm、100 nm、200 nm、500 nm 和 1000 nm）和 5 个反型等级下 g_m/I_D 的最大误差幅度，其中 W 均大于 $2\ \mu m$。前 4 个反型等级对应 $g_m/I_D = 5\ S/A$、10 S/A、15 S/A 和 20 S/A。第 5 个值被选在弱反型平台，由 $1\ nA/\mu m$ 的电流密度确定（见图 3.11）。这导致所选沟道长度对应 g_m/I_D 的额定值分别为 26.1 S/A、29.8 S/A、31.2 S/A、30.7 S/A 和 30.4 S/A。可以观察到 g_m/I_D 的最大误差大约为 1%。这对于确定电路尺寸来说是可接受的，特别是因为这种峰值的误差只在 W 相对较小时产生（见图 C. 4）。

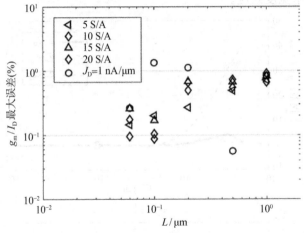

图 C. 5　$W > 2\ \mu m$、$V_{DS} = 0.6\ V$、$V_{SB} = 0\ V$ 的 n 沟道器件中 g_m/I_D 的布局依赖误差的最大量级。考虑的沟道长度是 60 nm、100 nm、200 nm、500 nm 和 1000 nm。g_m/I_D 的额定值是 5 S/A、10 S/A、15 S/A、20 S/A，以及一个在弱反型平台中 $J_D = 1\ nA/\mu m$ 处的值

图 C. 6 和图 C. 7 量化了观察到的 g_m/C_{gg} 和 g_m/g_{ds} 的误差。可以从图中看出角特征频率 g_m/C_{gg} 的最大误差大约为 2%。这也是可以接受的，因为对于相当大的晶体管，这些值明显将会更小。本征增益（g_m/g_{ds}）的峰值误差明显更大，在弱反型深处的长沟道处达到 $10\% \sim 20\%$。这表明生产需要这一参数比值在小沟道宽度处（峰值误差出现处）有更高的指宽度依赖性。虽然这一情况的物理原因仍不清楚，但可以说实际上这些误差仍然微不足道。本征增益从来都不是"精确参数"，并且经常需要过度设计来应对建模的不确定性。此外，常常可利用反馈来使电路对器件固有增益的变化不敏感。

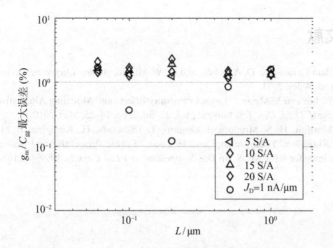

图 C. 6　$W > 2\ \mu\mathrm{m}$、$V_{\mathrm{DS}} = 0.6\ \mathrm{V}$、$V_{\mathrm{SB}} = 0\ \mathrm{V}$ 的 n 沟道器件中 $g_{\mathrm{m}}/C_{\mathrm{gg}}$ 的布局依赖误差的最大量级。考虑的沟道长度是 60 nm、100 nm、200 nm、500 nm 和 1000 nm。$g_{\mathrm{m}}/I_{\mathrm{D}}$ 的额定值是：5 S/A、10 S/A、15 S/A、20 S/A，以及一个在弱反型平台中 $J_{\mathrm{D}} = 1\ \mathrm{nA}/\mu\mathrm{m}$ 处的值

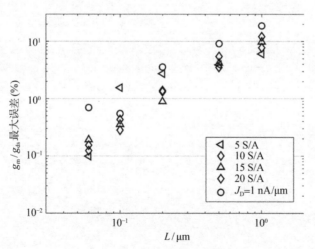

图 C. 7　$W > 2\ \mu\mathrm{m}$、$V_{\mathrm{DS}} = 0.6\ \mathrm{V}$、$V_{\mathrm{SB}} = 0\ \mathrm{V}$ 的 n 沟道器件中 $g_{\mathrm{m}}/g_{\mathrm{ds}}$ 的布局依赖误差的量级。考虑的沟道长度是 60 nm、100 nm、200 nm、500 nm 和 1000 nm。$g_{\mathrm{m}}/I_{\mathrm{D}}$ 的额定值是：5 S/A、10 S/A、15 S/A、20 S/A，以及一个在弱反型平台中 $J_{\mathrm{D}} = 1\ \mathrm{nA}/\mu\mathrm{m}$ 处的值

C.4 参考文献

[1] T. Chan Caruosone, D. A. Johns, and K. W. Martin, *Analog Integrated Circuit Design*, 2nd ed. Wiley, 2011.

[2] X.-W. Lin and V. Moroz, "Layout Proximity Effects and Modeling Alternatives for IC Designs," *IEEE Des. Test Comput.*, vol. 27, no. 2, pp. 18–25, Mar. 2010.

[3] E. Morifuji, H. S. Momose, T. Ohguro, T. Yoshitomi, H. Kimijima, F. Matsuoka, M. Kinugawa, Y. Katsumata, and H. Iwai, "Future Perspective and Scaling Down Roadmap for RF CMOS," in *Dig. Symposium on VLSI Circuits*, 1999, pp. 165–166.